2018 年山西省哲学社会

靳金贵 ……… 著

U0639927

# 成才的必经之路

## 大学生理性思维及其能力提升研究

山西出版传媒集团　山西教育出版社

# /序/

理性思维能力，通俗而言就是指人们在认识问题、分析问题和解决问题的过程中，能够基于事物本身的实际状况，按照事物发展的客观规律，在尽可能不受或少受个人兴趣、爱好和情感偏向等主观因素的影响下，遵循正确的思维方式，对事物做出清晰定义、准确判断和有效推理的思维运动能力。理性思维能力是人类区别于动物的根本标志，也是人的基本能力。在人类能力结构体系中理性思维能力处于最基础、最核心、最重要的地位。获得并不断强化理性思维能力是每个有思维常识的人永恒的梦想与长久的追求。

对大学生群体而言，获得并不断强化理性思维能力有极其重要的意义。它不仅直接关系到大学生在大学期间能否快乐地学习与生活，健康地成长与成才，也关系到他们完成学业走向社会时能否受到社会的欢迎，获得符合自身兴趣和爱好的理想岗位以及后续事业的稳步发展。从更长远的意义上讲，大学生理性思维能力的高低还关系到党和人民事业的发展与成败，关系到国家和民族的前途与命运。强化大学生的理性思维能力，不仅是青年大学生在金色年华的不懈追求，也是高校人才培养的重要使命，更是全社会对高校和大学生的热切期盼。

　　然而长久以来，由于多种因素的影响，我国的许多高校并没有对大学生理性思维能力的培养予以足够的重视，不仅没有突出强调大学生拥有理性思维能力的极端重要性，把理性思维能力的培养作为学校人才培养的重要目标之一，也没有提出一套强化大学生理性思维能力的有效措施并持续地开展工作。这使得当前有相当数量的大学生理性思维的意识不强、能力不足，因而在不同程度上表现出了许多让人难以理解的迷茫、冷漠、偏执和感情用事，这种状况是令人担忧的。

　　今天，伴随着经济社会的快速发展，我国已进入了一个全新的时代，全国人民正在凝神聚力为实现中华民族伟大复兴的中国梦而努力奋斗。作为社会主义事业的建设者和接班人，青年大学生的身上肩负着极其光荣而又神圣的使命，也寄托着人们诚挚而又热切的期盼。如果没有很强的理性精神和理性思维的能力做支撑，在全球化和信息化的复杂背景下，他们是很难与全世界的不同民族、不同文化群体进行有效交流和密切往来的，也很难认识、分辨和抵御各种不良思想的侵蚀和毒害，很难处理好各种复杂的政治、经济、文化、科技、外交等问题。可以说，大学生理性思维能力问题是关系到国家能否长治久安，关系到中华民族伟大复兴的战略目标能否顺利实现的重要问题。正是在这样的背景下，我们提出了新时代强化大学生理性思维能力的问题。

　　因本书研究的核心问题是"如何强化大学生的理性思维能力"，而要回答"如何强化大学生的理性思维能力"的问题，首先就要搞清"什么是理性思维能力""理性思维能力包含哪些要素、有什么样的特征"，其次要搞清"人类的理性思维能力来源于哪里""理性思维能力对每个大学生的成长成才有什么意义和价值",最后要搞清"当前我国大学生的理性思维能力究竟处于何种状态和水平"以及"造成这种现象的主要原因",并在此基础上提出相应的"应对策略"和"强化措施"。因此,本研究的第一部分首先是对理性思维能力的界说。通过对理性思维能力的词义解读,回答理性、理性思维和理性思维能力三个方面的基本问题。第二部分是理性思维能力的生成路径及对大学生的成长意义和价值。通过对理性思维能力构成要素和形成过程的剖析,阐明人类的理性思维能力不是与生俱来的,而是在相关知识获取的基础上经过大量的实践训练之后才获得的。理性思维能力不仅能够帮助大学生实现正确认知、科学评价、准确预测事物,还能帮助他们进行合理建构和有效说服工作,是大学生必不可少的核心能力和关键能力,对大学生的成长成才具有重要影响。第三部分是对当前我国在校大学生理性思维能力状况的抽样调查和问题的归因分析。通过对太原和北京两所大学大一、大二、大三共三个年级 15000 余名大学生的抽样调查和情况分析汇总,肯定了当前大学生群体思维的积极方面,同时也指出了他们存在的主要问题,并从传统文化、近代以来的教育理念、后现代文化思潮的冲击和多元价值观的影响等多个方面揭示了其形成原因。第四部分是对国外大学生能力培养的经验总结。通过剖析美国、英国、德国三个国家的三所大学在培养大学生的一些关键能力方面的做法,指出了他们的做法给我们所提供的经验和启示。第五部分和第六部分是全书的核心,分别从理论设计和实践操作两个角度对如何强化大学生的理性思维能力进行了分析,并明确提出了当前强化大学生理性思维能力的总体思路、培养目标、环境氛围营造、课程建设、教学模式改革、社会实践训练及大学生理性思维能力的评估和优化的建议。

本研究是 2018 年度山西省哲学社会科学规划课题，除本人之外，参与研究的人员还有课题组成员靳泽宇博士及王艳君讲师。靳泽宇同志主要完成了第三章的调研及材料撰写，并负责撰写了第五章的部分内容。王艳君同志完成了整个第四章及第五章部分内容的撰写。除此之外，山西大学教育学院的陈平水教授、哲学社会学学院的郭建萍教授和太原工业学院思政部的孙林叶教授也都细致耐心地审阅了书稿并提出了各自的修改意见，他们的付出也是完成本课题的重要基础，在此一并表示感谢。

靳金贵

# /目　录/

# /导　论/

## 一、研究的缘起

理性思维能力是人的基本能力，也是人类区别于动物的根本标志。理性思维能力对人类的繁衍发展和不断进化起到了巨大的推动作用。正是因为有了强大的理性思维能力，人类才得以创造光辉灿烂的文明，成就了五彩缤纷的世界。

在大学生能力结构体系中，理性思维能力处于最基础、最核心、最重要的地位。获得并不断强化理性思维能力不仅直接关系到大学生在大学期间能否快乐地生活、健康地成长，也关系到他（她）在走出校园后能否受到社会的欢迎并获得适合自身兴趣和爱好的理想岗位及后续事业的稳步发展。若从更高的视角和更长远的意义来讲，大学生理性思维能力的高低还关系到一个国家和民族的未来，关系到党和人民事业的前途与命运。加强大学生理性思维能力的培养，不仅是青年大学生金色年华的不懈追求，也是高校人才培养的重要使命，更是全社会对高等院校和大学生的热切期盼。

然而长久以来，由于多种因素的局限，我国的许多高校尚未对大学生理性思维能力的培养予以足够的重视，既没有把大学生理性思维能力的培养和强化作为人才培养最重要的目标之一，也没有形成一套行之有效的措施和办法来保障大学生理性思维能力的稳步提升。这使得现在许多大学生普遍存在理性思维的意识不强、理性思维的能力不足的问题，进而表现出了许多让人难以理解的迷茫、冷漠、偏执和情感用事，这种状况是令人担忧的。

今天的中国已经进入一个全新的时代，全国上下正在凝神聚力为实现中华民族伟大复兴的中国梦而努力奋斗。作为一支数量庞大的有生力量，青年大学生身上肩负着极其光荣而神圣的使命，也寄托着人们真挚而热切的期盼。如果没有很强的理性精神和理性思维的能力做支撑，就很难完成这个光荣而艰巨的任务。正是基于这样的背景，我们提出了新时代强化大学生理性思维能力的问题。

## 二、研究意义

研究强化大学生理性思维能力的具体路径具有重要的理论和实践意义。

### （一）理论意义

研究强化大学生理性思维能力的提升路径问题，需要在对理性、理性思维、理性思维能力等一系列问题进行系统、全面、深刻剖析的基础上，明确理性思维能力的基本内涵、构成要素，揭示其生成机理及生成路径，并提出对其进行准确评价的标准和方式。之后，还需要从社会历史文化传统、改革开放以来多种文化思潮的负面影响、转型时期应试教育的偏差和当前高等教育人才培养中存在的问题等多个角度，透视、反思和总结造成当代大学生理性思维能力不足的深层原因，并以此为根据结合当代大学生日常生活学习的特点和规律，探索建立一套贴近大学生活、符合大学生成长特点和规律的行之有效的办法。这不仅可以进一步深化和拓展思维理论的相关内容，也可以进一步丰富和完善大学生的能力理论，具有重要的理论意义。

### （二）实践意义

强化大学生理性思维能力也有重要的实践意义，可集中概括为以下三个方面。

一是可助力大学生的健康成长。大学阶段是一个人生命力最为旺盛的时期，也是人一生之中最美好的金色年华，在即将走进社会的关键时期获得理性思维能力是每个大学生健康成长的迫切要求。强化大学生理性思维能力的路径研究，不仅可以让大学生对理性思维能力的本质、特点、生成机理、生成路径、重要价值、检验标准及影响大学生理性思维能力形成的多种原因有清晰、明确的了解，让大学生积极主动地配合学校教育，不断提升自身理性思维能力。同时也能够使其更加自觉地学习相关知识，踊跃地参与社会实践，进而提升自己的综合能力，对大学生的健康快乐成长有重要推动作用。

二是能帮助高校更好地完成育人使命。高校是人才培养的主阵地，肩负着培养社会主义事业的合格建设者和可靠接班人的重要使命。长久以来，各高校为实现"合格"和"可靠"的目标而进行了大量卓有成效的教育改革和实践创新，对提升人才培养水平，高质量地完成育人使命做出了巨大贡献。但随着时代的发展和国际国内形势的不断变化，社会对高校人才提出了更多更高的要求。要使所培养的大学生达到"合格"和"可靠"的要求，就不仅需要当代大学生有丰富的知识、良好的科学文化素养，还要有开阔的视野、广博的胸襟、坚定的理想信念、深厚的家国情怀、高尚的道德情操和强烈的法治意识。在思想上对党和人民忠诚，在行动上敢于并善于担当，在能力上具备在错综复杂的环境中和困难问题面前不断改革创新、奋发有为的强大本领。加强学生理性思维能力的培养研究，不仅可对理性思维能力做系统、全面的反思，揭示其本质，明确其生成机理及过程，阐释其对于民族、国家及社会的深远意义，从实践层面而言，还可探索出一套行之有效的办法，不仅能够激发学校不断强化对大学生理性思维能力提升的内在动力，也为高校提供了切实可行的操作模式。这对于提升人才培养质量，更好地完成育人使命具有重要意义。

三是实现中华民族伟大复兴的重要保障。党的十九大庄严宣告中国已进入一个崭新的时代，实现中华民族伟大复兴的中国梦已成为新时代最鲜明的主题。然而，中国梦不是敲锣打鼓、热热闹闹、轻轻松松就可实现的，需要我们几代人甚至几十代人持续不断地付出艰辛的努力。大学生是中国特色社会主义事业的建设者和接班人，是肩负着中华民族伟大复兴中国梦的时代新人。他们要传承优秀的文化，也要淘汰那些过时的糟粕；要接受新鲜事物，但也要抵御不良思想的侵蚀。在不断强化理想信念教育的同时，也需要我们在思维方式和技能上有新的突破。特别是面对现代通信技术如大数据、云计算等海量信息及快捷的生活节奏，大学生们如何在海量的信息中辨识真假、是非、善恶、美丑，如何准确、高效地接受、筛选、传递和加工信息，也就成为他们需要亟待强化的重要能力。强化大学生理性思维能力正是为了顺应这样的现实需求而被提上了议事日程，因此在某种程度上，它是与中华民族复兴的伟业紧密联系的，是中华民族复兴的重要保障。

## 三、研究思路和方法

任何研究都离不开逻辑严密的研究思路，根据研究思路选择最恰当的研究方法也是保证研究开展的重要条件。

### （一）研究思路

本研究按照以下思路展开。第一，对理性、理性思维、理性思维能力的相关问题进行理论解析。搞清楚：什么是理性？什么是理性思维？什么是理性思维能力？理性思维能力包括哪些组成要素？它来源于哪里，又是如何形成的？对理性思维能力的高低究竟有哪些评价的标准？我们又该怎样来评价一个人、一个国家的理性程度和理性思维能力的高低？这实际上是一个纯理论的研究过程。第二，针对不同大学的学生进行抽样调查。在理论上完成对"理性思维能力"的一系列相关问题的研究后，我们接下来就会进入下一个问题链，即中国大学生理性思维能力的总体状况如何？为什么会是这样的状态？

有哪些原因导致了今天的状况？这就需要我们对我国大学生的理性思维状况做较为翔实的了解和调查，并在此基础上结合大学生的成长过程和成长环境及相关因素做细致分析。我们通过对太原和北京两所大学 15000 余名大学生的摸底和抽样调查，在定性和定量分析的基础上对我国大学生的理性思维能力状况做出了客观评价。第三，是在调查研究的基础上，对当前我国大学生理性思维能力普遍不足的原因进行分析，从历史文化传统、近代以来理性知识普及、现代应试教育、转型期后现代文化的影响、敌对势力的干扰破坏等多方面找出原因所在。第四，通过对世界发达国家如美国、英国、德国对大学生能力培养理念和模式的剖析，寻找可资我国大学生理性思维能力提升的经验。第五，回应主题，构建起行动的方案，即解决"如何强化和培养"的问题。我们通过深入研究大学生群体特点和他们的生活、学习规律，从教育理念的更新、教育目标的确立、教育环境氛围的营造、组织管理体系和制度体系的建立、课程体系的设置、教学方法的改革、实践过程的训练和强化、理性思维习惯和批判精神的养成等多个维度上进行分析，找出强化大学生理性思维能力的路径和办法，建构出切实可行的行动方案。

### （二）研究方法

大学生理性思维能力的强化路径研究是一个理论与实践相结合的选题，在研究的过程中应采取文献分析法、田野调查法、比较分析法、定性定量分析法和诠释法相结合的方式。

1. 文献分析法。文献分析法通常是指通过对特定主题相关文献资料的研究和整理，形成对特定研究对象的理论成果。本文在理性、理性思维、理性思维能力等问题的理论研究上就是通过这一方法实现的。文章通过对相关资料的收集和解剖，概括总结出了关于理性、理性思维、理性思维能力的定义和分类、特征，了解其构成，明确其来源，懂得其形成机制，阐释了理性思维能力对于人类个体、国家、民族生存发展的意义和价值。

2. 田野调查法。田野调查法是通过对不同地区、不同类别、不同层次的相关样本对象进行实地走访和调研，在谈话、问卷调查或座谈的基础上，通过对经验材料的分析和综合而形成特定结论的一种研究方法。本文以太原某学院和北京某大学在校大一、大二、大三学生为样本，通过问卷形式，对当前我国大学生的理性思维能力的总体状况做了调查和分析，为科学准确地把握当前我国大学生理性思维能力的总体状况奠定了重要基础。

3. 比较分析法。比较分析法也叫对比分析法，是指通过同质指标在不同时期或不同情况的数量上的比较，来揭示指标的数量关系和数量差异的一种方法。本文通过和国外大学生理性思维能力培养模式进行对比，发现了我国高等教育中存在的欠缺和不足，也由此找到了强化路径。

4. 定性定量分析法。定性分析是指通过逻辑推理、哲学思辨、历史求证、法规判断等思维方式，着重从质的方面分析和研究某一事物的属性。定量分析是指分析一个被研究对象所包含成分的数量关系或所具备性质间的数量关系，也可以对几个对象的某些性质、特征、相互关系从数量上进行分析比较。本文在对大学生理性思维状况的摸底和评价中主要采用的就是定量分析和定性分析。

5. 诠释法。诠释法是人文科学研究中经常用到的一种重要方法，用来对文本的一些基本概念和理论进行理解和阐释，目的在于建立以连贯一致的理解为基础的一般理论。本文中对处于具体历史情境中强化理性思维能力的意义和价值进行的详细客观的阐述，就采用了这种方法，揭示了加强大学生理性思维能力的多重意义结构及其表面意义之后的隐含意义。

## 四、研究现状述评

### （一）国外研究状况

国外关于理性和理性思维的研究数量较多，但对于大学生理性思维能力的培养或强化的研究却相对较少。我们在 Wiley（美国英文外文数据资料库）、

Dissertations（世界著名的学位论文数据库）、ARL（Academic Research Library 的简写，学术研究图书馆）中，尚未检索出真正与本主题完全相同的书籍和其他类型的文献资料。有的仅是对一般的逻辑思维能力、辩证思维能力和批判性思维能力培养等方面的研究。尽管这些能力也都是理性思维能力的一些具体种类，和理性思维有一定关联，但在概念范畴和实际意义上它们之间还是有很大区别的。因此，我们不能简单地把逻辑思维能力或辩证思维能力抑或批判性思维能力的研究等同于理性思维能力的研究进行梳理。

　　基于"大学生理性思维能力"与"理性"和"理性思维"的密切关联，我们对"理性"和"理性思维"的研究脉络做一大致梳理。

　　国外对"理性"和"理性思维"的研究起步较早，也有着较为长久的历史。早期的西方哲学史中都或多或少地记录了"古希腊三贤"对理性的追寻。最早对理性问题进行研究的是古希腊思想家苏格拉底，但他并没有留下一些详细的记载。有记载的是柏拉图首次使用"理性"一词，他当时主要把理性用于对灵魂做出区分，他把灵魂分为"理性"与"不理性"。在柏拉图之后，亚里士多德继承了柏拉图关于理性与不理性的观点，他认为人类的灵魂具有用概念思维的能力，能够思维事物的一般和必然的本质。在亚里士多德看来，理智是理性灵魂的特殊功能、活动和内容，是人类灵魂除去动物灵魂所执行的那些功能之后所剩余的核心要素。亚里士多德对理智的性质做了说明。他认为：首先，理智是一种主动的能力，或者说理智活动的原因在理智自身，不像感觉运动那样，来自外部事物的作用。其次，想象对个别的可感形式加以比较、归类，把相似的可感形式想象为一个印象，可知形式开始显露。最后，理智作用于想象的印象，把可知形式从可感形式中完全抽离出来，产生出理性的概念。

　　到了中世纪，受宗教的影响，倡导理性的声音大大减弱，但仍有一些经院哲学家从不同角度讨论了理性问题。约翰·司各特继承并发展了柏拉图的思想，是新柏拉图主义者。他主张泛神论，但对"理性"和"信仰"的问题做了论述，他认为"理性在信仰之上"。之后，托马斯·阿奎那也把"理性"引入神学，用"自然法则"来论证"君权神圣"。

文艺复兴时期，英国著名的哲学家培根（1561—1626）是理性主义的一位杰出代表。他虽然处在中世纪基督教神学发展的重要阶段，但他的基督教信仰确保了他的理性主义的发挥和发展。他在自然科学经验的基础上大胆提出"知识就是力量"，以振聋发聩的声音重新唤醒了欧洲的理性主义。他提出的"科学方法"也确保了科学技术的蓬勃发展。培根把人类理性能力分为三种——记忆、想象、判断，他强调由启蒙而来的理性可以摆脱恐惧与无知。

培根之后霍布斯、洛克、贝克莱、休谟、笛卡尔、斯宾诺莎、莱布尼兹等一大批哲学家和哥白尼、伽利略、开普勒、波义耳、惠更斯、牛顿等一大批科学家又进一步深化了对人类理性的认识和理解，并使理性主义发展到新的阶段。这一阶段最具代表性的是近代法国哲学家笛卡尔（1596—1650）、斯宾诺莎和莱布尼兹。笛卡尔是二元论唯心主义和理性主义的代表性人物，强调方法的理性，提出"理解物质世界的方式，最可靠最理性的是数学"。他以及早期的数学家毕达哥拉斯和后期的孔多塞，对哲学理性的探寻走向了数学。在他之后，斯宾诺莎和莱布尼兹也是重要的理性主义者，他们接受并发展了笛卡尔的理性主义。斯宾诺莎不仅在理智的框架下逐步分离出理性这个独立的概念层次，对理性进行了内涵界定，而且把理性定义为一种特定的知识阶段和知识形态（即从我们对事物的特性具有共同概念或充分观念而得来的知识——斯宾诺莎《伦理学》第二部分命题四十附释）。莱布尼兹作为一个理性主义者，理性原则不仅是莱布尼兹建构本体论和认识论的基本思维原则，也是其考察宗教问题的一个规范性原则。他在理性真理逻辑必然性的维度上考察了信仰与理性的关系，并尝试通过矛盾原则、充足理由原则等基本思想原则来重构和完善传统自然神学的存在论证明，体现了他与笛卡尔、洛克等人相同的试图将人类的合理性知识建立在可靠证据之上的基本立场。

十八世纪，法国思想家、哲学家伏尔泰（1694—1778）致力新型的历史写作，倡导在历史写作中将传统的历史叙述与理性分析结合起来，力图重建人们对历史知识的认识。他以批判的视角研究历史，不轻信、盲从权威历史学家的论述，主张历史研究应秉持客观的态度，战胜反人性的权威，解除迷信的束缚，获得人性自由。伏尔泰是理性史学奠基者，拓展了世界史和文化史的疆域。他的著作从整体上暗示了进步的现实，但其进步史观并非机械似的直线论。伏尔泰主张设身处地以当时人的视角看待历史，拒绝笛卡尔的机械唯理论，他的史学观念承接着古典史学，沟通了近代史学。

德国古典哲学创始人康德（1724—1804）调和了笛卡尔的理性主义和培根的经验主义，发表了《纯粹理性批判》《实践理性批判》《判断力批判》，他提出先天综合判断的概念，认为把经验转化为知识是人与生俱来的本性。他把理性分为理论理性、实践理性、纯粹理性，并对理性心理学的谬误、理性宇宙论的二律背反、理性神学做了批判。康德强调人们要树立批判意识，摆脱不成熟状态。

德国古典哲学的另一位杰出代表人物是费希特（1762—1814），也是典型的理性主义者。他力图使一切非理性的东西得到理性的控制，力图用理性来证明和控制一切，包括神的存在与否。

十九世纪，德国著名哲学家黑格尔（1770—1831）提出了理性概念即逻辑规范性——作为本质与普遍根据的理性，探讨了作为自由精神的理性——理性超越的途径，指出了如何从知性到理性的过渡和理性对知性的超越与扬弃，规定了理性的确定性与理性的真理性及理性观念自身的结构过程，诠释了理性的自我和解功能及其对人类认知的引导作用。

黑格尔之后，十九世纪中叶西方哲学界出现了非理性主义思潮，涌现出了一批非理性主义的哲学家，如叔本华、尼采、克尔凯郭尔、柏格森等。他们提倡直觉，贬低理性，认为科学和理性只能把握相对的运动和实在的表皮，不能把握绝对的运动和实在本身。非理性思潮的出现，既是对资本主义现实的回应和反思，又是对新时代的呼唤和预言，同时它也改变了西方哲学以理性为中心的单一发展模式，开创了新的哲学思维方式，为西方哲学的发展提供了更为广阔的前景。

二十世纪，以萨特、海德格尔、雅斯贝尔斯等人为代表的存在主义，以皮尔斯、詹姆斯、杜威等人为代表的实用主义，以边沁、密尔等人为代表的功利主义，以及以罗素、维特根斯坦和奥斯汀等人为代表的分析哲学（包括逻辑实证主义和逻辑经验主义）的兴起，又进一步强化了理性主张，使理性主义（科学主义）发展到高潮并和人文主义共同成为闪耀着人类智慧之光的两面旗帜。[①]

纵观西方有关理性问题的研究，可以看出西方对"理性"的研究有以下几个方面的特点：一是把理性作为基础问题研究。西方世界把理性当成了认识世界的基础点和出发点、先决条件，与"科学精神""求真精神"共同成为西方的精神追求。二是理性得到了西方社会的普遍认可并成为一种普遍的文化观念及文化发展的基础条件和衡量标准，被运用到了社会各个方面。人们从多个角度对此进行了解读，也形成了诸如知识理性、道德理性、政治理性、经济理性等多个理性概念。三是对理性研究具有长期性。从古至今，一直源源不断有学者对此进行新的研究和阐释，致使"理性"问题在西方文明的发展史上，一直占有绝对统治地位。

西方对理性的研究及对理性的持久张扬为人类文明进步做出了巨大贡献，尤其是在反蒙昧、反宗教统治、破除宗教对人类的思想和精神的束缚、获得自由和独立，以及在推动科学技术发展和社会进步方面起到了重要的推动作用，建立了不朽的功勋。但是西方对理性的研究和发展也存在一些不足，那就是过分强调坚持理性和偏激地、极端地张扬理性也造成了人文精神的逐步萎缩，尤其是核技术的发展和原子弹的发明导致了二十世纪人类自身的毁灭威胁，对生态资源的肆意掠夺产生了大量的严重的对生态环境的破坏进而危

---

[①] 邓晓芒，赵林. 西方哲学史 [M]. 北京：高等教育出版社，2014.

及人类生存，以致最终发展到极端的理性——唯理主义，遭到了很多人的唾弃，这是非常遗憾的现象！①

### （二）国内研究概况

我国对理性和理性思维能力的研究起步也较早，大致处在和西方相同的时期，甚至还略早一些。我国历史上最早对理性思维进行研究的是春秋末期的著名思想家们。春秋战国在由奴隶制向封建制的转变过程中，论辩之风极盛，出现了"百家争鸣"的局面，各家都对名实关系、正名原则和论辩术进行了探讨或总结，涌现出了一些着手研究名词概念和论辩术的思想家，经过名家、儒家、法家特别是墨家的理论总结，建立起了比较完整的中国古代逻辑体系。尽管当时以及后期相当长的时间段内，我们一直是把这些内容称为"名辨思想"而没有使用"理性思维"一词，但事实上他们的确从实践上开创了我国理性思维及理性思维能力研究的先河。这个时期最具代表性的人物是"名学"创始人邓析（前545—前501）、子产（？—前522）和墨家的墨子（前476—前390），最具代表性的著作是《墨经》。②

《墨经》系统地提出了中国古代的逻辑思想，因此后人也把它和因明学、古希腊逻辑学并称为世界三大逻辑学。《墨经》在中国逻辑史上第一次提出了辩、类、故等逻辑概念，比较自觉地、大量地运用了逻辑推论的方法以建立或论证自己的政治、伦理思想，此外还要求将"辩"作为一种专门知识来学习。

墨子之后，历经战国、两汉、魏晋、隋唐、宋明时期，又涌现出了诸如惠施、公孙龙、荀子、韩非、吕不韦、刘安、王充、王符、徐干、陈亮、叶适、罗钦顺、王廷相、李贽等一大批思想家，他们继承和发展了名辨思想。惠施的自然观和推理思想，公孙龙的二元论名实观、逻辑正名学说，荀子的

---

① 鄢丹. 思维的理性与工具——计算机前传文化 [M]. 武汉：武汉理工大学出版社，2019.

② 张家龙.逻辑学思想史 [M]. 长沙：湖南教育出版社，2004.

正名学说体系、辩说逻辑体系及"三惑"说，韩非的"刑名逻辑"和"矛盾之说"，《吕氏春秋》中的正名和推理思想，《淮南子》中的推类思想，王充的论证逻辑，王符论譬喻，徐干论"辩"，嵇康的推类思想和论辩原则，王弼和欧阳建的言意之辩以及鲁胜、陈亮、叶适、罗钦顺、王廷相、李贽等人对先秦名辩思想的研究都是对先秦名辩思想的继承和发展。

在我国古代名辩思想传承发展的过程中，佛教及因明也从东汉起逐步传入我国并在我国不断传播和发展。另外，近代以来随着西学东渐，西方逻辑学也逐步被引介进入我国，这期间也涌现出了一大批研究因明和西方逻辑的学者，如严复、张东荪、章士钊、金岳霖等。他们对理性思维的研究和推广也做出了较大贡献，同时也留下了不少研究成果。

关于对大学生理性思维能力培养和强化的研究，迄今为止从 CNKI 数据库、万方数据库、读秀知识库、百链云图书馆、超星移动图书馆等目前国内检索资料库中可检索到的文献总计有 1542 条（至 2020 年 8 月 16 日数据），其中博硕学位论文 30 篇，期刊文章 1479 条，会议论文 21 条，报纸 12 条，按内容大致可分为三类。

第一类是针对初高中学生在某门具体课程的教学、实验环节中进行学生理性思维能力的培养。这部分研究的数量相对较多，也是已有研究成果中的主要部分。如杨铭、刘恩山 2017 年 8 月 30 日在《生物学通报》上发表的《在生物学课堂中培养学生理性思维》，甘肃二中孟晓宁 2020 年在《成才之路》第 8 期发表的《高中生物教学中学生理性思维的培养刍探》，陈晴、喻本伐于 2014 年 10 月 28 日在《教育评论》上发表的《理性主义与青年学生理性思维的培养》，郑琦长于 2017 年 7 月在《长春教育学院学报》上发表的《高中生物教学中培养学生理性思维的方法》，王琳、林景和于 2013 年 4 月在《闽西职业技术学院学报》上发表的《论历史教学中学生理性思维能力的培养》，刘红叶于 2017 年 5 月 10 日在《南京师范大学学报》上发表的《促进学生理性思维发展的高中化学作业研究》，王蕊于 2016 年 6 月 1 日在《鲁东大学学报》上发表的《初中战争史教学中理性思维的培养研究》，谭良生于2013年10月22日在《语文教学通讯》上发表的《理性思维能力的培养"根"在教学》，赵保平于2007年1月30日在《艺术百家》上发表的《论音乐教育中理性思维的培养》，白学峰于2015年2月5日在《西部素质教育》上发表的《小学数学教学中对学生逻辑思维能力的培养研究》，倪仁英于2014年1月20日在《科学大众》上发表的《引导科学实验　培养理性思维》，薛钰川、郝小伟于2013年8月5日在《科教导刊》上发表的《"文科生"理性思维能力培养的物理教学探究》等。

第二类是有部分学者针对大学生理性思维的培养做的一些研究。这部分研究的数量不是太多，可检索到的文章也不超过50篇。有代表性的是凌生智、张玲玲于2013年6月25日在《湖北师范学院学报》自然科学版上发表的《关于培养女大学生理性思维》，罗晓珍于2005年8月15日在《哈尔滨职业技术学院学报》上发表的《青少年理性思维的培养》，陈艳阳于2009年5月8日在《湘潭大学学报》哲学社会科学版发表的《批判性思维理论及其能力培养途径研究》，赵春哲等人于2012年9月11日在《中国科技信息》上发表的《培养理工科学生理性思维能力的一个新思路》，张军于2012年7月1日在《装饰》上发表的《开始设计——工业设计素描中理性思维的培养实践》，余惠霖于2011年1月15日在《广西经济管理干部学院学报》上发表的《高职学生理性核心能力素养培养的探讨——基于高职数学文化教育的视角》等。

第三类是少部分学者针对青年干部理性思维培养的角度做的一些研究。如梅黎明于2012年10月18日在《传承》上发表的《年轻干部要自觉培养理性思维》，李志昌于2013年7月4日在《人民日报》上发表的《培养理性思维需要学点逻辑》等。

目前可检索到的对理性思维进行研究的代表性论著也不算多，较有代表性的是以下四本。

周祯祥和胡泽洪于2005年8月在广东高等教育出版社出版的《逻辑导论

（修订版）——理性思维的模式、方法及其评价》一书，对理性、语言和逻辑问题进行了阐释，他们认为"逻辑思维"是一种理性思维的模式，但同时强调理性思维还有其他模式。

鄢丹于 2019 年 5 月在武汉理工大学出版社出版的《思维的理性与工具——计算机前传文化》，对理性思维的起源、发展历程及主要的理性思维类型做了阐释。

俞发亮于 2019 年 9 月在福建教育出版社出版的《议论文写作与理性思维》一书，该书从议论文写作的角度，讨论了理性思维的过程和方法。实际上是对理性思维与概念、判断、推理、论证关系的另外一种表达。

刘昱含、杨光于 2014 年 2 月在中国人民大学出版社翻译出版了托马斯·吉洛维奇（Thomas Gilovich）的《理性犯的错：日常生活中的 6 大思维谬误》一书。该书讨论了日常生活中常易违反的六种错误：①无中生有——对随机数据的错觉。主要是指人们习惯在周遭世界中看到秩序、模式、意义，而随机、混乱、无意义让我们觉得不快，人类本性憎恶那些缺乏可预见性和无意义的事物。因此，我们愿意在本没有秩序的事物中"看到"秩序，在原本偶然的信息中找寻含义。这类问题集中表现为热手效应、聚集性幻觉、因果理论、回归谬误。②管中窥豹——对不完整、不典型数据的误解。他认为人们倾向在不完整、不典型信息的基础上得出结论。我们只注意有效的结果，忽略无效的结果；我们只寻求证据，去证实已有的信念，人们通常未能认识到某个特别的观念建立的基础是不充分的，它们不过是宛若真实的幻觉，这实际上是自我应验式预言。③先入之见——对模糊、不一致数据的偏颇评价。他认为人们倾向于只看到他们想看到的东西，总结出他们期待总结的内容。对那些与我们先前的观念一致的信息，我们通常会直接接受，而那些与我们先前的观念不一致的信息，就会遭到我们严格的审查，而其价值也会大打折扣。这种问题的主要原因是巴纳姆效应、蔡格尼克效应、消极重大行动。④观念的动机决定因素——对自身自利，对世界自欺欺人。主要是说很多情况下我们无意识地过滤数据，只看到有利于自己观点的信息，一厢情愿地曲解已有信息。人们的偏好不仅影响到他们所考虑信息的种类，同样也影响到他们所检验信息的数量，我们像对待自己的财产一样，占有、保护我们的观念。这类问题的主要缘由是禀赋效应、优势幻觉、乌比冈湖效应。⑤被曲解了的二手信息——相信别人告诉我们的事情。他认为信息在传播的过程中，不可避免会被曲解。人们喜爱故事胜过真实数据，为了讲好故事，会抹去背景，只叙述自己关注的事情。看似一手的记录实际上是二手的，那些我们认为是二手的信息通常都是三手、四手甚至是五手的。这类问题的缘由是恐惧的准备理论、故事的信息性和娱乐性、基准率数据。⑥言过其实的社会支持印象——别人也相信我们所相信的。他认为我们对某个事物的看法在很大程度上受到他人对此事物看法的影响，也喜欢把自己的观念、态度、癖好强加在别人身上。我们经常夸大他人对我们所持有观念的认同程度，因为我们的观念似乎获得了更多的社会支持，这样的观念就更难以被改变。这类问题是因为存在错误共识效应、缺乏负面反馈①。

　　从国内对理性的研究现状来看，国内对理性思维的理解与西方有一定的差异。首先，我国的学者们大多是把"理性"与"思维"联系在一起，用于描述指谓人的思维不受或少受情感偏好等主观因素影响。当然也有人把"理性"用在对人的行为方式的描述或对人的行为评价上，如某人或某种行为是否理性等，但这种语义上的用法出现得较少。其次，在研究重点上多注重在某种领域或某个方面如何做到"理性"，比如在讨论理性思维上，比较关注对"思维"的方法、过程、步骤的讨论，而较少涉及理性本身的内涵问题。最后，许多研究都或多或少地涉及了"学生理性思维能力培养和强化"的一些相关问题，但总体来看，无论是研究视角、研究内容还是研究方法，抑或是研究层次、深度，都不是十分理想。一些研究的视角过于偏狭，仅局限在某

①托马斯·吉洛维奇.理性犯的错：日常生活中的6大思维谬误 [M]. 刘昱含，杨光，等译. 北京：中国人民大学出版社，2014.

门课程之中，感觉视野不够开阔；一些研究的对象群体年龄又较低，针对的是尚处于中小学阶段的中小学生，当然在中学阶段培养和强化人的理性思维的意识和能力也无可厚非，但在此阶段谈论"理性思维能力"问题似乎略显超前也涉嫌在"理性思维"内涵理解上的粗浅；一些研究的主题虽大，但内容偏少，系统化程度又不够高，不仅给人零散化、碎片化的感觉，而且在学理上也缺乏深邃性，讲得不够透彻，尤其是在对策上也没有提供一个较为系统的方案。由此，可以说"新时代强化大学生理性思维能力的重要意义和路径选择"问题尚属切合时代主题的新课题，还是有待开垦和深耕的处女地，还有必要对此进行有针对性的、系统的、深入的研究。

# /第一章/

## 理性通释

　　理性思维能力是对人类进行理性思维活动所需知识、经验和技能的总体概述。理性思维能力包含理性、思维和能力三个核心词汇，要对理性思维能力形成系统、全面、深刻的认知，就需要首先对理性、理性思维及理性思维能力做细致、准确的解析。

## 第一节　理性的词义解读

　　"理性"是一个应用十分广泛的、概念多元化的词汇。因其在西方与我国有不同的起源，因此无论是在西方社会还是我国，人们对理性的理解都是一个不断演化的过程。要对理性有全面、细致、清晰、深刻的理解，需要我们对西方和我国历史上人们对理性的认识和理解做较为详细的阐释。

### 一、西方对理性的认识和理解

　　西方的"理性"（英语 reason）一词，最早源起于希腊语的词"逻各斯"（希腊语 logos）。在罗马时代，译成拉丁语 ratio。ratio 源于动词 reo，原意为"计算金钱"。随着时代的发展，尤其是亚里士多德著作重新回到欧洲及翻译的逐渐增多，"理性"慢慢等同了"逻各斯"。之后"逻各斯"逐渐成为哲学上广泛使用的术语，最后形成了理性（英语 rationality）与理智（英语 reason）的字根。理性 Reason 被译成法文后，成为法语 raison。①

　　"理性"一词，在西方有多种含义。一是指人类的"理智""智慧""认知能力"等"能够识别、判断、评估实际理由以及使人的行为符合特定目的等方面的智能"。比如人们经常讲"人类理性的觉醒""道德理性""经济理性""实践理性""历史理性"等概念，其内涵实际上大抵等同于"理智"或"智能"。二是指冷静的态度或优良的心理素质。比如我们说"某某人（做事）很理性""他是一个理性人""我们必须理性地看待某个事物"，这时的"理性"就指人们在面对紧急事务时不受情感影响或影响程度较小，能够不慌张、不忙乱，熟练而有条不紊地处理问题的一种心智或行为状态，是相对于感性或凭感情好恶来处理问题而言的。三是指对特定事物的认识或追求。比如人们谈到"工具理性挤压或吞噬了价值理性的空间"，这种语境下的"价值理性"实际上就是指人们对某种事物或某种特定行为在价值层面的思考、追求和重视程度。"工具理性"就是指人们对行为过程中所使用的具体工具或技术方法的关注和运用。四是指方式方法。比如讲"逻辑理性""数学理性""辩证理性"等，此时的"理性"就是指人们认识或处理问题时所使用的方式与方法，即能够通过比较、分析、综合，形成概念，做出判断，进行推理计算。

　　在西方的学术领域中，"理性"一词被使用最多的情况通常有两种：一种是基于哲学家和逻辑学家的认识角度。他们认为理性是基于逻辑推理和论证的加工过程，与基于直觉和情绪机制的加工过程相对应。这一点体现在西蒙（1889）对理性所下的定义中：理性是逻辑指引下的思考，而非理性是基于情感机制所做出的决策。类似的观点还有威廉·詹姆斯（2009）的定义：理性是基于推理的特定思考过程。他们对理性的定义实际上反映了思维的过程特征。另一种是基于经济学家的认识角度。他们将理性看作"在给定的条件下，选择能使决策者获得最大效用的方案的能力"。经济学家的定义反映了以"结

————————
　　① 唐逸. 中国的理性思维 [J]. 战略与管理，1999，2：103–111+122.

果"为核心的判断特征。理性思维的研究者 Stanovich（2011）认为，把理性行为结果看作行为目标达成的标准，使得人们在操作的层面更有利于通过实验的方法来衡量其实现程度。

通常而言，理性有如下几个方面的内涵：（1）冷静的态度。即面对紧急的事务能够不紧张、不慌乱、熟练地操作和处理。（2）全面的认识。即对于人或事物能够从多个方面去再了解、再总结，懂得其本质、特点、规律和发展的前因后果。（3）详细的分析。即能够在获得相关经验材料的基础上，对其与周围相关事物间的关系、相互作用和未来发展趋势做有理有据的判定和推理。（4）后果的预知。即能通过对多个方面感性材料的加工和处理，推理判断出可能出现的结果。（5）自信与勇气。不轻信他人的传言，也不被问题和困难吓倒，有敢于面对问题的信心和决心。（6）有多种后备计划方案。按效益最大化原则行事，不孤注一掷。（7）辩证地看待和处理问题。懂得优劣互补，有时以劣为优，有时以优为劣，有时中性。

西方对理性的认识，是一个渐进演变的过程，大致经历了四个阶段：原始理性阶段、神学理性阶段、绝对理性阶段和现代理性阶段。[①]理性一词的内涵也经历了多种的演变，从宇宙理性到神的理性再到人的理性；从多元统一的理性到理论理性与实践理性的分离再到工具理性与价值理性的分离；从本体论的理性到认识论的理性再到交往理性、辩证理性、分析理性。[②]

### （一）原始理性阶段

在原始理性阶段，人们对理性才刚刚开始觉悟，对它的理解实际上大体相当于"理智""思想""智慧""独立认知和有效应对能力"等。理性的观念最早是由赫拉克利特提出的，来自他当时的宗教信仰。他认为世界和万物是一个不断变化和流动的过程，而变化和流动不是杂乱无章的，而是神的普遍

---

① 唐逸. 中国的理性思维 [J]. 战略与管理，1999，2：103-111+122.

② 刘友古. 中世纪的理性概念 [J]. 基督教学术，2015，2：21-35+250.

理性的产物。赫拉克利特相信最实在的东西是灵魂，而灵魂最独特、最重要的属性是智慧或思想，但他所谓的灵魂并不是独立人格的实体，而是火。他认为火存在于一切事物之中，甚至人的灵魂也是火神的一部分。火神是理性，火神又是一切，弥漫所有事物。万物的运动变化均是根据火神的思想和理性原则来进行的。赫拉克利特的理性指的是普遍理性，本质上就是指"规律"。苏格拉底在吸收和继承赫拉克利特理性观念合理因素的基础上，把"理性"归还给了"人"，不再强调理性是万物均具有的普遍性本质，而是专门用于指称"人类智慧"并且强调了理性在人类认识中的作用。他说"如果我以眼睛看着事物或试想用感官的帮助来了解它们，我们的灵魂就会变瞎，我想我还是求助于心灵的世界……首先假定最强有力的原则，然后肯定，凡是和这个原则相符合的就是真的，否则就是假的"。柏拉图在继承苏格拉底理性观的基础上又将冠名为"理念"的理性放置于至高无上的地位，他说"善的理念乃是知识和真理的原因……你虽然可以把它看作知识的对象，但是把它看作超乎真理与知识的东西才是恰当的"。亚里士多德曾用过努斯、逻各斯、狄诺亚三个术语来解释"理性"概念。但他认为，这几种理性能力都是以形式存于人的灵魂之中，并具有被动与主动之分。同时，它们都需要一种外在的东西——亚里士多德称之为物质的印制，才能活动起来。也就是说，亚里士多德认为，在理性之前必须有一个先存认识作为理性的出发点，不同于那种作为灵魂功能的理智，他曾说"对于第一原则的把握乃是直觉的理性""在直观意义上，理性主要是指人的理智通过抽象或推理把握事物类的特性和一般性的能力"。因此，亚里士多德哲学的理性概念实际上是一种寻求理论知识或追问实践智慧的能力，或者更广泛地说，它是一种关于确定任何真理的能力，而且完全是一种先验理性。

因此，可以说最早起源于希腊词语逻各斯的理性，是指人在正常思维状态下为了获得预期结果，理智地面对现状并迅速在诸多可行性方案中判断出最佳方案且对其有效执行的能力。要弘扬理性，就意味着追求真理，追求人的解放和自由。

### （二）神学理性阶段

在中世纪理性阶段，居于信仰之光的理性观成为中世纪哲学的基本形式。但理性概念在奥古斯丁、阿奎那、奥卡姆三位思想家中划出了一条从隐到显、从被束缚到独立的演化过程。在奥古斯丁的眼中理性只是一种人之灵魂的功能，其特征是负罪性，没有任何独立性。他认为理性首先是为信仰启示进行解释所用的"女仆"。譬如，他在《论基督教教义》一文中说"理性讨论的训练……在洞察和解决从圣经文献出来的各种问题是最有价值的，因为所有来自异教著作的知识都不如圣经知识那么丰富，而理性应该用在这个方面才有最高的价值……对我来说，灵魂是某一种实体，被赋予理智，恰好地管制肉体"。因此，这种理智乃是灵魂的一种功能，必然高于肉体，但又因为原罪（theoriginalsin），这种理智依然受制于罪的奴役，而不能管制好肉体。人的理智在天性中没有求善求真的能力，只有通过光照和治疗后才有正确的用途，这就是神通过基督对人之灵魂光照的结果。因此，他认为的理性在其本质上是一种负罪，即被罪所奴役的东西。想要获得正确的认识，它就必须要接受信仰之光的医治。阿奎那在一定意义上接受了奥古斯丁的观念，他让理性获得了信仰给予它的神圣光环，但同时也使理性开始得到了一定独立性的地位，从一定意义上显示了它对待信仰的僭越能力。他主张"理性是一种原则意识力，其特征是神圣性与僭越性并存，具有一定相对的独立性"。奥卡姆发展了阿奎那的观点，在信仰与理性之间选择了一种绝对分离关系，他认为认识本身就在于理智内在功能的表现，与心外事物无关。理性是一种意识力与判断力的综合，其特征是僭越性，具有完全的独立性。他削去了一个心外事物的实在系统，而直接把认识简化为理智功能，这就是历史上著名的"奥卡姆剃刀"。在奥卡姆那里，理性与信仰在本质上是互不干涉、相对独立的，它们之间的矛盾既不能通过信仰也不能通过理性来加以解决，而只有通过另一个方式即神的绝对权威来加以解决。这样，理性的独立性和真理性就从神学背景中相对独立地显示出来，由此唤醒了那位沉睡千年之久的哲学王。但不管怎样，无论是力主调和论的阿奎那还是主张分离论的奥卡姆，都只是中世纪社会关于理性认识之思想朝向世俗化发展中的一个路标。他们都不同程度地赞成理性应该为信仰所利用，尽管他们利用的方式与发挥的作用不同，但最终都还是用来解决理性与信仰的调和问题。①

### （三）绝对理性阶段

自文艺复兴开始，历经宗教改革、启蒙运动、十八世纪的资产阶级革命、十九世纪分析哲学的萌芽、二十世纪分析哲学的形成，直至人文主义的重新回归的较长时段里，理性从与宗教的分离和相对独立开始，一直发展为社会生活中拥有绝对权威并被西方学术界执着甚至近乎疯狂追求的境地，这也是这段时间之所以被称为绝对理性阶段的主要原因。绝对理性阶段肇始于英国的文艺复兴，是由于中世纪末期理性挣脱宗教的束缚取得了自由呼吸的权利，使人们能够再次思考上帝与人的关系和人生的意义与价值、人的尊严、地位与权利等问题，因而产生了以人权反对神权、以科学反对蒙昧、以民主反对专制的文艺复兴运动。文艺复兴的一个重要特征就是理性的觉醒和理性主义的形成。理性主义的兴起推动了近代自然科学的萌芽与发展，催生了一大批科学成果。弗兰西斯·培根是英国哲学家和科学家，被马克思称为"英国唯物主义和整个现代实验科学的真正始祖"。弗兰西斯·培根创立了与经院哲学相对立的唯物主义经验论哲学，提出了"知识就是力量"的理性主义思想，在文艺复兴的人文主义的基础上又大大向前迈进了一步，基本完成了把哲学和自然科学从神学束缚下解放出来的历史使命，将人们关注的重点从脱离实

① 尹强．启蒙与人类理性的觉醒——西方中世纪到启蒙时代人类的理性觉醒历程 [D]．重庆：西南师范大学，2004.

践的逻辑推断、虚无荒谬的诡辩和对推理论证的细枝末节的纠缠中解放出来，开始转向科学认知、理性思考和重视社会实践，极大地推动了自然科学的发展及其在生产实践中的应用，这是近代英国自然科学发展乃至工业革命兴起的思想先导。可以说，培根理性主义的力量推动了整个文化事业的发展，使整个民族在人文主义的道路上得以坚定前行。①在培根之后，笛卡尔又使理性得以进一步确证和张扬，他通过唯理论系统地阐释了理性主义的认知方法，使理性的显赫地位日渐凸显。他不仅提出"我思故我在"，明确"我思"的原则首先要肯定的就是"我"的存在，然后才强调了"思"，让"我思"原则中自我意识成为主角，代替了神圣的宗教启示，成为衡量存在的标准，而且笛卡尔也再次强调了理性的普遍性及其在认识真理中的重要作用。他强调真理的认识可以通过理性的演绎而得到，在他看来"那种正确做出判断和辨别真假的能力，实际上也就是我们称为理性的东西，是人人天然均等的"。在笛卡尔这里，完全独立的理性的影子已经依稀可见。随着笛卡尔理论的产生，欧洲理性主义（Rationalism）逐步形成，作为知识来源和理论基础上的理性主义哲学方法在十七至十八世纪的欧洲大陆上得以广泛传播。笛卡尔之后，英国经验主义的创始人洛克（1632—1704）也强调"知识绝对不是什么与生俱来的，但理性却是人的本性之一，人只有运用理性、通过经验和观察而得到知识"。在洛克的观念中，人的意识是"白板"，"与生俱来的理念"是不存在的，人的本性可以通过教养而得以改变。自此以后，人们开始在自然世界中"狩猎真理"并从中得到极大好处，决定什么是有效知识，检验标准也不再是

---

① 石强. 论弗兰西斯·培根理性主义哲学思想［J］. 学术探索，2020，6：9-15.

《圣经》或者亚里士多德的权威了。[①]

十八世纪的启蒙者们传承了文艺复兴的人文主义风格，他们以反对话语霸权为契机，大力为自由主义和宽容精神张目，而这一切的努力，为理性的全面张扬搭建了一个前所未有的广阔舞台，许多关于理性的新论断不断产生。如狄德罗（1713—1784）在《百科全书》中的"理性"词条中指出：理性除了其他含义之外，有两种含义是与宗教信仰相对而言的，一是指人类认识真理的能力，二是指人类的精神不依靠信仰的光亮的帮助而能够自然达到一系列真理。在他们看来，理性是一种自然的光亮，他们的使命在于用这种理性之光去启蒙人类，去照亮中世纪神学之幕下的黑暗和愚昧，让人们意识到主体缺失的生存处境于人而言的悲哀。启蒙理性呈现出三个明显的特征：首先是按照自然科学的方法，开创了从事实出发的思想道路。自然科学和理性是紧密相连的。如前所述，人的目光从上帝身上转向自然万物，这催生了自然科学的发展，同时自然科学的发展又极大地刺激了理性的运用。人们开始认为理性的运用就等于对事实的发现。尽管在先前的时代里，一直都有从实际出发研究自然的思想因素，但他们都因自己的时代和人类的认识能力的限制，并没能将它作为一种确定的方法论去运用，即使到了文艺复兴时期科学技术一度繁荣，仍没有走出上帝的圈子，理性依然是"永恒真理"的王国，是人和神的头脑里共有的那些真理的王国，而人们通过理性所认识的，依然是人们在上帝身上所直接看到的，即规定性。如果说十七世纪的人们还确信理性的每一个活动都使得人们参与了神的本质，并为人们打开了通往心智世界、通往超感觉的绝对世界的大门的话，那么十八世纪的理性则冲破了十七世纪从"天赋观念"出发的形而上的体系，它不再是体系的严密和完美，它所探寻的是关于真理和哲学的另一种概念，它的功能是扩展真理和哲学的范围，使自己更灵活、更具体、更有生命力。虽然"启蒙运动的灵感部分来自笛卡

① 尹强. 启蒙与人类理性的觉醒——西方中世纪到启蒙时代人类的理性觉醒历程[D]. 重庆：西南师范大学，2004.

尔、斯宾诺莎和霍布斯等唯理论，但是这个运动的真正创始人是艾萨克·牛顿和约翰·洛克"。十八世纪的启蒙思想家们求助于牛顿，因为牛顿的方法不是纯粹演绎的方法，而是分析的方法，它并不是先提出一些原理、一般概念和公理，然后通过抽象来推理，进而获得关于特殊、关于"事实"的知识，牛顿的研究方法走的是相反的道路，即他所研究的是一般的事实和经验材料，他的研究是要从这些经验的材料得到一些普遍的原理，即从事实中发现原理，并用事实来证明原理，也就是说，自然科学的思想不是从概念到概念，从公理到公理，从原理到事实。此前的哲学家们都主要是"把名字加之于事物上，而不是探寻事物本身"，而牛顿注意到了这个区别，他说："这些原理我认为并非有什么奇妙的性质，可以被认为是事物特殊形态的结果，而只是普遍的自然规律，事物本身就是由它们形成的。"牛顿的方法是"钻研事物本身"，然后总结出"事物本身所以形成的那些普遍的自然规律"。因此，十八世纪的启蒙思想家不是去寻求先于现象、可以先验地被把握和表述的秩序、规律和"理性"，而是让理性随着对事实的知识的增长逐渐显现出来，变得日益清晰和完善。不仅专注于丰富多彩的现象，而且时刻要用它来衡量自身。整个十八世纪的思想就是以这种新的方法论纲领为特征的。其次，启蒙时代的理性包含着强烈的统一性要求。当人们发现理性的运用可以更合理地解释自然界后，就开始了"把理性运用到一切事物"的努力，在这种信心的驱使下，理性开始成为另外一种不容怀疑的价值尺度，即所谓的"理性的法庭"。在对理性欣喜若狂的发现后，十八世纪思想的重点逐渐从一般转向了特殊，从原理性的东西转向现象，但是理性本身的地位已经被牢牢地确立了下来，启蒙时代已经把理性确定为人类认识世界的最有力的方法，也可以说，这个时代理性统一性的要求已经支配了人们解释世界和解释人自身的思维。正如笛卡尔说的："全部科学合在一起就是人类的智慧，这种智慧尽管能用于各种不同的学科，但始终是一个整体，不会因此被分化成不同的东西，正如太阳光不会由于照耀在不同的事物上就会被分化成不同的东西一样。"其实，理性在这里仍然是作为一种方法论的意义而要求强力的统一，因为人们一致认为理性的基本功用是在于发现那种实存的却未被人们发现的统一性，这种统一性是严格的，没有这种严格的统一性就无法把所得的经验材料合理地进行排列和组合，得到确定的知识。因此理性的特殊表现症状就是对内在统一性的强烈渴求。启蒙时代理性的这种内在统一性的要求，不仅是其方法论的根本特征，从卡西勒的总结来看，这也是理性的基本功能之一，理性的这种统一性就在于它在分析、还原、审视以及建构的方法上，统一在它的质疑、拷问、追究和批判的内在力量上，因此这种统一性是各个启蒙思想家差别性、多样性的内在统一。也就是说，尽管启蒙时代思想家们的启蒙观点千差万别，角度各有不同，但是这种"分析—重建"的启蒙理性却是其内核，而卡西勒正是以这个理性的"内核"分别考察了启蒙时代的认识论、美学、心理学、历史、宗教批判、法律与国家等一切应当脱离宗教束缚的领域。人们自然认为自己发现了世界存在的终极规律，从而开始滋生一种历史进化论，认为人类社会的发展由于理性的出场而变得越来越好，越来越容易被人理解，被人改造，人们开始陶醉在这样一种"发现—反思"的思维狂潮中。最后，启蒙时代理性的力量还主要表现在它是一种批判的力量。现在我们可以说理性的本质就是批判，虽然这种批判性并不是十八世纪启蒙时代所独有的，但这种批判性是在这个时代中，理性被压抑了很久之后的一个总爆发，理性成了时代的标志、主流。"十八世纪"喜欢称自己为"哲学的世纪"，也一样称自己为"批判的世纪"，这两种说法不过是对同一情况的不同表述而已。启蒙的实质是对传统的反省，这就必然给启蒙时代的理性打上了批判的烙印。

康德（1724—1804）在1784年提出了历史理性，以历史的合目的性和历史的合规律性为中轴线，通过揭示历史理性本身的二律背反，奠定了启蒙时代重新考察人类历史理论的基石。由此，理性成为文明的主宰和不容置疑的绝对真理。费希特则以活动自我摆脱了康德悬拟的自在之物的枷锁，确立起主体、自我意识对客体、实体的绝对自由，指出："人类尘世生活的目的即是依照理性的自由，去把人类关系都安排得井井有条。"

德国古典哲学大师黑格尔在继承康德思想的基础上，进一步明确指出"理性是世界的共性，理性的思辨则是真理的源泉，哲学的最高目的就在于达到自觉的理性与存在于事物中的理性的和解，亦即达到理性与现实的和解"。他说"我们总是首先通过经验来认识真理，而还有一种认识真理的方法，那就是反思。反思的方法用思想来规定真理"。他倡导的绝对理性通过对康德主客观意义的颠倒，指出客观理性本质上是绝对理性，它自己规定自己，自己建立自己的内容，从而使理性成为一种超越人的历史的无限的理性。理性的地位到了堪与上帝媲美的程度。①费尔巴哈追随黑格尔的思想路线继续前行，他也多次强调"理性、意志和心才是为人之绝对本质"。之后，随着科技的飞速发展，"西方工业化所创造的巨大的物质财富把欧洲的理性思潮再度推向高潮"。科学作为理性的认知领域对人们产生了巨大的冲击，直接推动了实证科学的强大和异化。正如胡塞尔所言"现在这个时代是一个极端信奉科学技术的时代，信奉物质效益的时代，人们把环境、生态、能源、气候等自然问题的解决最终依托于科学技术"。由此可以看出，绝对理性阶段理性的发展是一个由理念理性走向科学理性的进程。在此过程中，理性自身的困境成为推动理性发展的重要力量。

进入十九世纪之后，伴随着科学技术的蓬勃发展和数理逻辑、现代逻辑体系的不断完善，十九世纪末出现了以孔德等人为代表的实证主义哲学，同时在德国哲学家、逻辑学家弗雷格的著作中也出现了分析哲学的基本思想。之后，在英国的罗素、摩尔、维特根斯坦等人的积极倡导和共同推动下，分析哲学运动于二十世纪初正式形成。分析哲学继承了休谟的唯心主义经验论和孔德、马赫等人的实证主义传统，是在当时兴起的数理逻辑的基础上发展起来的。它的出现是对当时在英国哲学中居于主导地位的新黑格尔主义的一

---

① 李锦程. 理性危机与主体重建——哈贝马斯、伽达默尔与泰勒的现代性反思 [J]. 理论界，2018，2：30-36.

种反抗。分析哲学学派包括逻辑经验主义学派、日常语言学派以及一些批判理性主义和二十世纪六十年代以后出现的不属于这些支派的分析哲学家。逻辑经验主义学派，又名逻辑实证主义或新实证主义，它形成于二十世纪二十年代中叶的奥地利，其核心是石里克，主要成员有卡尔纳普、纽拉特、汉恩等。此外，以赖兴巴赫为首的德国经验哲学协会，以波兰的塔尔斯基等逻辑学家组成的华沙学派，以及英国的艾耶尔、北欧的凯拉等人的观点和理论都属于逻辑经验主义的范畴。从二十年代中叶到三十年代中叶，是逻辑经验主义在欧洲流传的全盛时期。三十年代后期希特勒上台，欧洲大陆的逻辑经验主义者相继迁居美国，于是美国成为逻辑经验主义的中心。二十世纪四五十年代，逻辑经验主义通过卡尔纳普、赖兴巴赫、费格尔、亨佩尔等人的传播，逐渐取代实用主义，在美国哲学界占据了主导地位。与此同时，一些美国哲学家还把它与实用主义结合到一起。于是，出现了刘易斯的概念的实用主义、莫里斯的科学的经验主义，二十世纪五十年代还出现了以奎因等人为代表的逻辑实用主义。奎因原来持逻辑经验主义的观点，后来转而猛烈抨击其中的一些基本观点，否认分析命题与综合命题的区分，反对证实原则与还原主义，提出"整体论"的检验理论和本体论的承诺概念。逻辑经验主义由于受到奎因和科学哲学家库恩等人的猛烈抨击，无力解决其理论上的许多困难，因此在二十世纪六十年代以后逐渐衰落。日常语言学派形成于二十世纪三十年代的英国，它包括以威斯顿为代表的剑桥学派和其后以赖尔、奥斯汀、斯特劳森等人为代表的牛津学派。二十世纪五十年代后期，日常语言学派在美国也有一定传播，塞拉斯、齐索姆、塞尔等分析哲学家较多地接受它的影响。塞拉斯继承和发展了后期维特根斯坦关于词的意义在于词的用法这一重要观点，认为阐明一个词的意义就是阐明这个词在语言中的作用。他还指出，意义不是表示一个词与某种外界事物的关系，而是表示一个语言项目与另一个语言项目的关系。齐索姆因受日常语言学派的语义分析方法的影响，十分重视对某些与认识有关的词汇进行细致分析。塞尔则致力于继承和发展奥斯汀的言语行为理论，他对专名和加强语意的言语行为的研究，在二十世纪七十年代颇受美国分析哲学界的重视。英国的日常语言学派在二十世纪六十年代后逐渐衰落，其后的分析哲学家大都转向哲学逻辑的研究。[①]

在分析哲学快速发展的同时，二十世纪三十年代奥地利科学哲学家卡尔·波普尔提出了批判理性主义（critical rationalism）。批判理性主义是主张证伪的科学哲学思潮，其思想来源于爱因斯坦的批判方法和康德的唯理主义。二十世纪五六十年代批判主义思潮对英美科学哲学界形成了很大影响，使逻辑实证主义受到冲击，因此也成为现代科学哲学发展的一个重要阶段。到六十年代，由于"历史社会学派"的出现并致力于建立与逻辑实证主义相反的科学方法论，主张科学哲学应当研究科学知识的发展和增长，以建立方法论规范为主要任务，提倡反归纳主义立场和证伪原则，因而受到攻击，逐渐衰落。

二十世纪六十年代，英美分析哲学家在科学哲学、语言哲学等领域内的研究又取得了某些新的进展。在科学哲学方面，以库恩、费耶阿本德等为代表的历史社会学派和以塞拉斯、普特南为代表的科学实在论，已取代逻辑经验主义而居主导地位。在语言哲学和哲学逻辑方面，戴维森、欣梯卡、克里普克、杜麦特等人各以不同的方式发展或补充、修改了弗雷格、罗素、卡尔纳普、塔尔斯基等人的观点。在精神哲学的发展方面，卡尔纳普和赖尔的行为主义和费格尔的心脑同一论，已让位于澳大利亚的中枢状态唯物论和功能主义。在心理学方面，由于乔姆斯基的影响，新兴的认知心理学已完全取代行为主义心理学派的地位。分析哲学在自然语言语义学、科学实在论和认知心理学等方面的渗透和研究，在一定程度上表现了它的发展趋向。此外，在北欧和德国，分析哲学至今也很有影响。

逻辑实证主义在继承以往实证主义的相关理论之后，形成了以经验实证、数理逻辑为基础的逻辑实证主义哲学。逻辑实证主义在科学、哲学领域，对

①王路. 走进分析哲学［M］. 北京：中国人民大学出版社，2020，10.

科学标准的统一、科学的发展规律等问题都进行了建设性论述。在意识形态领域，它的理性思维模式、意义判断的标准等性质特征更是对晚期资本主义社会有着重要影响，而且影响范围逐渐从科学领域扩展到整个社会大众领域。与传统意识形态鲜明的政治特征和阶级性不同，逻辑实证主义的意识形态所具有的逻辑合理性、无阶级性、影响方式的无意识性特征，使社会大众在不自觉的情况下受其影响，导致整个社会呈现出理性的态势。同时由于这些特征本身特别容易被处于统治地位的意识形态所影响、控制，成为统治阶级的统治工具。因此，在后资本主义社会，科技的快速发展与地位的提高，一方面促进了整个社会的理性思维发展，使社会大众更加理性，生产率也更加高效；另一方面由于过于强调技术理性，从而导致了科技异化、人文精神的缺失等相关问题。

### （四）现代理性阶段

随着发达工业社会的不断发展，工具理性逐渐成为西方理性主义的主流。不过，它虽然造就了资本主义合理性的基础，但却使资本主义社会的发展日益成为一个铁笼。尤其是到二十世纪，现代性危机全面爆发，大屠杀、生态灾难、核危机等不但摧毁人类的精神价值，更是直接威胁人类的肉身生存。在这种情况下，资本主义社会合理化本身已经变得没有意义。因此，一些学者纷纷展开对工具理性的批判并开始思考现代理性的重建。

在对工具理性的批判方面，最有代表性的是战后的法兰克福学派。法兰克福学派是与逻辑实证主义同时出现的流派，但两者分别以社会科学和自然科学的基本问题为研究重点，而且在研究方法上也迥然不同。法兰克福学派中最有代表性的人物有早期的霍克海默，他主要是对维也纳学派的批判；中期的代表性人物是阿多诺，他主要是与波普尔之间开展了论战；后期是哈贝马斯，他主要是对实证主义一般原则进行批判。

因为现代性危机的核心是理性和主体的危机，因此要走出现代性危机必须重思理性和重建主体。在重思理性问题上，哈贝马斯指明"传统的意识哲学对理性的理解过分偏狭，自我意识的封闭性和独断性成为现代性危机的根源，但是理性固有的潜能并没有得到释放。走出现代性危机的另一条路径是重构启蒙理性"。在哈贝马斯看来，现代理性哲学的症结在于认知—工具理性的特权，它把知识仅仅理解为对客观自然和社会的占有与目的理性意义上的自主性。在主体重建的理论尝试中，哈贝马斯以交往范式重构理性，伽达默尔以理解的历史性原则限定理性，泰勒则以超越的善联结理性，而且三者皆承认，后形而上学时代的主体重建不仅是一个理论问题，更是一个实践问题。尽管三位思想家的理论都不同程度地存在疑难，但三者对理性的交往维度、历史维度和超越维度的阐述却是深刻的。可以说，现代性的主体危机只能通过人类的历史实践来化解，然而我们仍然需要更多像这样具有创造性的理论思考。马尔库塞（1898—1979）通过对理性的源流和黑格尔理性观的考察，指出理性概念本身应是目的本身和目的实现过程的复合体，也就是工具理性和价值理性的统一体。但是在发达的工业社会，随着科学技术的迅猛发展，理性的发展却出现了分裂，工具理性日趋膨胀，价值理性逐渐衰微，理性已经失去了原有的批判和否定的向度，仅仅成为技术的理性，从而使科学技术成为解决一切问题的关键。这样，整个社会的发展必然出现单向度的态势，人们不可能获得真正的解放和幸福。所以，发达工业社会科学技术的异化必然成为工具理性泛滥的缘由，对发达工业社会进行批判必须从对科学技术理性的批判入手。由此，马尔库塞批判了代替暴力统治而合法化的技术理性统治在近代工业文明的发展中成为统治社会的异化力量，批判了由于发达工业社会的发展和技术进步所导致的人的单向度性、政治领域的单向度性和思想文化领域的单向度性。他继承了马克思的批判精神，拓展了法兰克福学派的批判领域，提出了必须恢复理性的本义，建构具有现实性、否定性、辩证性、批判性特质的新的理性观，高扬了人本主义理念。但马尔库塞对技术采取的是一种悲观主义，他寄希望于通过美学来救赎和找到一条帮助人们获得解放的途径，也存在一定局限性。哈贝马斯在马尔库塞的基础上，明确阐明了自己对工具理性的理解，指出工具理性是一种目的理性，其批判的目的是要在社会理论中进行一种范例变化。他批判了霍克海默和阿多诺"把理性批判激进化到自我指涉的程度"，并认为"从这一批判开始是自毁根基"。他批评霍克海默和阿多诺"虽然根据自己的概念，提出一种模仿的理论，但这种理论是根本无法拟定的"。他认为，必须建立一种在交往理论基础之上的新的社会理论范式。交往行为在哈贝马斯的理论中占有重要的地位。哈贝马斯根据韦伯的类型说把人们的行为划分为四种类型，即目的性行为、规范性行为、戏剧行为和交往行为。其中，目的性行为、规范性行为、戏剧行为要么使人的主体性受到压抑，要么把人异化为某种社会化符号的工具，因而它们不是一种合理的行为。而交往行为则不同，它是以语言为媒介通过没有任何强制的诚实对话而达成共识、和谐的行为。正如哈贝马斯所言，"交往行为在我看来就是符号之间的协调一致。在这个过程中，它必须遵守双方一致认同的规范，这些规范为交往行为的发生提供了保障"。由此，他认为交往行为是一种相对比较合理的行为。然而，交往理性的特质有四点：第一，交往理性是语言性的。语言是真正的主体之间达成一致的前提条件，缺失了语言人们之间的交往、相互理解就无法实现。第二，交往理性是交互主体性的。交往行为的发生离不开诸主体之间的交往。缺失主体间的交往，就无所谓交往行为的发生。第三，交往理性是程序性的。这意味着交往理性表征的是人们服从社会准则层面的理性行为。第四，交往理性是开放性的、暂时的。交往行为通过交谈、论证、说服等达成的共识必须诉诸理由。但是，这个理由和共识往往不是一成不变的，而是具有不完全性和脆弱性。因此，交往理性的出场虽然为哈贝马斯解决现代性的困境提供了出路，但其明显的乌托邦色彩大大降低了其理论限度，尤其是其对语用学的坚持与语义学的限制，却未能使理性摆脱自身的困境。所以，重塑科学与人文统一的综合性的现代理性成为理性发展的必然归宿①。

在现代理性重建的过程中，二十世纪六七十年代，在社会文化和意识形态等诸多领域，西方形成了一股全面批判现代性的思潮，出现了非理性主义，代表人物主要有叔本华、尼采、克尔凯郭尔、福柯等人。叔本华坚持意志主义的本体论，怀有悲观主义人生观。尼采推崇非理性的酒神精神。福柯的"人之死"把矛头指向康德，认为正是康德开创了"人是什么"的西方知识型人类学研究，从而导致了人类学的长期沉睡。福柯的"人之死"可视为后现代哲学思潮颠覆现代性理性根基的一个代表性结论。后现代哲学将现代性危机归结为现代哲学的理性中心主义，否定现代理性追求统一、绝对和确定性，推崇多元、相对和偶然性。在终结了形而上学的理性主体性之后，后现代哲学全盘否定了现代的理性精神和人类中心论，转向非理性和无主体。

后现代哲学解构现代理性的基础主义和同一性思维，解构理性至高无上的权威，解构中心化的认知主体，对于消除理性霸权功不可没。但是过分强调差异性、多样性和偶然性的解构原则同样是一种单向思维，容易使后现代哲学陷入自我否定的悖论。

理性是人类的基本能力，现代性主体危机的根源在于人类对理性的错误理解和运用，走出现代性危机需要我们重新思考理性在后形而上学时代的主体重建中的恰当位置。

总体来看，西方理性源于人们对真理的探究而产生。真理的本性即为"理性"。具体而言，西方的"理性"有以下四个方面的特点：一是基础性。西方世界把理性当成了认识世界的基础点、出发点和先决条件，与"科学精神""求真精神"共同成为西方的精神追求。二是社会普遍性。"理性"得到了西方社会的普遍认可，成为一种普遍的文化观念及文化发展的基础条件和衡量标准。三是长期性。在西方文明的发展史上，对"理性"的执着追求占

---

① 滕松艳. 理性的困境与重塑 [J]. 湖北经济学院学报（人文社会科学版），2021，18（3）：30-33.

有绝对统治地位的时间共有 2500 多年的历史。四是多元性。"理性"这一概念，在西方其实具有明显的多元性，如加拿大哲学家邦格认为，理性这一概念应该从概念、逻辑、方法、认识、本体论、价值、实践七个维度去理解。即概念必须清晰明确；逻辑必须合理；方法上需要质疑和批评；认识上需要经验的支持；本体论上采用合理的世界观；价值上需要力求达到值得追求和可能实现的目标；实践上采取易于达到目标的手段。

## 二、中国对理性的认识和理解

在中国，等同于"理智""智慧"或"冷静、沉稳的心理状态"或"有科学分析推理行为"的、与感性相对应的"理性"，实际上是与西方同时并存的。比如孔子讲："务民之义，敬鬼神而远之，可谓知矣。"表现出了他重视现世人生的意义，高度评价人类在宇宙中的地位和作用，称颂人性的完美和高尚，推崇人的感性经验和理性思维的态度。老子、庄子把"天道""地道""人道"中的"道"抽取出来，抬高到宇宙本体的高度，变成实体化的普遍规律和最高原理。《周易》所倡导的礼乐文明，以"仁义礼智信"衡量一个人的综合素质，引导全社会成员的人格成长，成就了我国古代独具特色的人文精神。《墨经》对科学技术的研究和对名辩思想的倡导，成为"明是非之分，审治乱之纪，别同异之处，察名实之理，处利害决嫌疑"的重要武器。此外，春秋时期的政治家、军事家管子曾提出"天不变其常"，认为自然界有其自己固有的客观规律。战国末期赵国的思想家、教育家荀子指出"天行有常"，意为大自然的运行有其自身的规律，不会因为谁的改变而改变。荀子提出以"道"为"衡"，就是主张人们以认识到的法则、规律为裁判与衡量一切的准绳，在荀子那里"道"也有总原则和规律的意思。再如明末清初思想家王夫之的"天下惟器"思想，这些典型的古代朴素唯物主义思想和《周易》卦象里所体现出的辩证思维的内容及《老子》一书中所展示出的对立统一的辩证思想不仅完美地体现了中国早期的人文精神和理性主义，也为排斥宗教、反对封建的专制礼教和官僚主义起到了一定的积极作用。

但是作为类西方的、专有名词性质的"理性"及其相关理论并没有产生。在中国的文化传统中，"理"和"性"均是各自独立且均具有实际意义的专有名词。中国古代的"理"，基本含义通常为"事物固有的理则"或"与分析相关的秩序原则"或"合规的道德品格"；而"性"则是指人性、人格、性情，是与人的本性、天性、品格、道德修养、心理智能及情感偏好等相关的内容。把"理"和"性"合到一起并赋予现代意义上用以指代"人类理智"或"科学分析推理行为"的"理性"一词仅是近代以来才有的事情。所以，要对中国"理性"做出科学阐释还有必要对"理"和"性"的历史源流做认真梳理。

### （一）中国古代对"理"的认识和理解

中国古代对"理"的认识，是随着社会的发展不断演变的，人们对"理"的认识和运用也大致经历了三个阶段。第一，是本体论意义上的"理"。在传统文献中最基本也是最常见的"理"之用法，是指事物固有的理则，实即本体论设定的"理"，亦即理。诸如《庄子》中的"天地之理""万物之理""万物殊理"，《荀子》中的"大理""正理""物之理"等皆是。第二，是认识论意义上的"理"。《说文》谓为"治玉也"。而"雕""琢"的定义也是"治玉也"。区别何在？《段注》云："郑人谓玉之未理者为璞，是'理'为'剖析'也。"今接"剖"，判也，分也。故"理"的引申义首先应为"分析"。而"分析""剖析"实际上是"事物固有之理则"的假借义，因而也成为认识论意义上的"理"的另一基本含义。第三，是道德层面上的"理"。最初将理的概念扩展到人类道德本性的似是孟子。他所谓心所同然的理，照他本意是指"性"。"口之于味也，目之于色也，耳之于声也，鼻之于臭也，四肢之于安佚也。"只不过是与生俱来的本能，故君子不谓性也。只有那"仁之于父子也，义之于君臣也，礼之于宾主也，智之于贤者也"，君子才不谓命而谓之性。性是良知良能，亦即人所不学而能的道德本性，便是仁义礼智这四德："恻隐之心，人皆有之；羞恶之心，人皆有之；恭敬之心，人皆有之；是非之心，人皆有之。恻隐之心，仁也；羞恶之心，义也；恭敬之心，礼也；是非之心，智也。仁义礼智，非由外铄我也，我固有之也，弗思耳矣。"此种道德本性不同于人类本能之处，在于弗思则不得，求之乃得，故为道德理性。这种理，即天理，故知性则知天。但孟子尚未彻底发挥这种思想，道德本体论经由宋代理学家才得以大成。程颐认为"性即理也，所谓理，性是也。天下之理，原其所自，未有不善"。（《河南程氏遗书》卷二十二）所谓"性出于天""天下更无性外之物"，就是说作为人类道德本性的理，乃是宇宙万物的本体。故曰："称性之善谓之道，道与性一也。"至朱熹，更明白无误地指出道、性、理三者的关系："道是泛言，性是就自家身上说。道在事物之间，如何见得？只就这里验之。性之所在，则道之所在也。道是在物之理，性是在己之理。然物之理都在我此理之中。道之骨子便是性。"（《语类》卷一百）这不仅指出人类道德本性是宇宙之本体，而且说明人类之所以认识本体之理的方式，在于道德理性之体验。理性的内容是仁义礼智。"性是太极浑然之体，本不可以名字言，但其中含具万理，而纲领之大者有四，故命之曰仁义礼智。"（《朱文公集·答陈器之》）"天理只是仁义礼智之总名，仁义礼智便是天理之件数。"（《语类》卷十二）理学以性即理，但心有气质之蔽，需格致修身方能使心之全体大用无不明。此时"理"的观念，不仅是包含事实判断（客观判断的自在之理）和主观判断（认知判断）的"理"，而且是包含价值判断和道德准则的"理"。

## （二）中国古代对"性"的认识和理解

"性"在我国传统文化中是一个基础的、应用较为广泛的词，也是一个哲学核心概念，许多思想家对"性"做了较为深入的阐释。如孟子的心性之学，"即心言性"——性善论，认为："性禀于天，但性所显发的仁义礼智之德，实于本心""本心即性，心性是一""性之明觉即是良知（心乃是性之具体主观义）""性之发用即是四端（本然之情、善情）""性之才能即是良能（本然之才、为善之能）"；他的"性"不仅有局限于形躯生命的"自然之性"，也包含着超越感性欲求的"道德之性"。孔子的后裔子思所作的《中庸》中也说到"天命之谓性"，这是在孟子内在道德心性的基础上从天道天命处说下来的，除包含以显示个体之性同源于天命的绝对普遍性外，也包含着由个体承受天命以各成其性而有的差别性。此外，荀子也提出了著名的"性恶说"，在他的理论中"性"不仅包含着辨别声色臭味的感观本能，也包含着获得衣食住行的生理欲望，还包含着好利恶害的心理反应等内容，在荀子这里"性"不仅与"情""欲"同质同位，也具有普遍性与可塑性。他说"人皆可以为尧禹桀纣农贾工匠""圣人不异于众者，性也"，说的就是性的普遍性与可塑性。韩非是极端的性恶论者，他认为人之性都是自利自为的，人之心都是思虑利害的，无有父子之亲、夫妻之情、君臣之义。人之内在生命一片乌黑，故而反对尚德尚贤之人治礼治，而主张严法任术以驱策人民。战国时期思想家告子以主张"性无善无不善"的人性论而著称，他认为人性和水一样，"水无分于东西"，性也"无分于善与不善"。西汉董仲舒也对"性"做了论述，他先是抽象地说"性之名非生与？如其生之自然之资谓之性。性者，质也"，以自然之质为性。之后，他又对性的善恶做了阐释，他说"性就气性而言，未可全为善"，因为"仁贪之气两在于身。……天两，有阴阳之施，身亦两，有仁贪之性""性情相与为一瞑，固无分于善恶"。董仲舒把人性分为上、中、下三等，由高到低分别为圣人之性、中民之性、斗筲之性三等。其中，"圣人"是先知先觉者，无须教育，而"斗筲"之性不可移，教也无用。东汉王充也据禀气的多少把人性分为善、中、恶三种。唐韩愈明确提出"性情三品"说，把性与情分为上、中、下三品。

## （三）中国现代意义上的"理性"

现代意义上的"理性"一词，在近代中国才出现，是伴随着西学东渐而由西方引入中国并渐渐被国人广泛使用的。梁漱溟、张东荪、冯友兰等众多的哲学家、思想家们对"理性"一词所具有的含义的解读和推广应用付出了艰辛努力。

梁漱溟十分看重"理性"对于理解中国文化的重要意义。他说："想明白中国过去的文化及中国未来的前途，都要先明白这个东西——理性。"在梁漱溟的概念体系中，他更愿意用"理智"来指称习惯上属于"理性"的那种能力，认为人类在进行判断推理的过程中，难以区隔道德和价值等因素。他以此为基础来展开其对"理性"概念的论述，认为中国社会的独特品格与中国人最早发展起来的这种禀赋有关。梁漱溟将"理性"视为人类最为珍贵的特质，将儒家的道德自觉视为人类的基本特征和理想状态。虽然在这个问题上，梁漱溟多少混淆了道德伦理上的应然与实然之间的差异，却从根本上确立了儒家价值的优先性，并以此为基础来理解中国人的思维方式和社会形态。因此，"理性"是梁漱溟哲学的最核心的观念。

张东荪作为中国二十世纪二三十年代最有影响力的哲学家之一，他的理性观既有浓郁的西方文化气息，也有深刻的传统儒家思想的烙印。理性于张东荪，辐射到认识论、价值论、伦理学等多个领域和视角，是他的学说中极为关键的组成部分。作为一个学贯中西且有强烈爱国热情的学者，他在对中国传统哲学深入了解的基础上揭示出中国学习西方文化是大势所趋，其中更为根本的是要学习西方的理性。这一点在当时为一些学者所认同，但是相比同时代的思想家，张东荪不仅独具慧眼地看到了理性的重要性，更独树一帜地将理性分为条理理性和理智理性来看，前者主要是谈理性在中国的发展或者说中国特色的理性，后者则侧重阐述理性在西方或者西方意义上理性的发展问题以及理智理性和条理理性相比而言的优越性和产生的根本原因。他在分析二者区别的基础上更加注重两方的统一，以理论联系实际，最终落实到构建理想社会上来。

冯友兰是中国当代著名哲学家、教育家和当代新儒学的代表性人物之一，他的新理学立足于中国哲学的体验传统，在吸收西方哲学合理要素的基础上完成了"理世界"的本体论建构，将人的精神活动纳入现代理性的坐标之下。同时，为了实现立德树人、经世致用的目标，冯友兰将研究重心转向道德理性和人学精神，以道德完善和精神自由为目标，从道德思想的觉悟、精神境界的提升、方法论的创新等方面完成了对现代完人的理性塑造，由此确立了中国哲学的现代理性精神，开启了中国哲学现代性的自觉追寻。

"理性"一词，经过近一个世纪的文化交融，发展至今已完全具备了现代意义上的多重含义，在中国的应用已较为普遍。但客观而言，由于文化传统的不同，在深层理解上，还或多或少地存在一定差异。

### 三、中西方传统观念在理性理解上的差异

对比中西方理性观念，我们可以发现二者尽管有较大相似之处，但也存在一定差别。具体表现为：第一，中西方理性的侧重点不同。西方重视逻辑理性，中国偏重历史理性。西方的历史理性从分析中来，中国的历史理性是从经验中以归纳的方法获得的，在变中发现常态。中国虽然也有一定的逻辑思想，也重视历史理性，但没有从历史理性中推出逻辑理性，历史理性在中国一直占支配地位。第二，西方理性的基本含义是"计算""秩序原则"，而中国"理"的基本含义是"剖析""条理"，二者在"秩序原则"上相同，但在如何认识秩序的方法上不同。西方主张抽象的精确的计算，而中国主张直观的整体的观察。第三，西方的理性由"事理"这个基本含义发展为"获得必然知识的确切保证"之义，而中国由"事理"这个基本含义发展为"宇宙本体""道德本体"之义，二者在"必然"这一点上相同，但西方指向外在知识，而中国指向内心信仰和道德修养。第四，现代西方"理性"摆脱了"必然知识""确切保证"的绝对性，恢复了力求以精确方法求知之秩序原则的原始义，中国的"理"却与"情"相混，起着混淆概念的作用。同时，输入西方的理性之后却仅仅停留在词典意义上，而未能深入日常用法成为有生命的

鲜活概念。第五，中国传统语境中没有"理性"这个术语，也没有向"分析方法"方向发展，因而也难以产生出相当于西方"理性"含义下的诸如理性思维、逻辑理性、辩证理性、经济理性等多种常见概念。[①]

　　中西理性概念之所以存在以上不同，深层原因是中西方理性有不同的内容和类别。不同的理性类别组成不同的理性结构。实际上，中西文明之别，很大程度上也是缘于各自理性结构的不同。过去许多西方学者，包括黑格尔在内认为中国人没有理性精神，这是对中国文化认识和理解上的偏误。中国人有理性，只是结构不同。这两类理性对人类都有贡献，缺一不可。[②]

①唐逸. 中国的理性思维 [J]. 战略与管理，1999，2：103-111+122.

②刘家和. 理性的结构——比较中西思维的根本异同 [J]. 北京师范大学学报(社会科学版)，2020，3：72-83.

## 第二节　理性的分类、结构及其相互关系

### 一、理性的分类及结构

在人类的文化传统中，理性一直是包含纯粹理性、实践理性、审美理性、自然理性和历史理性等多重内容的。

纯粹理性（也称逻辑理性）完全与人们的生活无关，是纯粹的逻辑推理、概念的运用，其基础就是数学、几何学。逻辑理性的特点是可以进行逻辑演绎，一旦到了逻辑演绎阶段就脱离了时间的束缚超出历史理性范围了。

实践理性，在柏拉图时期还不太明确，但到亚里士多德时期已讲得很清楚了。在他的《政治学》《伦理学》之中，都有对实践理性的描述。实践理性主要是指能够指导人们道德行为的主观思维能力，与"纯粹理论理性"相对，是纯粹理性的一个方面。亚里士多德认为实践理性以先天的道德规律，采取命令的形式和决定性的意志（善良意志），以区别善恶，走向至善。实践理性的原则是自由，它与自然界的必然性有别。道德的实践应是自律的，道德的行为应着重于动机而不着重于效果。

自然理性是指未经过严格科学的系统训练，人自发地凭经验对自然界表现出来的规律或事物间因果关系的梳理来看待事物的理性思维能力。比如没有受过任何教育的人，甚至文盲也有一定的逻辑推理能力，这种能力即为"自然理性"。

历史理性是指人们能够对历史规律和社会发展进程中所发生的事件不因种族、国界、社会制度等限制而做出客观判断的能力。比如认识到历史是常与变的统一，从变中把握常，从常中把握变。看到特定历史事件发生带来的两面性，既有消极影响，也有客观的推动作用等。古希腊哲人包括柏拉图和亚里士多德都否认历史有理性，历史则不被看中，因为历史是变化的。人只

能从永恒中把握真理，不能从变动中把握真理。历史理性问题，是西方哲学界比较晚些的时候才提出来的。

除此以外，还有审美理性。对于审美活动究竟是感性的还是理性的，在西方历史上有过长久争论。有一部分学者认为，审美是纯粹激情类感性活动，与理性无关，但也有一大部分学者认为审美活动是与理性难以分离的，不仅影响审美的认知和理解高度，也影响审美的深度，因而也就有审美理性一说。其实，审视一下历史，审美理性在众多哲学家、思想家们的内心是被认可的。柏拉图在《伊安篇》中说："凡是高明的诗人，无论在史诗或抒情诗方面，都不是凭技艺来做成他们的优美的诗歌的，而是因为他们得到灵感，有神力凭附着。科里班特巫师们在舞蹈时，心理都受一种迷狂支配；抒情诗人们做诗时也是如此。他们一旦受到音乐和韵律力量的支配，就感到酒神的狂欢……不得到灵感，不失去平常理智而陷入迷狂，就没有能力创造，就不能作诗或代神说话。"显然，柏拉图将"迷狂"看成了创造者所必然具有的精神境界。把审美和创造结合起来认识，成为西方审美思想的一个基本传统。与之相类，席勒虽然认为神性意味着终极、绝对、无限和永恒，然而在《审美教育书简》中他却又说："人在其自身的人格中带有趋于神性的禀赋，而人通向神性的道路（如果可以把永远也不会达到目标的路称作道路的话），是在感性中为我们打开的。"席勒在此所说的"感性"，实质上指的就是一种"悟性"。即便是终身反对形而上学的尼采也如此倡导过"悲剧如此疾呼：'我们信仰永恒生命'，音乐便是这永恒生命的直接理念"。为什么呢？因为人们在欣赏音乐的过程中最容易超越当下，达到忘我的精神境界。这不仅可以使人获得一种审美体验，而且有助于增强人的心理承受力，提高人的精神修养，有利于具体的实践和创造活动。对尼采而言，也就是获得"日神和酒神精神"。康定斯基指出，艺术中的精神"具有催人醒悟、预示未来的力量""艺术所从属的那种精神生活是产生艺术的最强大动力之一"。而拥有这种精神的人，不仅具有远见卓识而且能昭示未来。审美理性在本体层面上的功能由此可见一斑。此外，西方悲剧艺术思想也很发达，这主要源于他们对人生、历史的悲剧体会。早在苏格拉底那里就推出了"美是难的"这一沉重主题，究其思想根源来看，这是功利的现实生活和带有经验传统的科学思维同人的审美追求之间的逆差造成的。从柏拉图和亚里士多德以来，美的问题就经常被讨论，亚里士多德在《诗学》中论述了美学。他认为，诗学所涉及的不是某个具体的人，而是讲典型的、有概括性的东西，典型就具有一定的永恒性、概括性。[①]

## 二、理性的结构

在西方世界和我国，对理性的结构有不同的认知，需要分别做阐释。西方学者认为，理性结构指由人类各种理性组成的体系，在这体系中理性的各个部分所起的作用有程度上的差别。可以说，希腊人的自然理性表现在他们的自然哲学中，他们也提出类似中国"五行"的看法——水、火、地、风，后来亚里士多德又增加了以太。作为世界的本原，这些元素有单独起作用的，也有两个结合在一起起作用的，但都没有很有说服力地解释世界现象。虽然每一种理论都具有一定的经验观察和逻辑推理基础，但都没有取得占统治地位的信服力，因此到了巴门尼德，他另辟蹊径，开创了抽象思维的方式。他指出，过去的这些本体观点都是对自然的研究，都没有触及最根本的东西，没有涉及永恒的东西，因为不论是水、风、地、火，都是活动的，而本原必须是静止的、永恒的。永恒的是"存在/是"（being）。这是人类思想的飞跃，从此开启以逻辑为根基的、抽象推理的哲学。希腊人认为历史没有理性，因为历史是变化的，昨天是，今天也许就不是了，今天是，明天也许又不是了。要想把握一切，对象必须是永远是，必须超越时间，变成永恒的。"是"又必须是无限的，超越空间。这是从几何学上讲道理，所以柏拉图说过：不学几何学的人不能到我们这来。西方早期缺乏历史理性的一个原因是经验层面上

---

① 赵克. 试论审美理性［J］. 求索，1996，6：57-59.

的。在古代希腊哲学家之前，有克里特岛文明和迈锡尼文明，但都没有留下历史记录和遗产。二十世纪初，西方考古界发现克里特岛文明的线形文字 A 和迈锡尼文明的线形文字 B。直至 1952 年，英国学者温特瑞斯解读出线形文字 B，始知这是希腊语。这是个了不起的发现，因为线形文字 B 与当今希腊语完全不一样，中间没有任何桥梁。而中国人解读甲骨文则有很多桥梁可以借用，古今文字的演变有因可循。多利亚人的入侵毁灭了迈锡尼文明，希腊进入所谓的"黑暗时代"。入侵者对前段的历史没有了解。《荷马史诗》里叙述的迈锡尼时代的历史，比如特洛伊战争等，只是影子，对真实的历史丝毫不知。导致希腊文明突然断层的原因不太清楚，很多学者认为天灾是个可能的原因。不管什么原因，其结果是希腊人无文化传统可以继承和思考。从希腊作家的文字中看，他们几乎不讲过去的历史，顶多是隐隐约约地提到一两句。城邦时代之前的文明没有给希腊人留下什么历史传统。

从经验层面上看，在中国理性的结构体系中，历史理性占主导地位。其原因是，哲学家们离不开传统。中国最初的历史理性是与道德理性结合在一起的，即周公的言论，但到战国时被五行理论取代了。五行相生、相克的理论从汉到隋，一直成为政治哲学的核心，因为关系到政权正统与否的问题。中国有丰富的历史传统，这既是遗产，也是包袱。后来的人背着这个大包袱，不能将其轻易甩掉。孔子何尝不是背着个大包袱向前走？他的思想有新有旧。先秦诸子各家都有三代的继承，都"出自王官"的说法不可信，但都有传统的根源。儒家墨家都引《诗》《书》，只是解释不同。儒家温和地继承周公的观点，孔子的伦理是有层次的，由里向外是"仁"，由外向里是"礼"。墨子的兼爱没有等差，有点类似基督教，但又没有基督教的整体理论。道家否定"六经"，当然在否定的时候就会产生黑格尔说的"扬弃"。法家也否定"六经"，但对其内容也很熟悉。"六经"的特点是"经世致用"，是政治哲学，是伦理哲学。《孟子》受其影响，讲些经济理论，法家也提出自己的经济理论。司马迁引其父亲司马谈的话，"夫阴阳、儒、墨、名、法、道德，此务为治者也"(《史记·太史公自序》)。由此可见，历史理性与政治挂上了钩，史学为政治服务，为实践服务。历史既然与时间有关，就是线性的，线有直线和线段。直线的两端没有限制，可以无限延长。线段的两端都有头，不可延长。中国史学有"通"的精神，可以比作无尽头的直线。古希腊罗马的史学只关注当代，可以比作线段，线段也是直线，只是长度有限。

中国的自然理性不如希腊的发达。"五德终始说"是历史理性与自然理性的结合，用五行的循环比附朝代的更迭。这种比附的结果是秦国毫无顾忌地、公然地使用残酷的暴力手段，实行专制独裁，他们认为这是完全合乎历史规则的，有历史的合法性。到了汉代，儒家感到秦的残暴违背道德，改"五行相克"为"五行相生"，并且把秦排除在相生的序列中，不承认秦为正统。所谓的"紫色蛙声，余分润位"，意思是说，紫色是杂色，是红与蓝的混合，不算正色，蛙声不算正声。余分的概念是，太阳运行一周的时间与月亮盈缩的时间不能整除，一个月多出来一两天的叫作大余，多出几个时辰的叫作小余。所有的余积累到二十九天或三十天就可以闰月，所以叫"余分润位"，即历法上，岁月之余分只能算是润统，而不是正统。这是《汉书》形容王莽篡政的话，但也适用于秦朝。

对于导致中西方理性结构不同的根本原因不少人倾向于从社会生产方式和地理位置上去寻找答案，比如西方文明起源于地中海沿岸，商业和航海业发达，人们的特点是开放，而中国是农业社会，人们安土重迁。当然，生产方式和地理环境方面的差异，甚至历史遗产的多寡不同也是一个原因，但这些原因都不是主要的。根本原因还在于，形成思想的方法即思维方式的不同。关于思想方法问题，历史文献没有记载人类最早的思想方法是什么、从什么时候开始。我们现在能找到的仅是历史传说中人类最早处于混沌状态，这无论在中国还是在西方均有类似传说。英文的 chaos，是一无所知的状态；中国的神话"盘古开天辟地"讲的也是从混沌开始的。经过对混沌的一分为二，才有了天地之分。老子、庄子也都讲混沌，《庄子》中说南海之帝、北海之帝为中央之帝混沌开窍，一日凿一窍，七日凿七窍，七窍成而混沌死，这反映了认识是从区别产生的，没有区别则不能有认识。假如没有比较，那么我们所面对的就只能是一片混沌。正是因为有了视觉之区分，才有了光明与黑暗；有了听觉之区分才有了安静与喧哗；有了嗅觉之区分，才有了清香与恶臭；有了味觉之区分才有了鲜美与苦酸；有了触觉之区分，才有了柔软与坚硬等。所以，人类一切知识皆由区分开始。在著名哲学家康德的认识论体系中，人类在感性认识阶段作为先验的、直观形式的时间与空间，均是以比较的形式呈现的。在知性认识阶段，作为先验的十二范畴（分为 4 组）也无不以比较的形式而呈现。甚至到了人的理性认识阶段，人觉得出现了无法解决的"二律背反"（Antinomy，也分为 4 组），也均是基于比较的前提才形成的。黑格尔的"存有"本身就包含了矛盾来加以解决。因此，比较既是一切作为认识对象的存在的基本属性，也是认识本身的基本属性。从逻辑上说，人的知识绝对均是从一分为二开始的。希腊哲学史上最早采用二分法的是毕达哥拉斯，他的有理数与无理数，就是二分法。无理数被排斥在有理数之外，因为二者之间不可通约。二分法在数学上的作用正是逻辑理性的体现。几何学也建立在二分法基础上。几何不能有矛盾，是就是是，非就是非。毕达哥拉斯以后的哲学二分法是存在与非存在之分，存在就是有理的，无理的就不能存在。柏拉图的"分有说"，将存在从一发展为多。一个"我是"就分成两个，一就变成多了，不能动的"是"变成可动的。"我不是"包括了"是"。这个动，是观念的运动，不是历史的运动，不是历史理性。历史理性是人的运动，而这只是概念的运动。然而，概念的运动，一分为二，突破了静止的观念，在思想上是非常有意义的，涉及辩证法。亚里士多德在对事物的定义上提出了"属概念加种差"的方法，明确强调了种差，实际上也是基于比较的差异而形成的。没有比较，没有区分，就没有把事物分辨清楚的基本"概念"。中国最早的两分法出现在《周易》中，是阴阳鱼、太极图式的。阴阳是互补的，阴阳结合繁衍后代。因此，由阴阳而八卦，由八卦而万物。阳卦中有阴，阴卦中有阳。在西方的二分法中，对立的两面是不能运动的。《周易》的阴阳是可以运动的，但运动的规则缺乏逻辑。阴中有阳，阳中有阴，二者不是排斥的，也不可能从一个极端走到另一个极端，没有剧烈的断裂，这与西方的不同。西方每一层的抽象，都将一部分舍掉。比如，言说水时，只有水的概念在场，而非水之物就被舍掉，或退场了。这就好比毕达哥拉斯以数为万物本原，从数抽象出万物。《老子》也讲数，"道生一，一生二，二生三"用数来解释。可是再往下，就没有数了，而是象。以后的思想家将数发展为术，即《易》中的象与术的结合。比如：六、七、八、九、老阴、少阳。三阳为老阳，三阴为老阴，二阳一阴为少阳，二阴一阳为少阴。"大衍之数五十"的"数"不再是《老子》"一生二"所讲的数了，其结果就是没有往抽象的方向发展，象术都是现象界的和具体的事物。《老子》提出"道"，没有进入"非道"的理路去讨论。《周易》从阴阳两分开始，但没有继续沿着两分的道路向下走，而是从二发展出三（天地人）的走向，再由三走向万物。而西方的两分法走向一直向前，始终对立。正因如此，可以说《周易》的阴阳两分不是严格的对偶，不是相互排斥的，无法发展成逻辑学的矛盾律和排中律，因为阴中有阳，阳中有阴。《老子》也背离了两分，由数进入象术的领域。阴阳观念是经验的，没有升华到思辨的高度。从另一方面看，《周易》的阴阳是运动的，可以互补，概念也是变化的、循环的，二者虽然有分别，但没有互相排斥，没有将不在场的舍去，二者都在场，没有形成西方的在场形而上学，这有利于中国历史理性的形成和发展。历史理性强调常与变，不仅考虑在场的因素，也考虑不在场的。可以说，西方文明中逻辑理性占主导和中国文明中历史理性占主导，其根本在于二分法的不同。

也许有好奇者会追问为什么中西的二分法会不同？这个问题很难回答，但有一点是可以肯定的：语言的不同有一定的影响。语言的特点在很大的程度上决定了逻辑的特点。语言和逻辑是紧密相关的，中西皆同。属于印欧语系的希腊文有一个特点，即一些词加上前缀 a，就构成该词的反义词，从而产生一对意思相反的词，正是两分法的对偶性。比如 tomos 是分割的意思，加上前缀 a 为 atomos（英文的 atom）构成分割的反义词：不可分割，即原子。追究中西文化不同的原因，追到语言学特点，就算到源头了。再往前是不可能的，我们不能回答"什么因素决定了中西文明起源时不同的语言特点"这样的问题。

### 三、不同类别的理性之间的关系

理性主要包括逻辑理性、历史理性和道德理性，那么它们之间是什么关系呢？需要我们做出细致说明。

#### （一）逻辑理性与历史理性的关系

逻辑理性与历史理性的关系可从两个方面表述。第一，历史理性与逻辑理性有强烈的互相排斥的力量。这是因为，逻辑理性从概念开始，概念有抽象的过程，有超越时间、空间的特征，明显地排除了历史理性。历史理性是离不开具体时间、空间的。我们读《论语》发现，孔子对"仁"就是不给定义，这不是孔子无知，而是为了因材施教，对不同的学生有不同的解释。给出具体的定义，发挥的空间就被束缚住了。也就是说，历史理性很难融入逻辑理性。西方逻辑理性发展出"在场的形而上学"，这有好处也有坏处。几何学就是由在场的形而上学建立起来的。给概念定义的时候，一定要说某某是什么，不是什么。不是的东西就退出去了，就不在场了，剩下的就是在场的。随着定义的深入，退场的越来越多，分析就达到最细致的程度。柏拉图通过概念由低向高、由特殊到一般的发展的方法得出最高的型相。每向上一层，就抽象一次。抽象到最后就是存在，这个抽象的存在就脱离时间和空间。脱离时空就与历史无关了，因为历史必须是发生在时空中的。巴门尼德的存在与非存在，二者绝对分离，所以无法发展运动。到柏拉图的通种论就可以运动了，是逻辑概念的运动，黑格尔的《小逻辑》也是概念的运动发展，而不是经验事物。逻辑的发展是历史的，这是逻辑理性和历史理性的交叉点。反过来讲，历史理性中有逻辑。但是，根本上，二者是排斥的。第二，历史理性与逻辑理性都属于人类的理性，二者之间有内在的不可分割性，也有互相渗透的特点。从逻辑理性方面论证，我们可以问两个逻辑学方面的问题。一问：逻辑理性是不是人的理性？答案是肯定的，逻辑理性是人具有的，不是别种动物的。再问：逻辑理性是不是人的全部理性？答案是否定的，逻辑理性只是人类理性范围中的一种。上面两个逻辑学的回答是两个判断，第一个判断不周延，第二个周延。逻辑理性是人的理性，在人的范畴之内，不周延。逻辑理性不是人的全部理性，"全部理性"是周延的。这两个判断表明，人和人的逻辑还是历史的。人有出生、成长、衰老、死亡的历史。西方到黑格尔时期，他已经意识到逻辑本身就是历史的，因为从柏拉图的通种论开始，概念就在历史演变中，逻辑的发展最后是数理逻辑、符号逻辑。黑格尔说的"哲学就是哲学史"，他的《小逻辑》讲的是概念发展的历史。西方的形而上学也是形而上学史，逻辑学也是逻辑学史，都是人的，都是历史的。逻辑理性，并不是希腊人建立以后就不再变化了，后来的逻辑学不仅不断发展，而且有不同的学派。符号逻辑至少就有四个发展阶段。也就是说，逻辑的东西仍然是在历史之中的。

培根指出，人天生有三个功能：有理性，所以产生逻辑；有情感，所以有诗歌；有记忆，所以有历史。这是讲人的存在功能，属于本体论哲学，这一观点非常重要，给予史学一个合法的地位。历史和逻辑的关系是紧密的，历史理性受逻辑理性支配。人之所以成为人，是有理性思考的。人与人对话，只有符合逻辑才能交流。海德格尔说语言是人与生俱来就存在于其中的东西，人不可能离开语言而存在。语言必须有起码的逻辑才可以成为人际交流的工具。也就是说，人离不开逻辑。一篇文章写得好，对读者来说就是对话，读者听到觉得是合情合理，合理就是合乎逻辑。欧阳修的《醉翁亭记》，时间地点人物景象，叙述层次分明，逻辑关系十分清楚。你不能把夏天的景象写成冬天，冬天的景象写成夏天。你不能说早饭你吃了，又说没吃。杜牧的《阿房宫赋》描写秦造阿房宫的铺张奢华和百姓的疾苦，最后得出"族秦者，秦也，非天下也"的结论，并且表达了"秦人不暇自哀，而后人哀之，后人哀之而不鉴之，亦使后人而复哀后人也"这一真知灼见。文章前后的逻辑关系和卓越的历史理性使世人赞叹不已。中国古代的博弈、运筹、兵法等，都有逻辑在其中，逻辑就在人的生活中潜藏着。亚里士多德的"人是有理性的动物"，就指出了人的定义。对历史的考证，必须依靠逻辑。史书中前面说有某事件，后面说没有，这时就需要依据其他方面的材料进行逻辑推理来决定有无。

中国史学是有逻辑的，但中国人没有将逻辑抽象地发展出一套有定律有系统的学科，而习惯于具体的形象思维。先秦诸子论证其观点时，都是引用具体的历史事件，司马迁引孔子语"我欲载之空言，不如见之于行事之深切著明也"（《史记·太史公自序》）。"道不离器"的说法表明，"道"本身不能推演，必须依靠具体的事物"器"来解释。中国人所依靠的逻辑主要是归纳法。西方人则认为，归纳法是不可靠的，你可以举出一万个例子，但找出一条相反的例子，结论就不成立。

史学离不开逻辑，材料的取舍和甄别等，都要经过逻辑的推理。逻辑理性和历史理性又是相互联系的。逻辑理性直接影响到自然科学，历史理性影响到人文学科，而自然科学本身也是历史的。逻辑理性对历史理性来说，是必要条件，但不是充分条件。没有逻辑理性，就没有历史理性，但是有逻辑理性不见得就有历史理性。为什么如此？因为人作为一种动物，有非理性的方面如七情六欲。感性、情感是人生活中不可或缺的，德国哲学家狄尔泰提出的"体验"是生命存在的方式。感情这东西，动物也具有，但动物没有逻辑理性。逻辑理性与历史理性，前者以推理为主，后者以感性为主。单靠逻辑，没有经验，是不行的。单靠经验，没有逻辑，也不行。英国从培根开始，二者结合，出现了工业革命。

### （二）逻辑理性、历史理性与道德理性（伦理学）的关系

　　道德理性、逻辑理性、历史理性是辩证统一的，三者之间既有区别也有联系。关于三者的区别，前文已述，此处不再赘述。关于三者的联系，我们可总结为以下三点：一是道德理性是由逻辑决定的，也是随着历史理性变迁的。道德理性自古就有两种。苏格拉底和柏拉图认为"知识即美德"。知识决定道德，知道什么是善，就会行善。在苏格拉底看来，道德是由逻辑理性决定的。亚里士多德不同意老师的观点，他的《伦理学》强调道德由风俗决定。风俗有时代的不同，地区的不同，道德观是不同的。所以，亚里士多德的道德观是历史的。康德认为，道德一定以理性原则为前提。"金律"也是历史的，古今贯通的，也是随时间推移而变化的。一些古人认为符合道德的东西，现代人则认为不符合。中国人认为符合道德的，外国人认为不符合。宗教极端主义分子和恐怖分子的道德观也与其他人不同。不同道德观的人，在历史舞台上都受到逻辑理性和历史理性照下来的光的影响。苏格拉底的道德观是逻辑理性，亚里士多德虽然强调逻辑理性，但他的伦理学却是历史理性。文艺复兴时期的拉斐尔在梵蒂冈教皇宫里创作的《雅典学院》，将柏拉图和亚里士多德二人放在画中央，柏拉图手指向天，亚里士多德手指着地，表现出师徒二人的理论不同。二是道德理性既有逻辑理性的依据，也有历史理性的依据。凡是认为古今道德是一律的，就是逻辑的；凡是认为道德可以继承可以变化的，就是历史的。我们可以说，在逻辑理性占统治地位的情况下，道德理性受其支配；在历史理性主导的情况下，道德理性也必然受其影响。比如，中国的伦理观中有"己所不欲勿施于人"的说法，是古今相同的道德，不随时代变化而变化，有逻辑理性的背景。但中国伦理也讲前后变化的道德，这集中体现在"礼"的层面上。孟子认为，"男女授受不亲"，是符合道德的，但是见嫂子落水而不去援手相救，"是豺狼也"。这种情况下，"男女授受不亲"的规矩可以不遵守，这叫作"权"，即权变。权变，就是以非正常的手段

达到正常的目的。中国人现在认为男女跳交际舞，道德上没问题，已经放弃了"男女授受不亲"的观念。可见，道德理性反映了逻辑理性和历史理性。三是历史理性与道德理性紧密地结合在一起。从周人的天命论开始，古典文献中就充满了统治者必须以德治国才能够长期执政的看法，尤其是春秋战国时期，人们对三皇五帝的憧憬，更是把三代由天命论决定王朝命运的历史观推向乌托邦式的远古时代。《春秋》作为史书，也是为了经世致用而作的。孟子的"五百年必有王者兴"（《孟子·公孙丑下》）体现了历史理性和道德理性的结合，他所推崇的"王者"是实行"仁政"的君主。关于道德能不能继承这个问题中国人曾经讨论过，是以批判的态度对待的。比如有的人讲：无产阶级怎么能继承封建主义、资本主义的道德？可是，以真正马克思主义的观点来看，对传统道德是应该批判地继承，这也是黑格尔的否定中的继承。批判继承，既是逻辑的，又是历史的。每个人一出生就承受着历史的包袱，继承传统是必然的，但与时俱进也是生存的必然。如果我们一直机械地坚持"男女授受不亲"，也就无法结婚生子，恐怕早就没有中国了。

人必须有历史理性，也必须有逻辑理性。逻辑理性也好，历史理性也好，对人都是必要条件，不是充分条件，这一点在历史中得到了证明。这两种理性都可以各自在不同的文明中占据支配地位，其他理性占从属地位。

# 第三节　理性的呈现方式

"理性"通常是用以对特定的人所具有的思维或行为特征进行描述和表征的专用词语，本身就具有抽象性。在言说对象处于静止状态时，我们是很难将"理性"一词附加在他的身上的。只有在对客体对象的行为过程或系列活动进行观察、分析、总结、概括和提炼的基础上，才能对其做出是否具有"理性"的准确判定。因此，理性的呈现方式，是与人的行为表现密切相关的。根据人面对事物时的基本行为过程，我们可将理性的呈现方式划分为三种，即面对事物的理性态度、处理事务的理性技能和长久处事中显露的理性风格。

## 一、理性的态度

理性的态度是指人们在面对人或事物之时，能够根据自身信念和特有的价值观做出镇定、冷静、自然、从容的处置和客观评价的行为倾向。理性态度由三部分内容构成：一是对外界事物的感受（道德观和价值观）；二是情感表现，即"喜欢—厌恶""爱—恨"等；三是行为意向，即下一步的谋虑和企图等。衡量和评价一个人是否具有理性的态度，要根据这三方面的表现来确定。

## 二、理性技能

理性技能主要是指人们在认识问题、分析问题和解决问题的过程中，能够运用某些特定的方法和技术对信息进行科学的分析、加工、处理进而得出可靠结论并形成合理有效的行动方案的能力。理性技能包括信息的理性获取能力、信息的正确加工处理能力、行动方案的合理建构能力、有效的动员说服能力等。其中，信息的获取能力又包括了解和熟悉信息的来源，懂得信息的获取渠道、获取原理和方法，掌握并应用多种信息检索工具进行信息挖掘等能力。信息的处理加工能力又包括对所获信息的真假进行甄别、选择、整理的能力和从众多的已知信息中通过推理进而得出新的未知信息的能力。行动方案的建构能力又包括问题识别能力、目标定位能力、行动过程解析能力和系统合成能力。说服能力又包括说理对象和主题的精准判定能力、说理方式、程序、步骤的选择能力等。

### 三、理性风格

理性风格是指在思维过程中表现出来的作风和气度，类似与行为方式有关的特征，反映运用信息技能的动机和偏好，表现为直觉的、系统的信息加工和处理的优先方式。理性风格可通过以下途径来呈现：一是信息获得的优先方式。即对信息处理的方式，是习惯和倾向于直觉、经验的还是基于理性的、分析的。二是开放性和受固有观念的影响程度。即固有信念和对模糊性的接受程度，对概率判断是否受固有观念的影响。三是认知需求水平。包括对智力的挑战性、问题的复杂程度和逻辑思考过程的参与深度。四是对结果与目标的考量。即个体在做出行为决策时是否考虑行为后果，是否对方案进行过反思、反思有无深度、有无预定备选方案、备选多少方案等。此外，有时人们也把思维是否灵活、决策是否冲动、认识是否规范完美、是否有建构性思维等也用于理性与非理性评价的体系。实际上，这些提法与上述四个主要方面有很多是类似的。

# 第四节　对理性认知的历史误区

人们对理性的认识也并不是一帆风顺的。无论是西方还是我国历史上都曾有过认识上的误区，需要我们汲取这些教训。

## 一、西方理性认识上的误区

理性是人类区别于动物的本质特征，也是人类文明得以不断发展进步的重要基础，人类理性的觉醒和对理性的高度重视使人类生存环境和生活质量得到了巨大改善。但对理性的过度追求和张扬，也曾出现了一些极端化的思想，比如西方的唯理主义、逻辑实证主义、逻辑经验主义以及因之走向另一极端的非理性主义和极端后现代主义都是认识上的误区。

唯理主义的代表人物是笛卡尔，建构论唯理主义的基本理念在伟大的思想家笛卡尔那里得到了最为全面的表述。虽然笛卡尔直接关注的乃是判断命题的真假确立标准，但他本人并没有从这些基本理念中推论出社会论辩和伦理论辩方面的结论，然而不可避免的是，这些标准仍被他的追随者用去判断行动的适当性和正当性。比如，有学者对那种就笛卡尔认识进路所做的最为广泛的诠释在道德问题和政治问题方面的意义进行了详尽且明确的讨论。还有，比他略为年长的同时代人托马斯·霍布斯也在这些方面做出了相当详尽的阐释。

"怀疑一切"（radical doubt）的态度使笛卡尔拒绝把任何不能以逻辑的方式从"清晰且独特的"明确前提中推导出来的、从而也不可能加以怀疑的东西视作真实的东西。然而，也正是这种"怀疑一切"的立场，剥夺了所有不能以这种方式得到证明的行为规范的有效性。他的部分追随者，在他的基础上进一步走向极端：他们认为接受任何一种仅仅立足于传统而且无法依凭理性根据给出充分证明的东西，都只是一种非理性的迷信。把所有那些不能按照他的标准证明为真的东西都一概称为"纯粹的意见"而加以拒绝。笛卡尔式的唯理主义被他的追随者们用在了多个方面。不仅对整个法国启蒙运动起到了重要的支配作用：十八世纪，几乎所有较高的和中等文化程度的解释者，其中包括科学家和社会改革者，他们把历史谴责成运用和滥用非理性的博物馆，并力图重构整个社会制度。在一些专家的眼中，法律是而且也必须是一个可以从少量普适且不证自明的原则中推导出来的体系。在科学理论的阐释和人类事务的阐释上，甚至一些科学家如弗里德里希二世主张如果牛顿不与莱布尼兹和笛卡尔合作，那么他就不可能论证出他的万有引力体系。在政治领域，一些人强调，如果政治体制不是单个人的心智的产物，那么它也不可能把自己创造出来并继续下去。除此之外，伏尔泰和孟德斯鸠等人还把理性主义的原则运用于对人类事务的解释。霍布斯、卢梭把理性主义的思想用在重构社会和对历史的解释之中。尽管他们的理论并不总是要对实际发生的事情给出一种历史解释，但是这种理论的一个一以贯之的目的却是要为确定现存的制度是否可以被证明为理性的制度提供一种指南。

笛卡尔曾经指出"给我物质和运动，我将造出这个世界"。笛卡尔在这里所指的实际上仅仅是物理世界，它是一件没有生命、没有感觉的作品。边沁引用笛卡尔的话也曾说，"给我人的情感、欢乐和痛苦、悲伤和愉快，我就能够创造一个道德世界。我不仅能够创造出正义，还能够创造出慷慨、爱国主义、博爱精神和一切纯洁且崇高的、可爱或高尚的品德"。这些都是唯理主义的典型表现。

唯理主义的问题主要体现在以下几个方面：第一，唯理主义的认识进路，实际上坠入了早期的拟人化的思维方式之中。这种认识进路重新复活了那种把所有具有文化意义的制度的起源都归结为发明或设计的倾向。道德观念、宗教和法律、语言和书写、货币和市场，都被认为是由某人经由刻意思考而建构出来的，或者至少它们所具有的各种程度的完备形式被认为是经由某人刻意思考而设计出来的。第二，把理性绝对化、单一化，使丰富多彩的现实生活中非理性（如情感、爱等）丧失了生存的空间。哈耶克明确指出，有关人之价值渊源的二元论即"理性"与"本能"的那种二元论——实是对事实情形的歪曲。正是在对这种二元论进行批判的过程中，哈耶克经由对苏格兰启蒙运动思想的阐发而认为，真正重要的第三种渊源既非"理性的"也非"本能的"，而这就是"理性不及的"。哈耶克所谓"理性不及的"有五层含义，第一，是指社会进化过程中和人的日常生活中所存在的大量的为个人之理性所不及者。这些因素虽说为个人的理性所不及，但却在人们的生活实践中起着支配性的重要作用。在这些因素当中，有些甚至是人并不理解但却在行动中所实际遵循的一般性规则——套用苏格兰道德哲学家亚当·弗格森的话来说，这就是"人之行动而非人之设计的结果"。第二，在哈耶克的知识进化论看来，那些为无数代人经由各自的特殊知识与特定环境相调适而累积起来的经验和习惯等因素，虽不都是时时处处有效的规律，但我们也不能简单地把这些因素归为"非理性的"，也有其实际价值。第三，唯理主义者趋向于把他们的论辩建立在所谓的"笼而统之的幻想"基础之上。比如即某个人知道所有相关的事实，而且他有可能根据这种关于特定事实的知识而建构出一种可控的社会秩序。然而，这些人似乎完全没有意识到，这一梦想从根本上把人们在努力理解或型构社会秩序的过程中都会提出的核心问题切割掉了，而这个核心问题就是我们没有能力把深嵌于社会秩序之中的所有资料或数据都收集起来并把它们拼凑成一个可探知的整体。所有因建构论唯理主义这一知识进路中所产生的"如此井然有序、如此明晰可见且如此易懂"的漂亮计划而被它们迷惑住的人们，实是前述"笼而统之的幻想"的牺牲品。第四，唯理主义经常是片面的、局部的。随着社会的发展和进步，知识越来越细化，社会科学家都把他们的研究局限于对社会系统某个部分中实际存在的东西进行讨论，任何一项接受刻意指导的行动，都不可能通盘考虑到所有的特定事实，不可能经由理性而建构社会整体的一个永恒的障碍，只会使他们的研究结果在很大程度上与大多数有关未来的决策毫无关系。第五，唯理主义经常是脱离实际的。心智实体独立存在于自然秩序之外，而这一实体使得从一开始就拥有这种心智的人类能够设计出他们生活于其间的社会制度和文化制度。然而事实并非如此，因为人之心智乃是人们对他们生活于其间的自然环境和社会环境所做的一种调适，是在与那些决定着社会结构的制度发生持续互动的过程中得到发展的。心智虽是它演化发展于其间但却并不是它所创制的社会环境的产物，会对这些社会制度和文化制度发生作用并修正这些制度，但那种认为一个已然充分发达的心智设计了那些使社会生活成为可能的制度的观点，实是与我们所知道的一切有关人类进化的情势相悖的。

　　在西方世界，理性之所以被绝对化，与"必然"相关。亚里士多德的科学是关于自然的"必然"知识，由给定的前提必然地推导出的结论，因其相对于前提，故为相对必然命题，亦即逻辑必然为相对必然。只有反映"本质"的命题方为绝对的必然命题。因为按照亚里士多德的哲学，"本质"指事物的"形式"之实体，亦即决定一类事物之所以为该类事物之形而上的特质。因此，古典的本体论意义的必然，乃指关于"本质"的绝对必然，亦即绝对意义上的"只能如此"。与绝对必然相对的是"偶性"，即绝对意义上的"不可以如此"。近代的逻辑意义的"必然"，乃指前提真则结论必真的演绎必然，亦即相对必然。与之相对的是归纳意义上的"概然"。经验论不承认本质为实体，如波普尔认为本质不可能证伪，故不存在，只是概念而已。逻辑经验论只承认演绎的分析性命题以及最终由观察验证的综合性命题。于是关于概念的语言哲学取代关于本质的形而上学，演绎性的必然与归纳性的概然取代古典的必然与偶然。可以说，西方对"必然"的遵从带来了巨大进步，但僵化、极端的必然也毒害了社会的良性发展。

　　西方对理性的认识误区之二，是非理性主义。"非理性的"这个术语，通常含有"为理性所不能理解的""用逻辑概念所不能表达的"含义。非理性主义否定或限制理性在认识中的作用，往往将理性同直观、直觉、本能等对立起来。非理性主义在现代哲学和伦理学中流传颇广。在哲学上非理性主义在本体论上否认世界是一个合乎理性的和谐的整体，把世界看作一个无序的、偶然的、不可理解的甚至荒诞的世界。它在认识论上片面强调内心体验、直觉洞察，强调人的精神生活的各种非理性因素，同时夸大理性的局限和缺陷，它否认理性具有认识世界的能力，强调存在本身就具有非理性和非逻辑的性质。

　　非理性主义不仅仅是某个人或某个学派独有的特定思想，而是包含了多个学派和众多思想家在多个不同领域所持有的若干思想观念。非理性主义也有较长的发展历程，其发展脉络和演变线索大致可描述为：意志主义→生命哲学→存在主义→弗洛伊德主义→法兰克福学派。叔本华最先开始了对理性主义的批判，建立了意志主义的思想体系，他认为"世界是我的表象"，独立于人的表象之外的自在世界，就是意志。意志无处不在，不仅人有意志，动物有意志，植物甚至无机物也有意志，任何物体都是意志的客体化。叔本华断言意志高于认识，意志是第一性的、最原始的因素，认识只不过是后来才附加的。他宣扬无意识的意志，断言理性和科学不适用于道德范围。叔本华的唯意志论开创了西方非理性主义之先河。深受叔本华思想影响的尼采更是把叔本华的生命意志发展为强力意志，建立了自己独特的哲学理论。他认为生命的本质就是意志，是一种贪得无厌的欲望和创造的本能，并以此作为估量一切价值和确立新价值的标准，提出"上帝死了"的口号，抨击希腊以来的理性主义。同时，尼采极力推崇体现阿波罗精神和狄奥尼修斯精神相结合的希腊悲剧精神，认为它全凭直觉，与理性无关。他把我欲作为道德的基础，指出人的本性就是自我创造和摧毁的酒神精神。尼采的哲学对非理性主义的发展产生了巨大的推动作用。之后，柏格森宣扬直觉，强调直觉或直观在认识中的作用，认为直觉是比抽象的理性更基本、更可靠的认识世界的方式。萨特鼓吹"存在先于本质"，宣扬存在不是客体而是主体，否认道德规律的客观性等，这些都是非理性主义的表现。在非理性主义发展的过程中，尤其值得一提的还有弗洛伊德的精神分析学说。他第一次细致地运用尽可能科学的方法考察人类意识的深层次结构，提出了非理性本能在整个人类精神生活的深层次根据，为非理性主义的研究提供了科学的基础。

从二十世纪开始，非理性主义成了风靡西方的思潮，在哲学、伦理学、心理学、社会学、政治学等领域广泛流传，特别是弗洛伊德的精神分析学说和海德格尔、萨特等人的存在主义对社会产生了重大影响，他们在很大程度上拓宽了非理性主义研究的视野。

理性认识的误区之三，是后现代主义。后现代主义出现于二十世纪二三十年代，用于表达"要有必要意识到思想和行动需超越启蒙时代的范畴"，发展到七十年代后被神学家和社会学家开始经常使用。后现代主义认为对给定的一个文本、表征和符号有无限多层面的解释可能性。这样，字面意思和传统解释就要让位给作者意图和读者反应。后现代主义源自现代主义但又反叛现代主义，是对现代化过程中出现的剥夺人的主体性和感觉丰富性、中心性、同一性等思维方式的批判与解构，也是对西方传统哲学的"本质主义""基础主义""在场形而上学"等的批判与解构。后现代主义的代表人物主要有美国的理查德·罗蒂、法国的雅克·德里达和让·弗朗索瓦·利奥塔。

由于后现代主义坚持无中心意识和多元价值取向，其带来的一个直接后果就是评判价值的标准不甚清楚或全然模糊，从而使人们的思想不再拘泥于社会理想、人生意义、国家前途、传统道德等，使人的思想得到彻底解放，也使人对自我有了更深刻的了解。同时，后现代主义对真理、进步等价值的否定，导致了价值相对主义、怀疑主义和价值虚无主义的产生，从而使人们认识到价值的相对性和多元性。

胡塞尔是后现代主义和反理性的突出代表，他认为日常生活是和谐的，本来是讲情感的，但由于理性主义的专断和理性原则对社会的分化，才导致了社会生活的分裂与冲突。因此，寻求社会协调的途径不是理性化和理性支配的制度化，而是限制理性、解放感性、超越科学、回归生活，这是有一定道理的。

## 二、中国在理性认识上的误区

中国在理性认识上的误区，有两种情形。一种情形是传统文化中的"情理不分"。在中国的文化传统中，始终存在一种特殊的现象，那就是"情理不分"，即"情感"和"理智"始终没有达到清明境界。传统观念中事理和自信之理不分，客观之理与主观价值不分，同一词语甚至在同一语境中都混淆使用。在现代语言中，尤其是自白话文推广以来，这一情况有所好转，但"情理不分"的情况仍然比比皆是。实际上，"情"和"理"本是不同的概念，情主要是表达主观好恶，是喜怒哀乐好恶欲等的表现，而"理"却是指"事理""推理"和"分析"，"情""理"并不是一回事。在我国古代却混为一体，出现了如通情达理、以情代理、以理解情、人情无理、不近情理、不讲情理、合乎情理等，不一而足。中国人的情理不分，与中国主客体不分的汉语"意境"思维有密切关联。此种思维模式，不仅将应分可分的概念混在一起，造成似是而非的观念，而且主客体"互为因果""互为表里""互为体用""互为纲目""互为目的手段"等，使主客体消解差别，变得相当模糊。当然，汉语的这种特点也给逻辑思维的发展造成了困难，也直接影响了逻辑系统理论的形成和发展。实际上，中国古代也有过发达的逻辑基础理论，《墨经》对"指""名""谓""命""类""辞""意"等逻辑概念做过深入的研究。对于全称判断"尽"和特称判断"或"，以及必然判断"必"蕴含全称判断"尽"，皆有相当的认识，对肯定性判断做出"所以然""所以知""所以使知"的精微区分，对必要条件"小故"和充足条件"大故"，有相当的分析。提出"假""止""效""譬""摧""伴""援""推"等八种论证形式，特别有兴味的是对语义分析的注意，比如对"同"的诸种逻辑关系"重同""具同""连同""类同""是之同""然之同"皆做出缜密的解析。然而，由于中国语言文字和整体辩证思维的局限，并未由此发展出系统完备的演绎体系。《墨经》的作者似乎也缺乏足够的语汇和语言形态以及足够的社会回应来完成其未竟的事业致使墨学中绝。

　　另一种情形是自二十世纪八十年代以来出现的"非理性主义"。自二十世纪八十年代开始，随着我国改革开放的不断推进和深入发展，西方非理性主义文化思潮开始涌入我国，受到了一些学者的大力推崇。他们借助改革的大潮，多方渗透，使非理性主义迅猛发展，以致在相对较短的时段里很快就渗透到了社会的诸多方面。其中，文学领域的非理性主义倾向的发展最为突出，最典型的论调就是以本能与身体为核心，鼓吹野性和纵欲，反对道德伦理、亵渎崇高、消解历史。在二十世纪八十年代末至九十年代初期，基于传统文化价值理念和非理性主义的强烈冲突，在我国还引发了一场旷日持久的"理性—非理性"大讨论，但由于多种原因，这场大讨论并没有形成最终的结论。

　　进入二十一世纪后，非理性主义思潮再次在国内文学创作和理论批评中掀起波澜，且有愈演愈烈之势。中国文学版图上的"非理性"战火越烧越猛，甚至到了严重危及文学健康发展的地步。一些作家推崇"快乐的牲口"原则，大胆地宣泄着他们的本能欲望，大篇幅的色情描写、无遮拦的情欲展示，堂而皇之地招摇过市，毫不谦虚地登台亮相。这些本能狂欢的书写，广泛地渗入了文学的各个层面，包括受众广泛的影视剧作品。针对这种不良的文学态势，理论界也表现出高度和强烈的关注。于是关于"理性—非理性"的争论在二十一世纪的文学研究领域又重新开幕。针对这种非常态的文学逆流，诸多学者立足于文学的理性精神，从道德论、人性论、历史观、新理性精神等方面对之进行了严厉的批评和鞭挞。一些主张理性主义的学者尖锐地指出，"除了热衷于本能癫狂，沉溺在下半身狂欢，迷恋于丛林法则外，叙事空转、语言粗鄙、逻辑混乱、意义悬空和叙述失禁等，是当下文学领域非理性主义的另一副面孔，而肆意篡改历史与亵渎崇高则是当下文学领域非理性主义的显著特征"。这些批判在一定程度上对非理性主义的肆意蔓延起到了很好的阻滞作用，但时至今日非理性主义尚未绝迹，仍然在多个领域占有一定市场。

# 第五节　对现代理性的准确理解

经过几个阶段的发展变迁，现代的人们对理性的理解已有较大变化。西方的现代理性已不再是机械的、绝对化的理性，而是包含了感性且与感性相融合的理性。中国的理性也已不再是传统的价值理性和道德理性，而是已包含了西方理性在内的综合理性。

总体来看，现代理性认为科学的、历史的理性态度应具备以下几个方面的本质规定。

## 一、主体尺度与客体尺度的统一

任何价值活动均包含着特定的价值主体和客体，是主体和客体共同制约着价值活动，规定了价值本质。正是因为两者有时统一有时割裂才综合形成了正价值、零价值和负价值，所以必须根据价值本质的内在要求，立足于实践基础上的主体尺度和客体尺度的内在统一去建构科学合理的关于未来价值活动的理性规范和观念模型，否则是难以成为理性建构的标准。

## 二、主观理性与客观理性的统一

主观理性通常包括主观目的和个体使用的特殊方法，客观理性包括人和他的目的在内的所有存在系统。主观理性与客观理性统一是人类理性行为的现实基础，没有二者的统一很难产生有效的实践活动。在马克思之前，许多学者把二者割裂，导致相关的解释也多是唯心的。自马克思主义诞生之后，二者逐渐得到了统一。

## 三、工具理性与价值理性的统一

工具理性通常是指所用方法和手段的合理、有效，价值理性通常是指理想和目标的正当、合规性。二者的统一就是要求目标与方法既要统一，又要正当、合规，仅有追求的目标或仅考虑方法的正确都不能称为真正的理性。

## 四、主体需求与价值生成的统一

主体需求一般是指价值主体基于自身身心需要而产生的欲望。价值生成主要是指价值创造活动的客观过程。主体需求和价值生成是构成价值活动的重要因素，二者只有做到有机统一，才能构成积极有效的活动。否则，只能失败。

# /第二章/

## 理性思维及其能力界说

理性思维与理性有一定的关联，但它们本身并不是一个层面的东西。要对理性思维及理性思维能力有清晰准确的认知，还需要对理性思维及理性思维能力进行详细的解读。

## 第一节　理性思维

### 一、理性思维的基本内涵

人的思维有多种类型，根据不同标准可做出不同划分。

根据思维的凭借物和解决问题的方式，可以把思维分为直观动作思维、具体形象思维和抽象逻辑思维。

### （一）直观动作思维

直观动作思维又称实践思维，是凭借直接感知，伴随实际动作进行的思维活动，实际动作便是这种思维的支柱。幼儿的思维活动往往是在实际操作中，借助触摸、摆弄物体而产生和进行的。例如，幼儿在学习简单计数和加减法时，常常借助数手指的方式，实际活动一停止，他们的思维便立即停下来。成人也有动作思维，如技术工人在对一台机器进行维修时，一边检查一边思考故障的原因，直至发现问题排除故障为止，在这一过程中动作思维占据主要地位。不过，成人的动作思维是在经验的基础上，在第二信号系统的调节下实现的，这与尚未完全掌握语言的儿童的动作思维相比有着巨大的区别。

### （二）具体形象思维

具体形象思维是运用已有表象进行的思维活动，表象便是这类思维的支柱。表象是当事物不在眼前时，在个体头脑中出现的关于该事物的形象。人们可以运用头脑中的这种形象来进行思维活动。具体形象思维在幼儿期和小学低年级儿童身上表现得非常突出，如儿童计算 3+4=7，不是对抽象数字的分析、综合，而是在头脑中用三个手指加上四个手指，或三个苹果加上四个苹果等实物表象相加而计算出来的。形象思维在青少年和成人中，仍是一种主要的思维类型。例如，要考虑走哪条路能更快到达目的地，便须在头脑中出现若干条通往目的地的路的具体形象并运用这些形象进行分析、比较来做出选择。在解决复杂问题时，鲜明生动的形象有助于思维的顺利进行。艺术家、作家、导演、工程师、设计师等都离不开高水平的形象思维。学生更需要形象思维来理解知识，并成为他们发展抽象思维的基础。形象思维具有三种水平：第一种水平的形象思维是幼儿的思维，它只能反映同类事物中的一些直观的、非本质的特征；第二种水平的形象思维是成人对表象进行加工的思维；第三种水平的形象思维是艺术思维，这是一种高级的、复杂的思维形式。通常所说的形象思维是指第一种水平。

### （三）抽象逻辑思维

抽象逻辑思维是以概念、判断、推理的形式达到对事物的本质特性和内在联系认识的思维，概念是这类思维的支柱。概念是人反映事物本质属性的一种思维形式，因而抽象逻辑思维是人类思维的核心形态。科学家研究、探索和发现客观规律，学生理解、论证科学的概念和原理以及日常生活中人们分析问题、解决问题等，都离不开抽象逻辑思维。小学高年级学生的抽象逻辑思维已开始发展，初中生这种思维已占重要地位。初中一些学科中的公式、定理、法则的推导、证明与判断等，都需要抽象逻辑思维。儿童思维的发展，一般都经历直观动作思维、具体形象思维和抽象逻辑思维三个阶段。成人在解决问题时，这三种思维往往相互联系，相互补充，共同参与思维活动，如进行科学实验时，既需要高度的科学概括，又需要展开丰富的联想和想象，同时还需要在动手操作中探索问题症结所在。

根据思维过程中是以日常经验还是以理论为指导来划分，可以把思维分为经验思维和理论思维。经验思维是以日常生活经验为依据，判断生产、生活中的问题的思维。例如，人们对"月晕而风，础润而雨"的判断。儿童凭自己的经验认为"鸟是会飞的动物"。人们通常认为"太阳从东边升起，往西边落下"等都属于经验思维。理论思维是以科学的原理、定理、定律等理论为依据，对问题进行分析、判断的思维。例如，根据"凡绿色植物都是可以进行光合作用的"一般原理，去判断某一种绿色植物的光合作用。科学家、理论家运用理论思维发现事物的客观规律，教师利用理论思维传授科学理论，学生运用理论思维学习理性知识。

根据思维结论是否有明确的思考步骤和思维过程中意识的清晰程度，可以把思维分为直觉思维和分析思维。直觉思维是未经逐步分析就迅速对问题答案做出合理的猜测、设想或突然领悟的思维。例如，医生听到病人的简单自述，迅速做出疾病的诊断。公安人员根据作案现场的情况，迅速对案情做出判断。学生在解题中未经逐步分析，就对问题的答案做出合理的猜测、猜想等的思维。分析思维是经过逐步分析后，对问题解决给出明确结论的思维。例如，学生解几何题的多步推理和论证，医生面对疑难病症时的多种检查、会诊分析等的思维。

根据解决问题时的思维方向，可以把思维分为聚合思维和发散思维。聚合思维又称求同思维、集中思维，是把问题所提供的各种信息集中起来得出一个正确的或最好的答案的思维。例如，学生从各种解题方法中筛选出一种最佳解法，工程建设中把多种实施方案经过筛选和比较找出最佳方案等思维。发散思维又称求异思维、辐射思维，是从一个目标出发，沿着各种不同途径寻求各种答案的思维。例如，数学中的"一题多解"；科学研究中对某一问题的解决提出多种设想；教育改革的多种方案的提出等思维。聚合思维与发散思维都是智力活动不可缺少的思维，都带有创造的成分，而发散思维最能代表创造性的特征。

根据思维创新成分的多少，可以把思维分为常规思维和创造性思维。常规思维是指人们运用已获得的知识经验，按惯常的方式解决问题的思维。例如，学生按例题的思路去解答练习题和作业题，学生利用学过的公式解决同一类型的问题等。创造性思维是指以新异、独创的方式解决问题的思维。例如，技术革新、科学的发明创造、教学改革等所用到的思维都是创造性思维。

理性思维是根据思维本身性质和是否有科学依据而言的，一种有明确的思维方向和充分的思维依据，能对事物或问题进行观察、比较、分析、综合、抽象与概括的思维，是一种建立在证据和逻辑推理基础上的人类思维的高级方式，是人们把握客观事物本质和规律的活动能力。

理性思维是主体对客体的固有属性以及各种行为实施观察后形成的概念或数据分类与聚类的过程，是通过一定的"逻辑化、程序化过程与途径来反映对象的认识方式和认识能力"，本质上是主客体之间在主体的时空积累过程。从传统意义上讲，理性思维也就是对客观存在的本质所表现出的现象，利用已有的经验知识和逻辑知识，高度概括并总结出能确定和预测一类事件的知识。理性是一种状态，这种状态是由主体与存在之间的相互作用，并由主体高度归纳总结，经逻辑运算与抽象形成的对存在的多重属性及其行为的完备陈述的状态，是主客体之间的相互状态效果，并反映为主体理性状态的改变量，理性状态的改变，表征了过去"理性"状态的终结。①

理性思维的对立面是感性思维，二者的最大区别在于理性的思维方式需要思考者摒弃成见和感情因素的干扰，运用逻辑方法通过归纳和演绎等获得事物确定性的因果关系规律，而感性思维主要是指靠自己的经验和直觉，去思考和判断。感性思维活动包含：感觉、知觉、感性概念、本能思维倾向、习惯思维、联想、想象、情感活动、直觉、定量的度量、模糊的范畴思维、创造性思维。感性思维的特点是自然形成、敏感、自发产生、自动执行、孤立片面、分散并行。理性思维与感性思维是相互衔接的，从感性过渡到理性，就像植物的根与冠并不是两个孤立的存在。动物也有感情，也会有"喜怒哀乐"的感性表现，但绝对不会使用"演绎归纳"等理性思考方法。地球上只有一种生物具有理性思维的能力，这就是"人"。从感性思维到理性思维的进步，是地球上几十亿年来生物进化的最高结晶。就像人的两条腿一样，感性和理性是支撑思维的两大支柱，两者相互克制，缺少了哪一方面都不能构成完整的思维活动。

理性思维并不等同于冷静思维。虽然冷静思维是理性思维的前提，有的人发表言论时是很冷静的，也尽其所能进行了各方面的思考，然后就认为自己的言论是理性的，其实这是对理性思维的误解。理性思维是一种具有很强的怀疑和批判能力的思维，是一种应用概念特别明确的思维，是一种严格遵守形式逻辑规律的思维。

理性思维是有一些基本原则的，在不掌握这些原则的情况下的冷静思维，其实很可能就是不理性的。理性思维的原则主要有以下几个方面：一是理性思维的总原则休谟公理。英国哲学家、经济学家、历史学家休谟提出了理性思维的总原则休谟公理，他认为："没有任何证言足以确定一个神迹，除非该证言属于这样的情形，其虚假比它力图确立的事实更为神奇。"这段话比较拗口，但含义并不复杂，简单地说就是"非同寻常的声明，需要非常确凿的证

---

① 潘平. 大数据研究中的理性思维及其形成［J］. 贵州社会科学，2017，7：40-44.

据"。例如我上班迟到了，我给领导的解释是"路上堵车"，因为堵车是一个非常寻常的事件，我不需要给出太多的证据，领导选择相信这个理由也是合理的。但若我给出的理由是"路上被火星人劫去做了人身实验"，那这种理由非同寻常，除非我拿出足够的证据来证明的确发生了这件离奇的事，否则领导不会相信，除非他有意装傻。遇到离奇的说法，很多人的选择是"半信半疑"，因为他无法确定该说法一定是假的，于是以为"半信半疑"是理性的选择，其实这很不理性。理性的做法应该是根据该说法的离奇度来确定相信度，该说法越离奇，则越不应该相信，相信度与离奇度成反比。二是无法证明不存在不等于存在。考察一个事件是否存在，需要的是证明该事件的确存在的可靠证据，而不是不能证明该事件不存在就反证其存在。例如宇宙里有外星人吗？面对浩瀚无垠的宇宙，我们有时的确难以判定。有的人说一定没有外星人，但许多人是不愿意相信的，但不能因为宇宙的浩瀚就认定外星人一定存在，确定外星人是否存在需要能证明其存在的可靠证据，而"不存在"本身是无法证明也是不必证明的。有人拿数学中的可以证明"不存在"来反驳"不存在无法证明"这个观点，这是无效的。因为数学是逻辑的延伸，其边界非常明确，在现实世界中并不存在如此明确的边界。很多怪力乱神的说法所描述的东西，我们都无法证明其不存在，但不能因此而认定其存在。理性思维的方法是首先不相信其存在，直至能证明其存在的可靠证据被找到为止。三是非此未必即彼。世界上的很多事情并不是"互斥"关系，即使证明了"非此"，那也未必"即彼"。例如用一个望远镜观察远处的一个物体，并做如下分析：它不是一个石碑，不是一个植物，不是……那它一定是个人。这种分析就非常不靠谱，因为这个物体究竟是什么有几乎无穷的可能性，贸然使用排除法是一件非常危险的事。比如，在讨论中药的毒副作用问题时，有中医粉丝反问"西药的毒副作用更大，你为什么不说"，西药的毒副作用是与原问题无关的问题，即使你论证出"西药其实都是毒药"这个结论，也不能反证中药就没有毒副作用。不要以为这个道理非常简单，在这个问题上犯错的科学人士可不少。有个执迷于飞碟研究的某天文馆研究员，在一个 UFO 事件研讨会上，他的观点是："该 UFO 可以确定不是飞机，不是火箭，不是气球，不是……所以它是飞碟。"虽然我们至今也法确认那个 UFO 到底是什么，但可以肯定的是，这个研究员的论证过程是错误的。四是相关性不等于因果性。一位美国专家于 1979 年提出了一个惊人的说法，即生活在高压线附近的孩子，由于辐射的原因，患白血病的概率是平均值的 3 倍，此说法引起了全美的广泛关注。在随后的 20 年里美国因此耗损了上百亿美元的社会成本去调查此事。美国国家科学院于 1996 年发表了历经 3 年的研究结果，认为高压线环境与白血病发病率无关。美国国家癌症研究所历经 7 年对涉及 1200 人的研究，于 1997 年也发布了同样的结论。在一场引起全美关注的高压线与白血病的诉讼中，法院聘请了 16 位顶级专家，其中包括 6 位诺贝尔奖获得者，他们给出的结论也同样是高压线环境与白血病的发病率无关，终于平息了这场风波。其实，那位声称高压线下更易患白血病的专家，其统计数据可能是真实的，但他却没有找到真正的因果关系，学术界的主流观点认为，生活在高压线附近的家庭通常比较贫困，导致白血病发病率较高的原因更可能是其较差的生活和卫生条件，而与高压线本身无关。也就是说，孩子在高压线下生活与易患白血病是相关事件，但两者并不是因果关系，那位美国专家仅仅核实了相关性，这只能说明因果关系的可能性是存在的，他没有做进一步的筛查就贸然得出两者是因果关系的结论，这就不是理性的思维方式。五是不要相信无法证伪的学说。科学理论与其他学说如何划界？著名哲学家卡尔·波普尔提出了"可证伪"的标准并得到了学术界的普遍认可。"可证伪"是指一个理论或学说存在着可以证明它是错了的可能性。具有可证伪性是科学理论的必要但不充分条件，无法证伪的理论不可能是科学理论。我们可以做一个实验，在真空条件下让两个质量不等的铁球同时下落，如果多次可靠的实验结果表明，下落速度与质量大小成正比，那就把自由落体定律推翻了。这个实验如此容易做，但这么多年来愣是没有一个人做成功，这就反证了自由落体定律是如此可靠。再比如，如果有人在三叠纪岩层发现了人类化石，就可以把进化论彻底推翻，但地球这么大，每天都有不少人在挖，但从没有在三叠纪岩层发现过人类化石，这就反证了进化论的可靠性。可以说，一个理论的可证伪性越强，则可靠性就越强。风水学的理论基础易经、阴阳五行学说与"上帝理论"一样，都不具有可证伪性，不是科学的范畴。六是不要迷信所谓的真理。对于复杂的世界来说，人类的认识能力是非常有限的，在可以预见的未来，人类不可能洞悉世界上所有的奥秘。科学是人类最可靠的知识，但它也只是人类现阶段最可靠的认识，现在看来最可靠的科学理论，在将来也都有被推翻的可能。如果有人宣称找到了自然界的真理，那你一定要引起足够的警惕。"真理"本来是个宗教词汇，是对信徒进行精神控制的工具，后来被借用到政治领域，在政权斗争中发扬光大。但它从来就不是一个科学词汇，科学家并不认为这个世界上有"真理"这个东西，贸然相信甚至崇拜所谓的真理，就等于放弃了自己的大脑。七是不要被传统的"说法"蒙蔽。中国人从小就生活在五行相克、阴阳平衡等语言环境之中，这种笼统模糊的古代朴素哲学深入人心，拿这种哲学忽悠人就成了一些保健品骗子们的不二法宝。在日常生活中，我们能够发现许多骗子讲起道理来是一套一套的，什么"以毒攻毒""酸碱平衡"等，乍一听很有道理，但是只要深究一下他所说的被攻的"毒"到底是个什么东西，他用来攻的"毒"又是个什么东西，为什么能攻，究竟是什么原理，攻毒的剂量选择有什么根据，"酸碱"指的是可用 pH 值测量的酸碱还是其他什么东西，他判定酸碱的标准是什么，手段是什么，我们就能发现对方无法自圆其说。他们之所以能够骗取人们的信任，实际上源于不科学的说法，不能只凭其哲学观点与自己吻合就信以为真，任由他们三斤芒硝两斤碱面地灌你，还要把他们所说的概念具体化，毕竟哲学本身治不了病。

## 二、理性思维的基本类型

对于理性思维究竟应该包含哪些思维类型，目前有两种理解。一种是广义上的理解，另一种是狭义上的理解，这主要是由于对"理性"一词的理解差异而导致的。广义上的理性思维，认为理性思维中的"理性"一词仅是对整个思维"质性"的表征和一种通俗称谓，并非专指某种具体的、特定类型的思维，因此广义上"理性思维"应包含明确的思维方向和充分的思维依据，并能对事物或问题进行观察、比较、分析、综合、抽象与概括的所有类型的思维。广义上的理性思维包含以下几种类型。

### （一）数学思维

数学思维是指能够用数学的思想、观点和方法，如转化与划归、函数与映射、空间与排序等，辨明相互之间的数学关系进而帮助分析问题、解决问题的能力。数学思维能力特别突出强调对数字的敏感力、数字记忆力、数字联想力、数字推理计算力以及对事物形状、方位、色彩、空间、分类、图形、排序等的能力。

### （二）逻辑思维

逻辑思维是指能够运用逻辑思维的基本工具，如概念、判断、推理、论证等，按照正确的定义、划分、判定和推理等规则，对问题进行分析与综合、演绎与归纳进而从已知中得出未知的思想运动过程。逻辑思维又称理论思维，它是作为对认识者的思维及其结构以及起作用的规律的分析而产生和发展起来的。只有经过逻辑思维的思考，人们才能达到对具体对象本质规定的把握，进而认识客观世界。它是人类认识的高级阶段，即理性认识阶段。逻辑思维是一种确定的而不是模棱两可的、前后一贯的而不是自相矛盾的、有条理有根据的思维，掌握和运用这些思维形式和方法的程度，也就是逻辑思维的能力。

### （三）辩证思维

辩证思维是指能够从对象的内在矛盾的运动变化中，从其各个方面的相互联系中进行考察，以便从整体上、本质上完整地认识对象的一种思维模式。辩证思维运用逻辑范畴及其体系来把握具体真理，它既不同于那种将对象看作静止的、孤立的形而上学思维，也不同于那种把思维形式看作既成的、确定的形式逻辑思维。辩证思维是指以变化发展视角认识事物的思维方式，与逻辑思维中事物一般是"非此即彼""非真即假"不同，在辩证思维中，事物可以在同一时间里"亦此亦彼""亦真亦假"而无碍思维活动的正常进行。

### （四）批判性思维

批判性思维是一种基于充分的理性和事实而非感性和传闻来进行理论评估与客观评价的能力与意愿。它不为感性和无事实根据的传闻所左右，也不受权威和经典的约束而盲从，是一种只服从于事实和客观规律的思维理念。批判性思维并不仅仅是一种否定性思维，它也具有创造性和建设性的能力——能够对一件事情给出更多可选择的解释，思考研究结果的意义，并能运用所获得的新知识来解决社会和个人问题。批判性思维不仅在日常生活中是不可缺少的，它还是包括心理学在内所有科学的基础。批判性思维所关注的核心问题是逻辑知识与逻辑思维能力之间的关系，或者更一般地讲，是知识和能力之间的关系。批判性思维是有目的的、自我校准的判断。这种判断将引导人们对解释、分析、评估、推论以及对判断赖以存在的证据、概念、方法、标准或语境的再次反思。批判性思维没有学科边界，任何涉及智力或想象的主题都可从批判性思维的视角来审查。批判性思维既体现思维技能水平，也凸显现代人文精神，是一种不可缺少的探究工具，是教育的解放力量，是人们的私人生活和公共生活的强大资源。

当然无论是数学思维、科学思维、逻辑思维还是批判性思维，虽然彼此之间有一定区别，概念不同、各自强调的重点也不同，但它们实际上是有内在关联性的，是同源同宗的。比如数学思维和逻辑思维，二者本质上是同一的。科学思维和逻辑思维，虽然所指的对象、程式不同，但科学活动（包含科学发现、科学论证、科学表征）中实际上也包含逻辑思维。另外，批判过程实际上也是对逻辑思维过程的再反思和再审视，因为批判性思维按照《德尔菲报告》中的定义就是批判性思维是有目的的、反思性的判断力，它表现为通过对证据、概念、方法、情境和标准给予缜密而公允的考察来决定相信什么或做什么。主要工具是逻辑工具，主要过程也是逻辑的分析、概括和推理的过程。

在现实生活中，我们也经常会用到"科学思维""经济思维""法治思维""底线思维""战略思维"等有关概念和术语，有的人会产生疑问：这些思维也均是具有理性特征的，是否也该属于"理性思维"的类型呢？当然，它们表面看来给人的感觉似乎是均具有一些理性特征，但仔细推敲其实这些术语要么仅是个空泛概念如战略思维，要么仅是个处事原则如底线思维，即使如"科学思维"和"经济思维"有一些实际内涵和特点，但本质上均是上述多种思维的组合和在某些领域的具体运用，并不是一种基本的、可被人们公认的独立思维类型。所以，即使在广义层面讨论思维类型，也不应将它们列入这个范畴。

狭义上的理性思维，主要是指通过概念、判断、推理等方式认识事物的内在联系和本质属性的逻辑思维。这是西方的通俗用法，也是他们的认知习惯。在西方，人们听到"理性思维"，通常的理解基本上等同于"逻辑思维"。

本文所讨论的理性思维，是指广义上的理性思维，而不是狭义的逻辑思维。

### 三、理性思维的特征

从理性思维的整个过程来看，每个理性思维的过程需要经历以下几个阶段：制订明确的思考目标；确定清晰的思考路径；实施定义与划分；进行判断、推理和论证；形成较为完整的思想观点或建立知识体系。整个过程讲求程式化、可推理化，突出思想观点或命题之间的相互联系和相互制约关系，达到可传播和可理解的目的。因此，它具有以下四个方面的特性，即超感观性、概括性、间接性、超创造性。

### （一）超感观性（抽象性）

理性思维的超感观性主要是指在这个思维阶段，人们对思维对象和相关信息材料的加工已不停留在材料本身所给人提供的直观的感觉、知觉和表象层面，而是已进入对其所代表的事物类别的共同特质、结构、功能、形成成因和发展规律等普遍性问题的抽象思考之中。例如人类在核科学研究中，不是通过直观的感觉就能理解和认识原子核的裂变，而是要在寻找与其相关的其他一些活动证据的基础上，通过对这些证据材料和同期出现的现象及规律加以概括总结的基础上才能形成的。

### （二）概括性

概括性是指人们把有相同或相异特质的事物抽取出来，通过分析比对和梳理总结，对事物本质、特征、规律或事物之间的相互关联做出判定的行为特征。概括是理性思维的基础，概括性也是理性思维基本的特征之一，没有概括，理性思维难以展开。

### （三）间接性

思维的间接性是指人们在不去直接接触某些实物的情况下，仅通过其表征出来的信息就能把本无直接关系的现象联系在一起，成功地推断出事物的本质，揭示事物发展的规律特征。比如，警察在破案的过程中，不用和犯罪嫌疑人直接接触，仅在犯罪现场通过寻找犯罪嫌疑人在现场留下的一些痕迹，就可以在脑中推断出犯罪嫌疑人在现场作案时的场景。这种思维过程就呈现出明显的间接性。

**（四）超创造性**

理性思维的创造性是指人们在思维的过程中，通过归纳与概括、分析与推理不仅可以掌握现实中事物的发展规律，还可以在已知事实的基础上，通过推理、想象，获得全新的、未知的事实。例如，发明家可以通过已经存在的物品，通过新的想象，对其加以改进，从而发明出新的物品。其能否成功关键取决于思维的推断是否与现实相符。其实，这也正是人类创造能力和创作能力的来源。

## 四、影响理性思维运行的主要因素

理性思维有多种形态，但并非懂得并掌握了各种技能就能运用理性思维。如果把握不好尺度，也会常常被它们干扰和羁绊。影响理性思维运行的常见因素有以下三种。

### （一）形式逻辑常易使思考问题静态化

逻辑学说，自古希腊哲学家亚里士多德创建以来，便很快成了理性思维的基准范式，所以人们也常将形式逻辑看作认识真理的重要工具。的确，无论如何我们难以否认逻辑思维要比非逻辑思维更加理性、更加接近真理。但是逻辑思维也绝非完美无缺，它也有先天缺陷，那就是形式逻辑使逻辑理性变成了静态理性，使我们对事物的认知脱开了生动活泼的具体实践。因为形式逻辑特别强调思维的形式结构，它不仅有一套严密的逻辑规则用来分析对象，也有着专属的逻辑符号，并通过这些逻辑演算获得令人信服的结论，所以形式逻辑虽容易被大众理解，也易在固定的范畴内建立起逻辑体系，反映出客观事物最简单、最普通的关系，但严格遵守这种逻辑模式也容易使我们把事物看成静止的思维对象并得出关于事物静止状态的认知，从而忽视事物处于恒久的运动状态之中。当然，这样的结果尽管在多数情况下是有其价值的，但在某些情况下可能就会与真实的结果存在一定差异，也就导致了非理性的认知。所以，在充分肯定这种静态思维模式对社会科技进步和人类认识发展中的巨大作用的同时，还需要我们对之保持清醒的头脑，采取有效措施尽可能消除其负面效应。[①]

### （二）动态的辩证逻辑有时也使人陷入非理性的相对主义

辩证思维虽说是相对于静态的形式逻辑思维更加贴近事物运动变化的实际，但认识的复杂性也在不断提醒我们不能完全固执于"动态"的辩证之中。动态的辩证逻辑一旦把握不好，极易陷入相对主义。每个人对事物的看法和发展都有着自己的认识，而认识的角度不同，对辩证的尺度把握不同，均会导致结果的不同。所以即使同是辩证逻辑者，对于事物发展的认识也经常存在不同的观点。无论是在古代西方还是我国，均出现过一定数量的相对主义者且占据重要地位，比如中国古代著名的思想家庄子就是典型的相对主义者，从庄子与惠施的"濠梁之辩"中就可窥见一斑。在这场辩论中，庄子一直都是从主观的观点去进行理性思考的：你不是我，你永远不知道我在想什么；你不是鱼，你也不会明白鱼儿的思想。这种主观的思维是忽视了客观性的，既然每个人都有着自己的认识，那么有多少人就有多少的主观认识和标准，那么客观认识就无从谈起了，这就是极为典型的相对主义。另外，历史上还有一个著名的例子，那就是看到风吹旗动的现象，相对主义者们便会说不是旗子动了而是你的心在动，这便是完全否定了风吹旗动的客观事实的荒唐之言，他们从各个角度都能得到各种观点，这样一来便毫无理性可言。这种把一切都看成相对的、强调主观性和任意性的思想恰恰是诡辩论的认识基础，这种思想不但可以扭转黑白，而且可以混淆是非，更为诡辩论提供了最合适的工具。在西方历史上，早期的智者学派就由于过分强调了辩证逻辑的运用慢慢发展成为"诡辩学派"，招致了社会的反对，从而使苏格拉底为此而受到

---

① 彭朝晖. 试论理性思维困境 [J]. 学理论，2019，7：71-72.

牵连并最终丢掉了性命。另外，还有著名的哲学大家黑格尔，他是绝对理性的拥护者，他运用辩证法的思维来极力证明着绝对理性的正确，但是我们都知道，这种绝对理性的结果却不是科学认识世界的结果。

相对主义的思维模式否定了理性思维模式的客观性，也否定了真理的普遍有效性，认为真理不具有普遍有效性，都是相对而言的，这是背离理性的。列宁说过："把相对主义作为认识论的基础，就必然使自己不是陷入绝对怀疑论、不可知论和诡辩，就是陷入主观主义。"我们也要避免这种错误。

### （三）感性因素经常对理性思维产生羁绊

感性思维是人们认识事物时十分常见的一种思维模式，有了感性才会有理性，我们的理性思维总是来自感性认识，是在感性的基础上进行分析、总结和判断而产生的。感性思维有一定好处，但也有许多弊端。其中最大的弊端就是感性思维影响我们的理性思维。感性思维对理性思维的影响主要体现在它常常导致我们看待问题的绝对化和片面化，这种情绪化的情感不利于我们进行理性分析，甚至会直接产生非理性的认识。人都是感性动物，具有非常丰富的情感以及各种欲望，而这些情感和欲望会或多或少地干扰我们进行理性的思考，尤其是人们在遇到一些易牵动感情的人物或事件之时，经常会通过自身产生的情感来推定事物的本质，从而使我们的认识中掺杂一些非理性因素，或者以偏概全，或者以是为非，得出错误结论。比如说，人们看到公交车上年轻人未给老人让座，很多人便会认为年轻人没有尊老爱幼的品行。其实，这是出于同情老人的感性思维而得出的认识，但事实上可能是因为这个年轻人的腿脚不便无法起身。我们看到老人碰瓷的事件便认为社会风气不正、世风日下等，其实这是出于愤怒的感性思维而得出的结果，事实上可能老人碰瓷只是极个别的现象或极小的概率事件，并不能说明我们社会风气就不好了。还比如从小生活在负面环境下的儿童，他们会比其他儿童更加仇视社会，在他们看来社会就是黑暗无比的，因为发生在他们身上的每个负面事件都会使他们产生消极的感性情绪，一旦这种情绪积累起来，便使感性认识蒙蔽了理性认识，使他们的认识发生偏差，产生非理性的认识。

在现实生活中，大多数人都会有情绪化的感性思维，因为感性是从每一件具体的事物产生的，即使受过严格思维训练的人也会或多或少地、有意无意地产生感性思维，这就使得理性思维常常受感性思维的羁绊。当然，作为一个现实的人我们总不会刻意地要求自己运用某一种固定的思维方式来认识事物，我们会根据不同的情况、不同的环境等因素使多种思维模式混合交叉产生，也即感性认识与理性认识总是交叉产生。但是作为与动物不同的人，我们的感性思维是应该在理性的基础上运作的，只有处理好感性与理性思维的关系才能发现世界的和谐与美好。

# 第二节　理性思维能力

## 一、理性思维能力的定义

理性思维能力，通俗而言就是指人们能够借助理性思维工具，通过理性思维的方式，对事物的内在本质、特点、规律以及与其他事物间的客观联系和今后发展趋势做出准确把握和科学判定的能力。

因为理性思维的基本工具是概念、判断、推理、论证，所以相应的理性思维能力也就包括对事物的准确的概括能力、科学的判断能力、正确的推理能力和有效的论证能力。

从行为学的角度讲，所谓准确的概括能力，就是指一个人能够在众多事物属性中，剔除非本质属性（或叫偶性），而把本质属性抽象出来，然后加以综合提炼，从而形成一个能够反映事物本质规定性的概念的能力。准确的概括能力又包括细致的观察能力、多维度的比较能力、深刻的分析能力和精准的归纳能力。

科学的判断能力就是指一个人在对事物基本情况充分了解的基础上，能够对事物的情况与关系等问题进行分析、辨别并做出科学判定的技能和本领。科学的判断能力不仅要求人们要对事物有准确、全面、深刻的认识，还必须做出肯定或否定的明确回答，因此有一个重要的基础就是在做出判定之前必须掌握判定所需的标准和基本规范，如是非、善恶、美丑等。

正确的推理能力就是指一个人能根据头脑中已有的判断，通过恰当地运用类比、分析与综合等推理方式，得出对未知事物状况正确判断的能力。要做到正确推理，不仅要以敏锐的思考分析问题，快捷的反应迅速地掌握问题的核心，在最短时间内做出合理正确的选择，还要懂得完成有效推理所必须遵守的各种规则。

有效的论证能力就是指一个人能用有效的论据来证明论题真实性的能力。论证有多种方式，可根据不同问题选择不同的论证模式，但无论哪种模式均要能够确保论据与论题之间存在有效关联。

在理性思维能力的问题上，容易出现两个认识误区，一是认为打好了理论基础，有了较高的理论修养，自然就有了理性思维能力。实际上，能力不仅仅是简单的知识。理性思维能力的高低，不取决于理论修养的高低而取决于运用理论知识解决实际问题的能力的高低。缺乏必要的理论知识，肯定谈不上理性思维能力，但理论修养高者，未必运用理论知识解决实际问题的能力就高。历史上三国时期著名的将领马谡是有知识没能力的人，还有纸上谈兵的赵括，也留下了深刻的教训。二是认为理性思维能力的问题，是领导者的问题，普通大学生没有多少需要运用理性思维能力的地方，所以无须在理性思维能力问题上浪费时间和精力，这种观点也是非常有害的。首先，任何一个人，不管其地位、层次如何，都存在决策问题，其决策正确与否都事关个人的长远发展，而其决策质量又都与其理性思维能力的高低密切相关。其次，我们所讨论的问题，通常都是必须与本地、本单位、本人的实际结合起来，创造性地加以贯彻和落实才能取得良好而实际的效果。能否具有这种创造性或有多少创造性，取决于一个人自身有无理性思维能力或理性思维能力的高低。最后，一个人理性思维能力的高低，还直接影响他的世界观、人生观、价值观，以及对各种问题的认识和把握程度。认识把握上的偏差及由此而来的行为上的偏差，将给我们周围的人和工作造成危害，有时可能是非常严重的危害。这是我们万万不可忽视的，也是我们必须努力加以克服的。[①]

## 二、理性思维能力的表现方式

理性思维能力是指人在特定的环境中，面对特定的思维对象，能够运用特定的思维工具（如概念、判断、推理、论证），遵循特定的思维程序，进行

---

① 张孝忠，彭敏．领导干部要努力提高理性思维能力［J］．江西行政学院学报，2003，5：16-17.

系统、全面、客观、历史、辩证的认识问题、分析问题和解决问题的能力。一个人是否真正具有这样的能力，不是仅听其自我吹嘘、夸夸其谈，而是要看其实际的行动和表现。比如，他面对问题，能否做到不轻信、不盲从、不受情感好恶和个人兴趣影响而轻率表态；能否做到不简单地根据表面现象或仅通过局部资料信息就给出结论，而是会从多个角度看问题，特别是要学会正反两面看问题；能否客观地、实事求是地、联系历史背景地看问题，尊重历史，理解历史环境条件和特定文化背景下所实施的行为；能否着眼于事物的发展规律，学会在发展中寻求解决问题的办法。如果他能够做到客观地、历史地、系统地、全面地、辩证地用联系、发展的眼光看待问题，那么我们说他具有理性思维能力。反之，我们认为他没有理性思维能力。

### 三、理性思维能力的评价

思维能力是反映一个人思维品质好坏、优劣的重要指标。不同的人，有不同的思维能力。有些人，思维能力强，而有些人，思维能力却相对较差。衡量一个人思维能力的强弱，通常要从影响人思维品质的五个维度，即思维的高度、深度、广度、速度和精度来评价。五个维度总体表现较好，说明这个人的思维能力较强，反之则较弱。

思维五度可阐释如下：思维的高度，通俗而言就是指我们认识问题时所能达到的理论高度，亦即能够认识到某些特定事物的出现或问题的产生可能会对国家民族的兴旺、党和人民事业的发展以及人类社会的进步所能产生的重大影响。思维的深度，就是指我们在认识问题时所能达到的深刻程度，亦即能够透过现象看到事物的本质、特点和规律，而不被其表面现象或假象蒙蔽。思维的广度，就是指我们在认识事物时所能达到的宽广程度，亦即我们在对人或事物的认识过程中，除能够认识到某些特定的人或事物自身之外，还能认识到某些人或事物的变化能够对周围其他相关人或事物所形成的广泛影响。思维的速度，主要是指我们在完成对特定的人或事物的认识时所表现出的快慢程度。思维的精度，也就是思维的精准程度，主要是指对人或事物的认识所能达到的清晰、准确程度。

对于思维能力（或思维品质）的评价也有人归纳了六个方面，还有人归纳了七个方面。六个方面的第一个是思维的深刻性。这是指思维活动的抽象程度和逻辑水平，涉及思维活动的广度、深度和难度。人类的思维主要是言语思维，是抽象理性的认识。在感性材料的基础上，去粗取精、去伪存真，由此及彼、由表及里，进而抓住事物的本质与内在联系，认识事物的规律性。个体在这个过程中，表现出深刻性的差异。思维的深刻性集中表现为在智力活动中深入思考问题，善于概括归类，逻辑抽象性强，善于抓住事物的本质和规律，开展系统的理解活动，善于预见事物的发展进程。智力超常的人抽象概括能力高，智力平平的人往往只是停留在直观水平上。第二个是思维的敏捷性。敏捷性是指思维活动的速度，它反映了智力的敏锐程度。有了思维敏捷性，在处理问题和解决问题的过程中，才能够适应变化的情况来积极地思维，周密地考虑，正确地判断和迅速地做出结论。比如，智力超常的人，在思考问题时敏捷，反应速度快；智力低下的人，往往迟钝，反应缓慢；智力正常的人则处于一般的速度。第三个是思维的灵活性。灵活性是指思维活动的灵活程度。它的特点包括：一是思维起点灵活，即从不同角度、方向、方面，能用多种方法来解决问题；二是思维过程灵活，从分析到综合，从综合到分析，全面而灵活地做"综合的分析"；三是概括与迁移能力强，运用规律的自觉性高；四是善于组合分析，伸缩性大；五是思维的结果往往是多种合理而灵活的结论，不仅有量的区别，而且有质的区别。灵活性反映了思考问题解决问题的随机应变程度，涉及智力的"迁移"，如我们平时说的"举一反三""运用自如"等。灵活性强的人，智力方面也灵活，善于从不同的角度与方面去思考问题，能较全面地分析、思考问题，解决问题。第四个是思维的独创性。独创性包括善于独立地分析问题和创造性地解决问题。独立性主要是指不依赖他人，能够自己认识和分析问题；创造性主要是指在认识实践活动中，除善于发现问题、思考问题外，更重要的是要创造性地解决问题。人类的发展，科学的发展，要有所发明、有所发现、有所创新，都离不开思维的独创性品质。独创性源于主体对知识经验或思维材料高度概括后集中而系统的迁移，进行新颖的组合分析，找出新异的层次和关联点。概括性越高，知识系统性越强，伸缩性越大，迁移性越灵活，注意力越集中，则独创性就越突出。第五个是思维的批判性。批判性是指思维活动在认识事物的过程中用批判的眼光认真仔细审视问题并形成自身见解，不轻信他人，不人云亦云。思维的批判性品质，来自对思维活动各个环节、各个方面进行调整、校正的自我意识。它具有分析性、策略性、全面性、独立性和正确性五个特点。批判性是思维过程中一个很重要的品质，正是有了批判性，人类才能够对思维本身加以自我认识，也就是人类不仅能够认识客体，而且能够认识主体，并且在改造客观世界的过程中改造主观世界。第六个是思维的系统性。主要指思维活动的有序程度，以及整合各类不同信息的能力。思维能力七个方面的概括有两种情形，一种是在六个方面的基础上又增加了一个逻辑性，主要是指考虑和解决问题时思路要清楚，条理要清晰，严格遵循逻辑规律。另一种是没有专门强调逻辑性，但强调了思维的广阔性，把广阔性从深刻性中专门分出来，强调要以丰富的知识经验为依据，从事物各个方面的联系上看问题。

对于理性思维能力而言，与一般的思维能力有一定的类同之处，但也有很大区别。所以对理性思维能力的测评，人们主要是集中在"有无理性思维能力"或"理性思维能力强弱"的评判上。现实中，人们一般是按照其思维目标、思维过程和思维结果来评判的。具体而言，就是评价一个人或社会是否理性，人们通常要重点考虑三个方面的综合表现：目的、方法、结果。如要再细分的话，我们也可说成五个方面，一是是否有正当、明确、合理的目标（因为人的思维目标不总是理性的）？二是对事物的认识是否遵循了正确的路径，是不是建立在客观事实和实践的基础上？三是认识过程中是否采用了某些可以测量和计算的方法？是否遵守了特定的程序和步骤并系统、全面、准确、真实地反映了事物的本来面目和本质规律，思维的运动发展过程是否符合逻辑或有逻辑方法的支撑？是否明概念、下定义、做出判断、进行有效的推理论证？是否行之有序、层层递进、因果关联？四是最终结果是否遵循了效益（用）最大化原则，不仅要合乎逻辑也要符合现实？五是要衡量某个学生理性思维的强弱，可看其解决问题是否有理有据，是否简洁、完整，是否能突破常规体现创新。①这是有一定合理性的，因为无论是数学理性思维还是逻辑思维能力或是辩证思维能力抑或是批判性思维能力，虽然其所强调的方式和重点不同，但在理性思考的过程中实际上均具有上述特征。

就大学生理性思维能力的评价方式而言，当前国内外有两种模式。一种是分散式考查，就是通过对逻辑思维能力或批判性思维能力分别测评来形成对理性思维能力的综合评价。另一种是通过理性思维能力综合测量工具的运用对理性思维能力情况做出评估。

### （一）分散式考查

分散式考查，包括对计算思维能力的考查、逻辑思维能力的考查和批判性思维能力的考查。

一是对计算思维能力的考查。计算思维是运用计算工具与计算方法求解问题的思维方式。人们对计算思维的内涵、教学方法、教学模式等都有大量的研究，但国内外对计算思维评价的研究还处于比较薄弱的阶段。已有的相关评价研究还局限于传统的课程评价方法，因此计算思维的培养效果不能很好地进行量化，不能进一步挖掘学生特性。量化评价学生的计算思维能力是计算思维教育领域研究的重要方向。统一模式的教学已经无法满足每个学生的差异性需求，让不同能力学生接受不同培养策略的前提就是需要一个能够划分学生群体的评价体系以及评级模式或方法。一些研究者如哈尔滨师范大

---

① 兰赠连. 基于深度学习培养学生理性思维的策略研究 [J]. 教育评论，2019，7: 122-127+138.

学的孙丽娟开展了"基于关联分析的计算思维测评研究与应用"的研究。她基于传统灰色关联分析模型，结合大数据背景下的相关数据挖掘方法，对计算思维评价模型以及学生特征进行了研究。她指出了传统方法存在的主观性较强不利于客观评价指标之间的关联性等缺点后，提出了影响学生能力评价的灰色关联分析模型。该评价模型通过对专家进行聚类的方式，结合专家类内权重和专家类间权重，综合得出各评价指标的最终权重，使得评价方法更加客观，评价结果更加准确，能更好度量不同学生的特性。[①]

二是对逻辑思维能力的考查。逻辑思维能力是人的基本能力，也是理性思维能力的核心内容，所以对逻辑思维能力的考查，一直受到了社会不同层面的普遍重视，也形成了多种测评方式。

西方社会是一个重事理、轻人情的社会，对逻辑理性有着特殊的偏好和执着的追求。许多西方国家把逻辑能力看作每个人最基础的能力，他们认为逻辑能力就是正确、合理思考的能力，就是能对事物进行观察、比较、分析、综合、抽象、概括、判断、推理的能力，以及用科学的逻辑方法准确而有条理地表达自己思维过程的能力。逻辑能力不仅是学好数学必须具备的能力，也是学好其他学科、处理日常生活问题所必需的能力，所以从每个人很小的时候就开始培养和测试。因此，在逻辑思维能力的测试上，已创立了多种模式。有按照逻辑能力的种类不同进行分类测试的，也有综合能力测试的；有用具体量表专门进行能力测试的，也有通过口头交流方式测试的；有通过阅读写作等方式测试的，也有通过对具体实践问题的解决测试的；可谓形式多样，不一而足。通常来说，幼年时期，多使用的是图形测试。小学或初中时期，多采用的是问答选择题型量表。而在高中或大学尽管有时也还用一些量表测试，但更多的则是通过阅读、写作或具体实践问题的解决来测试的。在众多的测试方式中，相对而言人们普遍最喜欢、使用最广泛的还是各类用于

---

① 孙丽娟. 基于关联分析的计算思维测评研究与应用 [D]. 哈尔滨：哈尔滨师范大学，2021.

逻辑思维训练和测试的图形和量表。西方的学生几乎每个人从小到大、在有意无意中都要做许许多多的各种量表测试，这或许一方面是与量表的便捷易行且争议较少有关，另一方面也可能与西方把逻辑思维能力的训练重点放在幼儿、小学和中学阶段有关。

逻辑思维能力被作为一种基本能力看待，在我国肇始于十九世纪末、二十世纪初，是伴随着西学东渐的大潮，逻辑学开始被译介和引入我国并在一部分大学开设逻辑课程之后才有的。逻辑在中国的传播大致可分为三个时期：早期、中期、晚期。早期约为 1840 年至 1898 年，主要的传播人物是英国传教士慕维廉、耶方斯和中国的学者严复等，传播的方式主要是出版报刊、书籍或通过政论性文章、非逻辑专著及演讲，传播的内容主要是形式逻辑的相关问题，包括亚里士多德的演绎逻辑、培根的归纳逻辑及有关的逻辑谬误等。中期为 1898 年至 1925 年，传播的主体构成情况复杂，有世俗学者如王国维、胡茂如、林可培、田吴炤、陈文、王延直、张子和、梁启超，还有传教士及教徒如马林、李杕、屠孝实、王振瑄等，传播的方式主要是继续翻译逻辑名著，开设名学会，结合实际应用传播西方逻辑。主要的成果有严复 1908 年翻译出版了《穆勒名学》，1905 年翻译出版了《名学浅说》，田吴炤 1903 年翻译出版了《论理学纲要》，胡茂如 1906 年翻译出版了《论理学》，王国维 1908 年翻译出版了《辨学》，林可培 1909 年编撰出版了《论理学通义》，陈文 1910 年编撰出版了《名学释例》，王延直 1911 年编撰出版了《普通应用论理学》，张子和 1914 年编辑出版了《新论理学》，杨荫杭于 1903 年编撰出版了《名学教科书》，韩述组 1909 年出版了《论理学》《论理学讲义》，邢伯南于 1914 年出版了《论理学》，樊炳清于 1914 年编撰出版了《论理学要领》，姚建也于 1916 年编撰出版了《论理学》等。此外，梁启超还通过报刊介绍了亚里士多德与逻辑学、培根及其归纳法。另外，传教士马林在行医过程中介绍了逻辑，李杕 1908 年将《名理学》译为中文，博种孙、张邦铭于 1922 年翻译出版了《罗素算理哲学》，屠孝实于 1925 年编著了《名学纲要》。晚期传播主要是 1925 年至 1949 年，这段时间有更多的学者参与译介和传播工作，主要内容是对形式逻辑的批判、对现代逻辑的传播和对传统逻辑的传播。主要的方式有继续译介出版有关逻辑著作，撰写翻译逻辑论文专著。主要的代表人物和作品有陈显文 1925 年出版的《名学通论》，汪奠基 1927 年撰写出版的《逻辑与数学逻辑论》，朱兆萃 1928 年编撰出版的《论理学 ABC》，范寿康于 1931 年出版的《论理学》，王特夫于 1933 年编撰出版的《论理学体系》，王振瑄 1935 年编撰出版的《论理学》，金岳霖于 1936 年出版的《逻辑》，潘梓年于 1937 年出版的《逻辑学与逻辑术》，沈有乾于 1936 年出版的《论理学》，林仲达于 1940 年出版的《论理学纲要》等。①西方逻辑被译介引入中国后，主要在一些大学开设课程进行普及，因此早期对逻辑能力的考查实际上也就主要体现在开设逻辑学相关课程的大学对这些课程知识的考核上，所采取的方式也较为单一，主要的方式也就是试卷考核。"文化大革命"期间，逻辑学科被错误批判和取消，对逻辑知识和能力的考核也终止。之后，随着改革开放以后逻辑学科的重建和在全社会相当一段时间的大规模普及，逻辑学科又获得新生，对逻辑知识和能力的考查也重新恢复，考查方式也逐渐增多。除针对传统的逻辑基本知识进行考查的试卷考核外，还增加了一些结合实际问题的综合应用能力考试，特别是在一些大规模的公务员选拔考试、一些专业研究生升学考试和企业人员招聘面试中均加入了逻辑思维能力的相关测试。

当前我国对逻辑思维能力的考查方式，已形成了多元并举的格局。一是我国教育部在语文教学改革中高度重视对逻辑思维能力的考查。自二十一世纪以来，我国教育部一系列政策凸显了语文学科的重要性，甚至有人声称"语文为王的时代已经到来"，以后所有科目将考查语文水平，确切地说是考查阅读水平。语文学科逻辑思维能力的培养和考查始终与阅读能力、表达能

---

① 郭桥. 逻辑与文化——中国近代时期西方逻辑传播研究 [M]. 北京：人民出版社，2006.

力紧密结合在一起。教育部考试中心赵静宇认为，回顾高考语文历次改革中对逻辑思维能力的要求发现在二十世纪八十年代，中学语文曾在高考语文学科的改革过程中，要求将逻辑和语言中的词汇、语法、修辞和篇章结合起来作为单维知识来讲授。到二十世纪九十年代，逻辑知识从教学大纲中消失，仅作为"知识与能力"组合的一部分。到二十一世纪，强调与逻辑思维能力有关的探究能力，突出了思维的综合品质。她指出，在下一步的高考语文改革中，还将在考查思维品质方面发力，对试题试卷进行全方位的优化，提高逻辑思维能力考查的实际效果。二是近期国家科技部、教育部、中科院、自然科学基金委共同制定了《关于加强数学科学研究工作方案》，强调基础数学需要获得国家更多的投入。而逻辑与数学的关系非常密切，二十世纪初，西方学者曾尝试将数学还原为逻辑，从一定意义上说对数学能力的考查，也包含对逻辑思维能力的考查。教育部考试中心任子朝认为，历次高考有关数学学科的考试大纲都强调数学在培养逻辑思维能力的定位和作用，逻辑思维能力一直是数学学科教学的首要目标，同时也是高考重点考查的能力要素。他提倡高考数学学科的试题设计应增加新的内涵，把逻辑思维能力列为数学学科关键能力来考查，要求学生会对问题或资料进行观察、比较、分析、综合、抽象与概括；会用演绎、归纳和类比进行推理；能准确、清晰、有条理地进行表述。他建议在高考数学学科的题型设计中，探索逻辑思维能力考查的规律、方法和创新要求，积极在试题中设置日常生活情境，开发多选题，增加开放题和探索题，杜绝结构不良试题，提高对语言表达的要求。三是社会各界开展了多种方式的测评。除了高考，在其他选拔性考试中，逻辑思维能力的测评与培养也受到不少专家的关注，在研究生考试及公务员考试中，从考试内容、题型设计及相关问题方面做了不少尝试。这些测试大多数是在借助西方国家普遍使用的测试量表的基础上，又做了一些结合实践问题的改进。四是国内高校也根据各自的实际情况，开展了不同形式的逻辑思维能力测评。由于逻辑知识的重要性，国内不少大学都开设了与逻辑相关的课程，大学逻辑教育经历了从重视逻辑知识到强调逻辑能力的转向。四川师范大学林胜强对我国大学生逻辑思维能力的培养和测评做了研究和总结后认为我国大学生逻辑思维能力的培养与测评，经历了4个转向：一是从逻辑知识掌握程度的测评、逻辑知识的传授，到逻辑思维能力的测评和培养；二是从逻辑基础知识掌握程度的测评、逻辑基础知识的教授，到逻辑思维方法的教授和掌握程度的测评；三是从传统逻辑思维能力的测评和培养到批判性思维能力的测评和培养；四是从逻辑理论知识讲授和掌握程度的测评，到逻辑运用（研究）能力的测评和培养。①

江南大学吴格明教授在2019年9月《中国考试》上发表了《加强逻辑思维能力测评　促进逻辑思维能力培养》一文，他提出"逻辑思维能力的测评有两种模式：一是标准的逻辑思维能力测评；二是在具体课程中的测评"。完整严格标准意义的逻辑思维能力测试，可以将逻辑思维能力的测量要素划分为澄清概念、准确判断、严密推理、合理论证、辨析谬误；测量题型均设置为选择题；应当根据不同的年龄层次设置不同层次的量表，少年与成年相区别，小学生与中学生相区别，测试点、题型和量表均需有所区别。在具体课程中的测评问题较为复杂，需要做扎实的研究，基本思路是看具体的课程如何更好地落实逻辑思维能力的测量要素。如以语文为例，至少应有写作、阅读分析、语言应用三种题型以考查逻辑思维能力。他的研究也代表了我国逻辑思维能力测评的多元化思路。②

三是对批判性思维能力的考查。批判性思维的终极目标是做出决策。有学者指出："批判性思维就是所谓的善断。"这其实表明批判性思维就是一种能力，这种能力就是通过思考最终形成自己的主张，做出是否正确的决策。

---

① 邵强进. 关注思维创新的理性基础　加强逻辑思维的能力测评——"逻辑思维能力测评与培养学术研讨会"述评［J］. 中国考试，2019，10：68-72+77.

② 邵强进. 关注思维创新的理性基础　加强逻辑思维的能力测评——"逻辑思维能力测评与培养学术研讨会"述评［J］. 中国考试，2019，10：68-72+77.

总体来看，批判性思维能力包括对具象的事物或知识能提出合情合理的质疑，是一种善于发现并提出问题的能力。会用所学的知识对问题进行思考，寻找证据进行分析，是一种注重实证（或理论依据）、善于分析问题的能力。能运用逻辑的方法处理问题，是一种善用逻辑并解决问题的能力。

具体表现为我能通过理解、质疑、逻辑地考查论据和论证的合理性从而决定应当相信什么或不信什么。我能够理解并集中思考问题。我能区分话题、结论以及理由。我能够对言辞特别是有歧义的言辞进行分析。我能通过与他人耐心、理智的对话辨明立场、澄清价值、追踪前提、提升认识。我可以运用多种办法判断资料的可信性。我能识别逻辑关系，发现矛盾，能进行严密的推理。我能提出假设并且验证与评价假设。我能对我的思维过程进行反思甚至监控并适时做出调整。

当然，对于一个具体特定的对象而言，对批判性思维能力的评价不仅仅是看有无问题，还存在能力的大小或高低问题。仅停留在技能层面是远远不够的，理想的批判性思维应该内化为人的人格倾向，这种倾向是指人们在运用相关思维技能时渗透的信念、情感和价值观。比如美国学者恩尼斯就认为批判性思维除了指聚焦于相信什么并且做出决策的合理性、反思性思维，还包括技能以外的态度、情感等方面。蒂什曼和珀金斯的研究则表明，理想的批判性思维不但拥有认知能力、思维策略与思维技能，而且拥有探究、质询、澄清、智力冒险、批判性想象的倾向，称为批判性思维倾向。由此可见，这些内在的信念（信仰）、情感（态度）、价值观是批判性思维的重要结构，它左右甚至支配着人的思考态度和方向，其地位和意义在某种程度上超越了作为能力的因素。

这种情意特征表现为一种积极的态度，包含尊重客观事实、公正合理的态度，有探究、质疑的精神，追求真理的信念，坚持自己的主张，有强烈的好奇心和求知欲，有敢于担当的勇气等。具体而言，就是能够做到：我坚持任何观点均须理性检省。我推崇自由地思考和自己做出结论，我从不人云亦云。我始终信任逻辑。我从未失去好奇心与求知欲。我不畏惧错误，乐于进行智力冒险。我追求真理，对真相负责。我能平等地对待一切观点，能直面来自他人的否定。我能把自身置于他人立场来思考问题。我知道目前我们所掌握的知识还有很大的局限性。

对批判性思维能力的测评是一个系统工程，需要有特定的工具。我国学者罗清旭指出，要加强批判性思维的研究与教学实践，就需要发展有效的批判性思维测评工具。批判性思维教学的目标是培养和训练好的思考者。在培养和训练的过程中，必不可少的是对过程及结果的评价，我们需要知道在行动的过程中做得如何，训练的效果怎样。仅凭被训练者在一节课中的表现，对一个问题的看法，抑或是指导教师及学生的主观感受恐怕远远不够。这就需要我们对批判性思维的测评进行系统的研究，用科学的方法对测评的理论和方法进行验证，并最终确定适合我国学生批判性思维的测评体系，以分析学生思维能力的发展现状、存在的问题，进而寻求解决问题的办法。

先来介绍一下国外批判性思维测评的主要方式。西方国家早在 20 世纪80 年代就开始研究批判性思维及其测评工具，目前已有 20 多种量表，但使用较多的测评工具主要有沃森 - 格拉瑟批判性思维评价量表（WGCTA 量表）、加利福尼亚批判性思维技能测试量表（CCTST 量表）和康奈尔批判性思维测试量表（CCTT 量表），这三个量表的测评对象都是大学生和中学高年级学生，且都采用标准化选择题进行测量，经过大量实验验证，它们都具有很高的信度和效度，被广大学者广泛使用。

为更深入地了解这些量表的具体内容，下面我们就以 CCTST 量表为例，对国外批判性思维测评的主要内容构成做一简要剖析。

CCTST（California Critical Thinking Skills Test）是以美国心理协会于 1990年形成的批判性思维理论为基础设计而成的。该理论将批判性思维定义为一种有目的性的，对产生知识的过程、理论、方法、背景、证据和评价知识的标准等正确与否做出自我调节性判断的思维过程，并认为批判性思维认知技能包括阐明、分析、推论、评价、解析和自我调节几个方面。CCTST 设计了 34 个项目测验，34 个项目分成五个子量表。它们分别被称为分析、评价、推理、归纳推理和演绎推理。前三个子量表共同测验 APA 定义中提出的 6 种核心技能，后两个子量表用于测验传统的归纳和演绎能力。在 CCTST 中，分析具有两层意义：首先意味着综合和表述经验、情境、数据、事件、判断、对话、信念、规则、程序或标准的意义，由分类、对意义进行译码、澄清意义三种子技能组成。其次，分析还意味着识别陈述、提问、概念、描述和想表达信念、判断、经验、推理、观点等之间有意义的和实际的推论关系，包括检查观念、觉察争论和把争论分析成它们的组成成分三种子技能。评价首先意味着评价陈述或其他表述形式的可信度，评价陈述、描述、提问或其他表述形式间推论关系的逻辑强度，包括评价主张和评价论据两种子技能。其次，意味着陈述推论的结果，根据产生推论的证据、概念、方法、标准和背景，去评判推理的正当性，它包括陈述结果、证明程序的合理性和提出证据三种子技能。推理指识别和得出一种信得过的结论所需要的要素，形成假设，考虑有关的信息并根据相应的数据、陈述、原理、证据、判断、信念、观点、概念、问题和其他的描述形式推演出结论，它包括质询证据、形成替代的假设和得出结论三种子技能。在 CCTST 中，元认知的自我调节技能通过上述三个量表间接反映出来。归纳和演绎两个子量表是根据传统的推理概念提出的，根据推理的逻辑强度的不同，CCTST 将批判性思维技能分为归纳与演绎推理两种，分别形成等值的 A、B 两卷，通过多项选择测验来评定。CCTST 项目主要以大学生和成年人熟悉的话题来陈述，并不需要特定的学科知识作为背景，它的一部分项目是中性的，另外一些项目则带有争论性，但整体操作较为简便。该工具已在美国多所大学使用过，同时它也被成功用于高中学生。已有的研究表明 CCTST 有较好的信度和效度。

　　当然，在这些量表被大量使用的同时，也有一些学者认为标准化选择题测量量表具有其内在的缺陷，他们认为这种测量量表只能测出考试者对知识的辨别能力，而并非其后面隐含的批判性思维能力。比如 Norris 就认为，选择题测量量表不能区分学生分数上的差异究竟是由于他们批判性思维能力的不同所导致的，还是学生观点的不同所导致的，因为观点本身并非批判性思维能力的体现。批判性思维能力应表现为在分析解决问题时能提出多种方案，然后做出评判并最终确定最佳方案，而选择题测试量表却难以测评这种分析多种问题的解决方案及最终确定最佳方案的能力。即使受试者在选择题测试中表现优秀，但选择题测试并不能评价受试者分析各种理由从而确定哪个理由可以更好支撑结论的能力。因此，Norris 建议可以采用一种既开放又聚焦的方法来替代选择题测试，如要求考生给出选择某个选项的理由，或采用产出测试，如论述文写作等。为此，Norris 还开发了恩尼斯－威尔批判性思维测量量表（EWCTET）。实际上，Norris 的主张也不是对这些量表和测评方式的完全否定，不过是对量表的进一步优化而已。

再来介绍一下我国对批判性思维的测评成果。我国对批判性思维的测评过去多是借鉴国外的评价方式进行的，但随着对批判性思维能力的相关理论研究和实践应用的逐步增多，渐渐地发现了国外测评指标的设置和测评的方式与我国大学生的诸多不适，于是一些学者在吸收借鉴国外经验的基础上，提出了"批判性思维的组合式测评"方法。组合式测评表现为一种更为灵活和开放的测试方式，它不以严格的批判性思维所具有的表征为测试内容，而是根据被测试者当时所处的年龄、环境、认知水平、理解能力等来设置测试题，通过对我国学生的思维能力及情意特征的分析，完成对学生批判性思维能力及倾向的测评。尽管仍有许多地方显得不够完善，但仍有一定的合理之处，有可操作性。

在批判性思维组合式测评的研究中，我国涌现出了一批有代表性的成果。如中国人民大学杨武金教授 2019 年在《河南社会科学》第 10 期发表的《逻辑与批判性思维能力测评与培养》一文，他认为"在逻辑与批判性思维课程教学中，测评和培养学生的能力是十分重要的。通过课程教学的情况，分析和研究课程教学过程中关于学生逻辑和批判性思维的能力培养和测评的具体方式、评价标准和实际效果等方面的问题。逻辑和批判性思维的能力测评和培养，既需要进行开课前的预测，更需要进行期中和期末的考试；既需要进行笔试，更需要进行口试；既需要制作客观试题，更需要制作主观试题；既需要出题考试，更需要进行学生的探究性学习和写作的测评"。江苏省特级教师徐飞提出"在语文教学中运用印象把握和材料分析的方法对学生的批判性思维能力进行模糊评估"。"印象把握"是教师将学生在课堂教学过程中每个环节的表现进行列表分析，与当前学生应该具有的理想认知能力和情意表现进行对照、比较，对班级整体及个体的表现水平进行印象把握并予以评价，并从纵向和横向两个维度进行对比分析，这样有利于我们在进行批判性思维培养活动时及时反馈行动的效果。这种评价对教师的个人素养及批判性思维的能力要求较高。"材料分析"是指给学生一则或一组材料，材料可以是一个或一组观点、故事、案例、现象、事件，可以是文字，也可以是图片或视频，让学生针对材料提炼观点，澄清价值，做出判断，辨析是非，查找谬误，追踪前提……教师根据学生在这些方面的表现对学生的批判性思维水平进行等级评估①。

对标准化测试题的运用，还可以采取分级随机抽题进行测试的办法。测试前从设置为 A、B、C 三个不同水平的问题（A 最低，B 居中，C 最高）中随机选取 30 题（每个层次各 10 题），给每一个题赋分，规定受试者在一定时间内作答，根据得分情况对受试者的批判性思维能力及倾向予以评价。

比如【A 组第 4 题】小王：如果明天不下大雨，我一定会去看足球比赛。以下哪项为真，可以证明小王没有说真话？　　　　　　　　（　　）

Ⅰ. 天没下大雨，小王没去看足球赛。

Ⅱ. 天下大雨，小王去看了足球赛。

Ⅲ. 天下大雨，小王没去看足球赛。

---

① 徐飞. 给中学生的批判性思维书［M］. 南京：江苏教育出版社，2019.

A. 仅 Ⅰ

B. 仅 Ⅱ

C. 仅 Ⅲ

D. 仅 Ⅰ 和 Ⅱ

通过生活中的语言，在真实语境中考查被测试者的批判性思维倾向和逻辑推理的思维能力。考查复合语句的真假结构及其变换命题的真假性。

【B 组第 20 题】一个常见的误解认为大学的附属医院比社区医院或私人医院要好。实际上，大学的附属医院救活率比其他医院都低。从这点可以清楚地看到大学附属医院的治疗水平比其他医院都低。下面哪项如果正确，最强有力地削弱了上文的论证？ （ ）

A. 在大学附属医院工作的医生赚的钱比私人医院的医生少。

B. 大学附属医院和社区医院买不起私人医院里的精密设备。

C. 大学附属医院的重点是纯科学研究而不是治疗和照顾病人。

D. 寻求大学附属医院帮助的病人病情通常比在私人医院或社区医院的病人重。

考查被测试者对话题中的理由和结论进行分析的能力，是否能够准确捕捉预设和隐藏的前提，是否能较好地识别逻辑关系并发现矛盾。

这种测评把测试题进行了分层设置，在测试过程中随机抽取一定数量的题给测试者，测试者在每次进行自测时遇到的都将是不同的题目，这为观察学习者在不同时期的批判性思维能力和水平提供了纵向比较的依据。此外我们还发现，批判性思维能力还表现在一些具体的实践操作中。测评中，也会经常使用"操作观察"测评法，即对受试者在操作特定的模型、模具，或在解决具体的实际问题的过程中所表现出的批判性思维能力进行观察，对照能力标准进行评分，从而评估出受试者在该项技能上的能力值。

总体而言，批判性思维的测评是一个系统的工程，迄今为止，国内还没有一个非常完美的解决方案。在实际操作中，我们也发现了各种测评方式存在的不足。我们认为，对大学生批判性思维水平的调查、评估，宜以批判性思维培养目标为参照，以多种测评作为相互补充和参照，比如使用量表式（也就是固定的、标准化的结构和评价，包含 WGCTA 批判性思维测量表、CCTST 量表——技能测量表、CCTDI 批判性思维倾向测量表）和开放式（多样的形式、多元的评价，包含印象把握、材料分析、分级随机答题、操作观察），实现对学生的批判性思维能力进行多元评价，其结果将更具参考价值。

### （二）对理性思维能力的综合评价

自 2016 年中国教育部发布《中国学生核心素养》报告提到学生应把"理性思维"作为学生核心素养以来，许多学者就对理性思维的内涵、基本要素和特征等问题进行了研究并尝试探索开发理性思维能力评价的基本框架和测评工具。总体来看，尽管由于时间较短，研究人员较少，测评研究成果仍然比较匮乏，而且已有理论也还缺乏众多学科的有力支撑，但也有一少部分学者通过艰苦研究和辛勤探索取得了一些成就。比如，邓燕平的《中学生物学理性思维能力的测量与评价研究》就基于生物学的学科视角开发了中学生的理性思维测量系统，他以上海市某中学的九十二名七年级学生和五十七名八年级学生、某中学五十名高一年级学生为样本进行了测试，并使用 Rasch 模型对工具局部优化和数据分析。邓燕平认为理性思维是一种有目的的思维，通过合理有效的逻辑将证据和理论依据与信念行动联系起来达到认识事物和解决问题的目的，所以他的做法主要是在总结理性思维的内涵和基本要素的基础上，构建包含信念行动、证据意识、逻辑推理、概念识别和批判反思五个维度的能力评价框架，并基于框架和 Rasch 测量理论，开发测评工具。白志锋于 2005 年在《中学数学教学》上发表了主题为《设置抽象型问题 加强理性思维能力的考查》的文章，他也对理性思维能力的测评做了研究并提出了自身的观点。他认为，理性思维具有理论性、抽象性、严密性等特点，理性思维能力也是数学能力的重要组成部分，堪称数学能力的"胫骨"，我们应该站在学科整体高度和思维价值的高度考虑问题，设计试题，从而考查考生个体理性思维的深度和广度，以及进一步学习的潜能。

尽管他们的研究尚处于探索阶段，但如邓燕平所开发的生物学理性思维能力测评工具能够在一定程度上反映中学生的能力状况，比如学生能力的性别差异随年级的上升发生变化。低年级女生的能力强于男生，随年级的上升，男生逐渐追赶上女生，并可能有反超的趋势。学生能力随年级的上升而增强，且具有极其显著的差异。而且，在五个维度中，最容易测量的是信念行动，其次是证据意识，再次是逻辑推理，最后是概念识别和批判反思。这种开拓创新精神是值得我们学习和借鉴的。

# /第三章/

## 理性思维能力的生成路径及其重要价值

人的理性思维能力并不是与生俱来的，也不是后天在某个特定的时间点或某个偶然的机遇中获得的，而是伴随着人的成长，在相关知识不断积累的基础上，经过反复的实践和不断的训练而渐渐形成的。理性思维有多种来源，也有特定的生成路径，懂得理性思维的来源及其生成路径，对于不断提升和强化我们的理性思维能力具有十分重要的意义。

## 第一节　理性思维能力的来源及生成路径

人类的理性思维能力不是一成不变的，而是随着科学技术的发展和社会的进步不断强化的。想要对人类理性思维能力的来源及其生成路径有较为系统全面和清晰准确的了解，不仅需要我们从宏观上对人类思维能力的进化过程做全面考察，还需要对每个个体的思维发展历程做细致的剖析。

### 一、人类思维的进化过程

#### （一）人类群体思维的历史演化过程

思维方式是人类认识世界的活动方式，是人类在特定环境中所形成和呈现出的把握客观世界的思维定式。思维方式与特定社会人们的存在方式、实践方式紧密关联，因而不同时代、不同地域、不同民族的人们具有不同的思维模式。现代意义上的理性思维，总体来看不是人类先天就有的，而是随着人类社会的发展不断进步、不断进化而来的。它的形成也大致经历了一个由简单到复杂、由低级到高级、由模糊到清晰的逐步渐进的过程。

根据人类思维在不同发展阶段所呈现出的主要特点，我们大致可把人类思维的发展过程划分为如下五个阶段。

第一阶段是远古时期的原始思维阶段。原始思维主要是指人类在早期、还没有创造出文字、智力尚未完全开化时期所使用的思维模式。那个时期，我们远古的祖先智力水平和精神素质尚处在简单的原始状态，缺乏一定的认识能力，不能把自己和自然事物区分开来，他们往往用人的外观和属性去看待自然事物，并赋予人的特征。比如原始人把太阳、月亮、风雷以及飞禽走兽等都赋予人的形象。原始人的图腾崇拜就同拟人化思维方式密切联系。原始思维的特点是简单、感性、直观。

第二阶段是古代朴素的整体式辩证思维和形式逻辑思维阶段。古代思维阶段主要是指有文字记载以来到公元十五六世纪的这个时段，即我国晚商时期的公元前九世纪到明朝末年（也相当于西方的古希腊时期到文艺复兴）的这个时期。古代思维是在原始思维基础上的发展和进化，较之原始思维又有一定的科学性。但是由于当时的实践规模狭小、科学尚未分化，人们不可能深入具体地了解自然界各方面的特性、关系和规律，所以思维仍然呈现出一定的机械性、直观性特征。在古代人的视野中，世界是相互联系和变化发展的统一整体，比如中国古代"天人合一""五行说"的"整体性思维"就是这种认识水平的典型反映。在古代思维阶段，西方诞生了以亚里士多德为代表的西方形式逻辑学说，中国也产生了以老子为代表的辩证思维模式、以墨子等人为代表的"名""辨"思想和以西汉董仲舒为代表的"天人合一"的整体思维模式。古代思维的特点是经验性、猜测性、直观性、朴素性、整体性。

第三阶段是近代科学思维阶段，是指从十六世纪左右到十八世纪末的这个阶段。这个阶段科学技术得到了迅猛发展，人们开始研究事物的属性、结构、关系等细节，对事物也开始了分门别类的考察，学会了把事物的某些属性或某些部分从整体的联系中分离、抽取出来，从而使分析与综合、归纳与演绎、概括与总结等成为认识问题、分析问题和解决问题的最基本的方法。整个社会不仅有传统抽象的逻辑演绎思维，也有科学归纳思维，但近代时期的思维仍具有一定局限，所以也在某种程度上具有机械性、静态性、分析性、单一性的特点。

第四阶段是近现代的辩证思维阶段，是指十九世纪初到二十世纪中叶的这个阶段。之所以把这个阶段称为辩证思维阶段，主要是因为辩证思维的兴起和扩张是这个阶段的重要特征，而并不是说此时人类的其他思维模式不存在了或被辩证思维模式替代了，仅仅留下了一种思维即辩证思维模式。这个时期，其他思维模式仍然存在，而且比之前发展得更加细致、完善。辩证思想，其实无论是早在中国古代的春秋时期，还是西方的古希腊时期，均已萌芽。但不同的是，它在中国社会的历史进程中一直比较发达，而在西方历史上却发展得不尽如人意。尽管古希腊时期的芝诺、苏格拉底及后期的智者学派等均已学会运用辩证思维来思考问题，但由于多种因素的影响没有被西方社会发扬光大。自十八世纪中期黑格尔创立辩证法以来，他的辩证法思想才又引起了西方社会的极大反响。十九世纪以后，马克思、恩格斯又在总结人类思维的实践经验、概括自然科学发展的新成果、吸取黑格尔辩证法合理因素的基础上，创立了唯物辩证法，使辩证法的思维有了哲学意义上的基础。二十世纪初，列宁又将这种思维模式加以概括推广，使全世界大约半数以上的人广泛学习并应用这种思维模式，成为现代思维发展史上一个突出特征。辩证思维的主要原则包含客观性原则、普遍联系和发展原则、多样性统一原则、对立统一原则、分析和综合相结合的原则。

第五阶段是现代理性思维阶段。继马克思的唯物辩证法之后，系统思维理论也于二十世纪在西方诞生，人类思维进一步向整体性、结构性、立体性、动态性、综合性的方向发展，思维的理论体系渐趋完整和成熟，科学理性和人文理性也得到了更加有机的统一。同时，由于社会生产力快速发展，物质极大丰富，人类生活水平不断提升，所以中西方文化的交融也逐步增强，一方面是在西方先进思维方式的影响下，中国传统思维方式开始了变革。表现在一是以科学实证方法对传统唯书唯上的经学方法和直觉、顿悟思维的批判；二是以分析归纳的逻辑思维克服传统的笼统模糊性思维的缺陷；三是以近代的竞争进化观取代传统的中庸、尚古思维。另一方面，是中国传统文化也逐步开始影响西方。当西方学者在后工业文明来临之际审视和反思工业文明时发现：近现代理性思维虽然创造了灿烂的工业文明，它使人类摆脱了生产力低下、迷信、愚昧的状态，但同时理性主义的发展也带来了不可否认的灾难性危机：人伦危机、资源危机、环境危机等。于是他们不再自视为世界文化的中心，开始关注中国文化，力求从中国的"天人合一""和谐整体"的传统思维方式中寻找解决办法[①]。东西文化尤其是思维方式的真正交融和相互学习，使现代思维又进入了新的阶段，从而开启了现代理性思维。现代理性思维的特征前面已做过阐释，此处不再赘述。

### （二）不同成长阶段个体思维的特征分析

对人类个体不同成长阶段的思维状况有很多学者做过研究，最著名的是瑞士儿童心理学家皮亚杰，他的认知发展理论是这个学科领域的典范。他认为人的思维发展经历了一条漫长的道路，从儿童到青少年一直处于一个不断发展的状态，总的发展趋势是从具体到抽象、从不完善到完善、从低级到高级。按照每个阶段的特点，大体可以划分为五个发展水平不同但却互相联系

① 郑培亮，杨毅，斯日古楞. 对当代大学生思维方式培养的思考 [J]. 内蒙古师范大学学报（教育科学版），2005，18（7）：37-39.

的阶段①。

1. 先学前期。这个阶段主要是指人从出生到三岁之前。三岁以前，处于感知动作思维阶段，这种思维方式的主要特点是思维伴随着动作或行动进行。这时儿童只能考虑自己动作接触到的事物，只能在动作过程中思考，而不能在动作之外思考。同时，儿童既不会事先计划自己的动作，又不能预见动作的后果，是一种低级的思维形式。比如，孩子骑到小椅子上，同时说"开汽车了！""骑马了！"等。当丢开小椅子，玩起其他玩具后，开汽车、骑马的思维活动也就让位于其他思维活动了。

这个阶段，是幼儿身心发展的初级阶段。人的意识才刚从最简单的、最直观的生理反应开始，慢慢向能够做出简单思考行为的阶段过渡。他们这个阶段的主要情趣和大量活动是以获得对外部世界诸事物的感性认知为主，较多的是接受或获得有关周边事物的相关信息，而较少对这些信息进行分析和加工。所以，他们对外部世界的感知和反应主要是以简单的、直观的感性经验为主，处于简单的形象感知阶段，即使有极少量的简单思维亦属原始的映射式、迁移式、渗透式思维。

2. 学前期。这个阶段主要是指三岁至六七岁。三岁至六七岁处于具体形象思维阶段，这个阶段是幼儿智力成长的重要时期。通过大量的学习，幼儿获得了许多知识，思维也得到了一定的锻炼。这个阶段的思维表现为以下几个特征：①直觉行动性。思维发展的最初阶段即直觉行动思维不断发展，依靠的是感知和动作。感知强调的是拥有直观的材料，动作强调的是先做再想，无目的、无计划。②具体形象性。在直觉行动思维的基础上，幼儿的具体形象思维逐渐发展，在解决问题的过程中表象代替了一切行动。表象在思维中的地位越来越突出。具体想象性思维的典型特点是具体性和形象性。具体性就是指幼儿能够掌握代表实际物体的概念，不能掌握抽象的概念。形象性表现在幼儿依靠实物在头脑中的形象来进行思维，幼儿的头脑中充满着声音、

---

① 皮亚杰. 皮亚杰教育论著选［M］. 卢濬，选译.北京：人民教育出版社，2015.

形状等生动的形象。③拟人性。即幼儿往往容易把实物、动物都当作人来看。④片面性。即看问题不够全面，往往只能看到个别方面不能从多个维度综合思考。如在孩子的世界里，只有好人和坏人之分。⑤表面性。即理解事物不够深刻、不深入本质，只能依靠表面现象来进行分析。抽象逻辑思维是人类典型的思维方式，这个阶段抽象逻辑性思维开始萌芽，但幼儿期特别是五岁以后明显地出现了抽象逻辑思维的萌芽。

3. 学龄初期和少年期。这个阶段主要是指六七岁至十四五岁。六七岁至十四五岁处于从具体形象思维为主要形式向抽象逻辑思维为主要形式过渡的阶段。它的主要特点是形象或表象逐步让位于概念，少年儿童逐步学会正确地掌握概念，并运用概念组成恰当的判断，进行合乎逻辑的推理活动。但是，这种抽象逻辑思维在很大程度上仍然是直接与感性经验相联系的，具有很大成分的具体形象性。

4. 青年初期。这个阶段主要是指十四五岁至十七八岁。十四五岁至十七八岁这个阶段有如下特点：一是青少年的分类能力提高了。研究表明，初中生与高中生的分类水平是有差异的。初中生对所理解的概念分类处于从第三级水平向第四级水平过渡的状态中，他们能够对各类概念分类，也能说明理由，但阐述中掺杂着感性经验。高中生对所理解的概念分类时，大多数达第四级水平，所说明的理由能揭露事物的实质，理论性较强。二是理解能力提高了。理解能力，就是认识或揭露事物的本质。从思维心理结构出发，理解是把新的知识经验纳入已有的认识结构而产生的，它是旧的思维系统的应用，也是新的思维系统的建立。按照发展水平，理解可以分为直接理解和间接理解两类。直接理解是不用经过间接思考过程就能立刻实现的理解，间接理解是以事先的思考为根据的理解过程，要经过一系列的阶段。理解是学生掌握知识过程的中心环节。中学生对知识的理解，范围很广，例如理解教材中所说明的某些事物间的因果关系和规律；理解教材中所阐明的某些事物的本质特性的矛盾关系；理解教材中所说明的某些问题，诸如数理化定理、公式及解答习题的逻辑依据；理解教材中所说明的某些物体的构造、性质；理解课文的内容和意义。中学教学要求中学生理解能力不断提高，这样才能正确而顺利地掌握知识。如何研究中学生的理解能力呢？国内外常用的方法是看学生对谚语、寓言、成语等形象材料的理解程度。例如，有人曾把十个成语典故用白话呈现给被试者，让被试者解词并造句，从中发现中学生理解成语的水平可以分为三个等级。三是具备了一定的推理能力。推理与解决问题的思维能力过程总是体现在一定的活动中，主要是在解决问题的活动中。解决问题的过程可以划分为四个阶段：提出问题，明确问题，提出假设，检验假设。这一系列思维过程的完成，主要是依靠逻辑推理来进行的。推理是由一个判断或许多判断推出另一个新的判断的思维过程。思维之所以称得上"间接"的认识，主要是由于其中有推理过程存在。因此，掌握比较完善的逻辑推理能力是青少年智力发展的重要环节和主要指标。

青少年初期的思维发展属于形式运算水平，其主要特点是思维活动不再受思维内容的局限，可以依据假设进行逻辑推理，能运用形式运算解决诸如组合、包含、比例、排除、概率及因素分析等逻辑课题。这就是说，青少年初期儿童的思维具有抽象逻辑性。①建立假设和检验假设的能力。初中学生在面临智力问题时，并不是直接寻求结论，而是根据问题、材料和情景，对课题进行逻辑分析，提出解决问题的假设，提出将会出现的不同结果的可能性，然后再通过进一步的逻辑分析和实验证明，最后确定何种可能性是事实，再运用逻辑推理的方法得出适宜的现实性结论。他们不断地检验假设，迅速地放弃不正确的假设，及时地建立新的假设，从而使建立假设和验证假设的能力逐渐提高并趋向成熟。青年初期可以进一步地以个体从未经验过的事项，运用因果关系等逻辑理论构成命题，建立假说。能够运用逻辑法则和推理建立抽象的问题和命题是认知能力成熟的表现。这个时期思维者完全可以按照提出问题、明确问题、提出假设、检验假设的途径，经过一系列抽象逻辑过程，达到解决问题的目的，使抽象逻辑思维的假设性得到充分发展。②抽象逻辑推理能力的发展。形式运算阶段的青少年思维的主要特点是，可以在头脑中进行抽象的符号运算，在头脑中把事物的形式和内容分开，可以离开具体事物进行一定程度的抽象思考。十四五岁至十七八岁处于抽象逻辑思维占主导地位的阶段。它的主要特点是，从经验型的抽象逻辑思维逐步向理论型的抽象逻辑思维转化，并由此而导向辩证逻辑思维的初步发展。在学龄初期和少年期，少年儿童思维中的抽象概括和逻辑论证在很大程度上依赖具体经验材料的支持。在青年初期，青年已经开始试图对经验材料进行理论的概括。

5. 青年时期中后期。这个阶段主要是指十七八岁至二十四五岁之间。这个阶段的思维总结起来，有如下 7 个特点：①抽象逻辑思维处于一生之中的顶峰。心理学家通过研究发现，个体的逻辑思维水平与神经系统的发育水平和认知结构中抽象概念的数量有极大的关系。一般来说，随着年龄的增长和教育的积累，个体神经系统的发育逐渐接近成熟，他们通过教学活动获得的抽象概念会越来越多，利用这些抽象概念的机会与能力也越来越大，这些因素从总体上看导致大学生的抽象逻辑思维水平处于他们一生之中的顶峰。由于大学生的抽象逻辑思维水平的迅速发展，他们所关心的问题也由较低级具体的问题逐渐转为较高级而抽象的问题。他们比中学生更加关心政治、经济、文化、法律、伦理等领域的问题，看问题的角度也较深刻。例如一部电影，中小学生喜欢看热闹，重情节，而大学生则喜欢将具体内容上升为理论，从政治经济背景、艺术手段、伦理道德观念等方面进行思考，提出见解。任何生活中的问题，大学生都不满足于就事论事，而会对它进行深层次的思考，探索对社会的各种影响和对策。因此，我们可以认为，大学生们喜欢讨论政治社会问题的倾向与他们抽象逻辑思维水平高是密切相关的。②思维发展方向具有极大的系别差异。大学生自己与自己进行纵向比较，他们的逻辑思维处于自己一生之中的顶峰。如果大学生与大学生之间进行横向比较，那么他们的思维发展方向具有极大的系别差异。许多理工类如物理系、数学系、化学系的学生，以及一些文科类如哲学系、经济系、逻辑学专业的学生，由于他们的学科内容相当抽象，几乎全由抽象概念组成，逻辑推理也相当抽象，"形式"已经从"内容"中完全解脱出来，只按逻辑关系展开，这一切导致这些系别的学生不仅习惯抽象逻辑思维，而且擅长抽象逻辑思维，逻辑思维水平极高，而其他一些如中文系、艺术系、体育系的学生，他们的学科内容要求较高的形象思维，包括较高的视觉表象、动觉表象的感知和存贮能力。这些学科的教学内容促使他们的形象思维水平有了较高的发展。③辩证逻辑思维趋向成熟与完善。辩证逻辑超越了思维的外在形式，它研究概念的矛盾和转化。它要求人们客观而全面地看问题，从事物的发展变化中对具体事物做具体分析，把握它的全部基本要素，指出什么要素占主导地位。它探讨事物可能的发展前途及怎样创设条件来促进这种可能性转化为现实。它要求分析和综合相结合、归纳和演绎相结合、逻辑的方法和历史的方法相结合。④由喜欢认识外界转为同时喜欢认识自己。儿童的兴趣、儿童的认识主要指向外界。他们一旦进入青年期，其认识兴趣不仅指向外界，还指向自己，他们要求认识自己，他们开始思考"我现在想要什么""我有何身体特征""我现在有何问题""我将走向何方"等问题。认识自己、思考自己，这是大学生思维的一个重要特点。⑤以思维能力为核心的智力处于高峰水平。麦尔斯综合研究了人类个体的思维平均发展水平与年龄的关系，发现大学生的思维能力处于一生之中的顶峰。⑥创造性思维有待进一步提高。创造性思维是创造发明的基础。研究表明，虽然大学生的创造性思维已有较大的发展，但还有待进一步提高与完善，使未来的人才能在较早的年龄阶段做出更多的发明创造。⑦思维更具独立性与批判性。儿童的思维离不开客观事物和具体形象的帮助，具有具体性、形象性特点，他们的思维很难触及事物的本质。另外，他们只能孤立地认识与处理每个问题与事件，因为他们没有一种抽象的理论体系把他们的认识与解答统一起来。与儿童不同，青年尤其是大学生乃是一个构成了"理论"体系的人。在他们建立理论体系的基础上，他们的思维脱离了具体现实并从具体现实中解放出来。抽象推理与形式思维使大学生的思维长出了翅膀，翱翔于观念与理论的蓝天，并使思维具有了反省与思考的能力，具有独立性与批判性。在青年与大学生看来，反省与思考似乎是全能的，似乎世界也应服从于一个观念的格式，而不应服从于现实的格式。他们利用理性推理，使自己成为现实的审判官。正是青年人的这一思维特点，使他们奋力批判旧世界，走向革命。

这个阶段思维的弱点主要表现在以下几方面：思维敏捷，简单片面。比如大学生，他们思维敏捷，接受新生事物快，常常是新事物、新观念尚在萌芽状态，他们就已觉察并付诸行动了。但敏捷的思维背后还隐藏着种种不切实际的东西，那就是追求新异，缺少分析。他们为了满足自身成才的需要和心理渴求，希望能大量接触未知领域，求异猎奇，以求自我成就的某种"实现"，但是有时候他们又对一些信息特别是伪装后的信息不加分辨，或分辨不出是非，容易上当受骗。

我国学者杨永德把人的思维发展大体划分为五个阶段，即动作思维、形象思维、知性思维、形而上学思维、辩证思维，每个阶段均是一个不可缺少的环节，每个阶段都有自己的特点。他的理论与皮亚杰的理论虽然角度不同，但有类似之处，本文不再细述。①

## 二、现代理性思维的行为过程剖析

理性思维是人类所独有的高级心理活动形式，从某种意义上讲，它也是人类所独有的一种特殊的信息加工处理能力。按照美国教育心理学家加涅的观点：人的思维过程通常包括逻辑运算过程和反思批判过程。逻辑运算过程一般是对信息的首次加工处理进而形成确定的思想观点或理论体系的过程，是从无到有；反思批判过程通常是在对信息材料逻辑运算基础上再进行反思和审视的过程，是第二个思想运动过程。尽管这两个过程各有侧重，但从信息加工处理过程来看，二者具有共同点，那就是整个思维过程均表现为人对信息的一系列深度加工和处理，包括信息获取过程、信息分析过程、信息综

① 杨永德. 论思维发展的历史阶段 [J]. 学习与探索，1987，4：33-39.

合过程、信息概括过程和信息推断过程等。信息获取过程就是指人们通过自身感观或借助各种工具，获得思维对象原始的、直观资料的过程。信息分析过程就是把一个事件的整体分解为各个部分并把这个整体事件的各种属性都单独分离开来的行为过程。信息综合过程是分析的逆向过程，就是把事件里的各个部分、各种属性都结合起来，形成对一个整体事件的综合感性认知过程。抽象是把事件的共有特征、共有的属性都抽取出来，并对与其不同的、不能反映其本质的内容进行舍弃的过程。信息概括是以比较作为其前提条件，比较各种事件的共同之处以及不同之处，并对其进行整理归纳的过程。信息推断过程就是从已知的情况根据事物之间必然的因果关联推出未知情况的思维过程[1]。

### 三、理性思维的来源、基本条件及生成过程解读

通过对人类思维发展的总体趋势和每个个体不同成长阶段思维发展的历程及理性思维过程的详细剖析，我们能够得出以下结论。

#### （一）理性思维的本质

理性思维本质上就是主体对客体存在的追寻与理解，是客体的多种行为属性在与主体的思想博弈中所形成的状态。

#### （二）理性思维能力来源

首先理性思维不是人与生俱来的先验之物。实践证明，人在婴幼儿期甚至儿童时期，有很长一段成长过程中是没有什么理性思维能力的。其次，理性思维能力也不是在某个特定的时空，由某种神秘的绝对意志或精神实体在刹那间给我们的恩赐。无论是从整个人类思维进化过程而言，还是从个体思维发展过程出发，我们均可以看出，思维理性是思维的主体在漫长的生活实

---

[1] 加涅，等. 教学设计原理 [M]. 王小明，等译. 上海：华东师范大学出版社，2018.

践中伴随着个体的成长，经过不断学习、不断积累、不断实践锻炼和不断总结提高中才逐步获得的。最后，理性思维能力的高低不仅与主体的知识结构有密切关系，而且与其获得信息和对信息的处理能力有极大关系。知识越丰富、信息获取和加工的能力越强，理性思维的能力和水平就越高，反之则越低。所以，理性思维的真正来源，一是我们的父母、兄弟、姐妹、亲戚、朋友、老师、同学、同事等身边与我们日常生活密切相关的各种人员，是他们教给了我们开展理性思维的必备知识。二是生活、学习、工作、交往中的大量实践锻炼，是通过这些活动过程中一次又一次的反复锻炼和不断总结提高才最终形成的。

**（三）理性思维能力的获得需要具备一定的基本条件**

理性思维不是在任何环境条件下都能产生的，而是需要具备一定条件才能产生的。首先，它需要宽松的思维环境。只有在人能够自由思考和相互批判的氛围中才会有理性思维。在极端宗教势力和专制统治势力的高压下，如西方的中世纪宗教统治时期和中国封建统治时期，人们仅有有限的思想自由，是很难奢谈理性思维的。其次，除宽松的思维环境之外，理性思维要想存在，还有一个重要的前提条件，就是思维主体必须要具备能够完成理性思维的基本素养。具体而言，就是思维主体必须具备一定的感知能力、理解能力、运算能力、分析能力、概括能力、推理能力、思想理论建构能力。而这些能力的获得，亦是要求思维主体要通过学习具备一定的自然科学、语文、逻辑学、辩证法、批判性思维方法等众多基础学科的知识。最后，还要经过一定的实践训练，能够把这些知识融会贯通，能够解决实际问题。

1. 理性思维与数学有着密切关联。数学通常是每个人类个体最早开始学习的基础知识，也是人类思维运行的基本工具。正是因为有了基本的数学常识做支撑，人们才得以进行事物数量和关系的运算。如果没有基本的数学知识，是很难谈到理性思维的。西方哲学家们很早就认识到了数学（尤其是几何）与理性思维的关系，并强调了学习数学的重要性（如柏拉图学园的大门上就挂有"不懂几何者勿入"的牌匾）。中国古代思想家们虽然在数学与理性思维的关系认识上与西方有一定差异，研究得也不如西方那样深入，也不像西方那么早就特别强调数学知识对培养理性思维的重要性，但自"理性思维"的概念确立以来，也特别强调数学在形成人的理性思维、科学精神和促进个人智力发展的过程中发挥着不可替代的作用。

数学课程要让学生"经历数与代数的抽象、运算与建模等过程""经历图形的抽象、分类、性质探讨、运动、位置确定等过程""建立数感、符号意识和空间观念"。（1）学习数学能让学生初步形成几何直观和运算能力，发展形象思维与抽象思维，在参与观察、实验、猜想、证明、综合实践等数学活动中，发展合情推理和演绎推理能力，清晰地表达自己的想法。（2）学习数学还可培养思维的深刻性。学生经常会满足于解题获得了答案，但对概念等基础知识却一知半解，不理解解题方法的实质；对问题理解并不深刻，停留在思维的表面性和绝对化上，造成解题丢三落四；只看事物表面现象，不深入理解本质规律，数学学习中表现在对一些定理、公式只是硬套，不去考虑成立的条件。培养数学思维的深刻性是一个不断由浅入深的过程，对已经学过的数学知识不断思考并从中认识客观事物的规律性。对于一些概念、公式，要理解其产生、发展过程，并把握应用条件，通过具体的生活实例来增强认识。（3）学习数学可培养思维的灵活性。教师在教学中，科学运用已有的知识，鼓励学生奇思妙想，培养学生的灵活性。数学思维的灵活性主要体现在能够从不同角度、不同方面，采用不同方法思考问题，善于引起联想，建立自己的思路，克服思维定式。教师要引领学生对数学问题认真深入的分析，把握问题的本质，灵活运用所学的方法、所学的知识解决问题。培养学生思维的灵活性，提高数学教学实效。（4）学习数学可培养思维的广阔性。从事物的各种联系中去认识事物，把握事物的全体，抓住事物的基本特征，避免问题的片面性及狭隘性。数学教学中注意培养学生思维的广阔性，对提高学生的数学能力具有重要的意义。加强数学基本概念的教学，为数学思维能力的培养提供保证。思维活动必须以知识经验为依据，以概念为基础，通过逻辑的推理方法来完成。数学里，有各种各样的概念、公式，这些对于学生数学能力的提高和思维的发展起着重要的作用。同时，数学教学中要注重变式的运用，强调思维的变通性。解题过程中注重一题多解的运用，从不同角度、不同方面分析问题、解决问题，最终可熟练解决同类问题。（5）学习数学可培养思维的独特性，鼓励学生独立思考，增强自主意识，学会自由表达、自我选择，促进自我发展。启发学生的联想能力，启发学生从多方面去观察问题、思考问题，弄清问题的本质属性，找出解题的最佳方法、最快路径。鼓励学生求异和创新，重视思想方法的教学，指导和帮助学生学会学习，为学生独立学习知识、灵活运用与巧妙组合知识提供基础。鼓励学生勇于争辩，克服思维定式和从众心理，改变单一思考模式，培养学生思维的求异性，纠正思路狭窄的缺点，培养学生的创造性思维。（6）学习数学可培养思维的批判性。老师要让学生明白批判性思维的重要性，通过多途径培训，提高批判性思维能力。改变传统的教学观念，创造良好的氛围和环境，建立新型的师生关系，培养学生思维的批判品质。数学教学过程中，组织讨论，培养学生对问题的怀疑能力。要从多方向分析问题，及时总结经验教训，不断反思和回顾，进行思维过程的调整。这些都是理性思维必不可少的常识和基本训练。

2. 理性思维也与各种自然科学有密切关联。不同自然科学的理论体系本身就是一个完整、系统的理论体系，其中就包含着对特定学科知识的系统性阐释，也内含着实事求是的科学精神和对事物本质特性与发展规律的尊重。所以，尽管不是直接讨论思维方式的，但长久的规约实际上也一直在反复训练和不断强化着人们理性思考问题的能力。因此，也必须看到各种自然科学和人文科学中那些对培养理性思维的有效合理因素。当然，这仅是一种隐含式的潜在影响，如果能够显化或结合思维训练来教学，可能会取得更大成效。再如小学科学课程标准明确提出科学探究的学段目标，以作为教材编写、教学和考试评价的基本依据，如 1 至 2 年级要求能够在教师指导下，有运用观察与描述、比较与分类等方法得出结论的意识；3 至 4 年级要在教师引导下，能依据证据运用分析、比较、推理、概括等方法，分析结果，得出结论；5 至 6 年级能基于所学的知识，运用分析、比较、推理、概括等方式得出科学探究的结论，判断结论与假设是否一致……

3. 理性思维与语文学科有密切关联。语文是研究字词句、语法修辞、各种文体阅读与写作的重要课程，语文课程作为中小学的核心课程之一，不仅要求学生要学会准确理解语言，正确表达思想，还要求学生逐步强化思维的条理性、深刻性、系统性。特别是设置了"思辨性阅读与表达"任务群，要使学生学会"负责任、有中心、有条理、重证据地思考与表达"，这也是培养学生理性思维的重要途径。

4. 理性思维与逻辑学具有密切关联。逻辑学是研究人类正确思维的形式与规律的一门科学。它运用概念、判断、推理等基本思维形式来完成对问题的研究和分析；讲求的是命题之间的因果关联和必然得出的内在机理；强调的是思维方式的规范性和严密性。因此，也通常被人们用来指代狭义上的"理性思维"。在现实中，逻辑的存在具有这样一些特征：第一，逻辑与真实、正确、科学、理性是密切相关的，只有在求真、理性的行为中才有逻辑，而在错误、虚假、率性而为的非理性行为中是不存在逻辑的。第二，逻辑是引领和规约我们做出正确行动的思想指南。虽然我们看不见、听不着、摸不到逻辑本身，但我们能够认识到它的客观存在，而且正是它支配着行为的运行。如果没有逻辑的引领和规约，我们的行为将是一片混乱。第三，凡是称得上理性的行为活动，本质上都是由概念到判断、再由判断到推理的一次或数次过程的复合。概念是名称与事物或事实的联结，是思维的细胞、思想的原子，形成了概念才具备了组成思想运行的基本单元；判断是概念与概念间的联结，是思想的基础和最小单元，没有准确的判断，就没有能把思想的列车向前开动的可能；推理是判断与判断之间的联结，是思维的灵魂，任何有创建的思想都是推理的结晶。历史上许多科学问题都是借助于逻辑思维解决的。逻辑学之父亚里士多德创立逻辑学的目的本身就是为研究哲学、物理学、生物学等问题提供工具。古希腊雅典数学家欧几里得也是在总结前人思想成果的基础上，第一次运用逻辑学的理性演绎法把几何学知识系统化，才形成了具有推理关系的经典数学巨著《几何学原本》。近代以来大部分科学发现也均是建立在实验、观察等感性的唯物主义基础之上，再通过归纳推理和演绎推理的逻辑工具对自然进行研究和认识的。正像爱因斯坦所言，可以说，没有希腊人用演绎推理织就的几何学原理以及演绎思维方式的应用，就不可能产生近代科学。现代科技发展日新月异，之所以能取得如此巨大的成就，也是与逻辑学的发展分不开的。

5. 理性思维与辩证思考有关。辩证法是哲学研究的重要方法，辩证法讲求事物的对立统一、矛盾运动和认识从低到高不断运动发展的规律，对于我们全面、准确、深刻地认识问题、分析问题和解决问题有重要意义。它也是理性思考问题必须具备的基本素养。

6. 理性思维与批判思维有关。批判性思维主要体现在人们在认识、分析和处理问题上不盲从，不轻信，不以自身情感好恶和兴趣偏向为主宰，而是坚持实事求是和客观、冷静的态度，对事物进行反思和审视并最终形成认知。批判性思维和逻辑有一定关联，但二者又不完全等同，因此批判意识和批判能力也是开展理性思维必须具备的基本素养。

除此之外，理性思维能力还与人的主观因素有关。从理性思维的过程解析中我们可以发现，就信息角度而言，理性思维过程实质上就是一个人对信息的动态加工处理过程。但是作为思维主体的人不是纯粹的机器，不会在接受、筛选、加工、处理信息的过程中完全不受情感、主观信念和价值偏好等主观因素的影响，人们也会在有意无意和不知不觉中渗透和掺杂一些主观因素，但理性本身是要求尽可能减少这些主观因素干扰的，因此要实现理性思维，我们也就必须尽可能地克服这些主观因素的困扰。

### （四）理性思维能力的生成有特定的路径

关于理性思维能力能否独立存在，其发展能否不依附任何学科内容，以及这些能力能否迁移等问题，西方学术界一直存在巨大争议。就此问题，他们分成两大阵营。一方是理性思维能力派，他们认为理性思维能力是存在的，其发展不依赖于任何内容介质。通用理性思维能力的培养不需要融入具体学科内容，可以以独立课程方式进行。通用理性能力具有可迁移性，一旦理性思维能力被习得，就可以应用于任何场合和领域。另一方是专用思维能力派，他们认为思维总是针对某一具体内容的，学科内容的不同会导致所要求的理性思维能力的不同。譬如化学学科与哲学学科的内容完全不同，所要求的理性思维能力也就不同，所以理性思维能力的发展必须融入具体学科内容中，不存在所谓的通用理性思维能力，理性思维能力也不具有可迁移性。

思维能力的发展培养模式之争本质上是同一系统的两端，只是不同派别的侧重点不同而已。通用思维能力派别侧重于理性思维的逻辑原则一端，而专用思维能力派别侧重于思维的实践应用一端，即将逻辑原则应用于具体学科领域。

实际上理性思维的运行不是固定不变的，从逻辑原则一端到实践应用一端是连续变化的，有时候侧重于逻辑原则多于实践应用，有时候侧重于实践应用多于逻辑原则，尽管侧重点不同，但本质上是统一的。强调通用能力的一端并不否认另一端的存在，只是侧重点不同而已，因此原则与实践都是理性思维能力培养不可缺少的部分。两大派别之争实际上是理性思维能力所涉及的智力资源应用范围不同，并非理性思维能力本身。智力资源包括逻辑概念及原则、论证程序和背景知识等。因而，理性思维能力培养实际上是培养批判性思维能力所涉及的智力资源在不同场合和领域的实践应用能力。

根据思维发展的基本规律，我们把理性思维能力的形成路径大致分成两大阶段。第一阶段是学习阶段。理性思维能力必须通过深入广泛的学习，要学习理性思维的方法、懂得理性思维所具有的重要意义和价值以及不理性思维将产生的后果（冲动、感情用事）。这个过程包括零散、片段化地学习和系统地学习。零散化地学习，就是指在成长过程中不断地从家庭、社会学习，通过从父母亲属的言传身教中，与同学、老师、朋友的研讨交流中学习。系统地学习就是指通过学校的正规教育，在各门课程老师的指导下从各类书本知识如语文、数学、历史、生物、物理、化学、哲学、社会学、经济学、政治学以及各门自然科学等的课程理论中学习。这种学习需要有专门的理性思维课程和教授理性思维课程的老师。课程是实施思维训练的载体和有效手段，如何构建合理的理性课程，需要不断地思考总结和探索。要针对不同层次的学生群体，对理性思维课程做统筹安排，不但需要具有科学性、连续性，还要有适应性及层次性。老师是教授理性思维方法的主导者，老师的理论思维能力的高低直接关系着教育水平和教学效果。所以，对于教授理性思维的老师而言，不仅需要熟悉理性思维领域的知识，需要懂得理性思维的原理和方法，需要善于运用理性思维进行思考，还要有丰富的理论知识和实践经验。一个不善于运用理性思维进行思考的培训者是无法训练出一个好的思考者的。

　　第二阶段是实践阶段。学生逻辑思维能力培养的基本途径是日常教学活动，所以许多年来很多学校把学生理性思维能力的培养作为教学改革关注的重点，通过思考、思维导图等方式，让学生感受思维过程，择机点拨引导，提高思维品质。尤其是近年来社会上兴起的项目学习、跨学科主题学习、真实问题学习等，关注想象、推理、设计、论证等高阶思维过程，有效地拓宽了学生逻辑思维能力培养的路子。但是我们也应该知道，能力的培养本身就是一个系统的工程。不仅要有基础知识，还需要经过大量的实践把"知识"转化成"行动的能力"才行，从知到行仍然有很长的路要走。专门的理性思维课程是提升学生思维能力的一种有效途径，但在理性思维能力教学的基础上还必须要重视理性思维在日常学习和生活中的应用。要结合大学生学习和生活的特点与规律通过大量的实践活动，如举办辩论赛、开展对话练习、开展综合实验探究活动等途径来培养学生的理性思维。只有将理性思维的锻炼融入这些日常的活动才会使学生逐渐提升思维品质。

# 第二节　理性思维能力的生成意义

教育的最终目的在于培养合格的人才，而要想培养出能满足社会需求的实用人才，一个极其重要的途径就是要让受教育者在学习的同时不断参与实践，能够运用所学知识不断改造客观世界。如果单纯地进行知识的灌输而没有让学生学会用正确的方法来统筹社会实践，不能让学生把所学的知识变成认识问题、分析问题和解决问题的能力，那么这样的教育就是无效、低效甚至失败的教育。

理性思维能力作为人的高级能力，对于人的生存发展具有极其重要的意义。获得较强的理性思维能力不仅是我们每个人梦寐以求的强烈愿望，也是大学生在金色年华的重要追求，更是社会对高校和每个大学生的热切期盼。培养并不断强化大学生的理性思维能力是高校人才培养的重要内容，对于大学生的成长成才具有极其重要的意义。

## 一、理性思维能力的普遍价值

理性思维能力是人的高级能力，获得理性思维能力也是每个人梦寐以求之事。理性思维能力对于人的生存和发展都有极其重要的价值。

理性思维能力的价值可具体归纳为以下几个方面。

### （一）帮助人们实现正确认知

所谓正确认知，顾名思义就是指运用正确的方法对事物做出真实、准确的认识过程。正确认知包括由已知到未知、由局部到整体的事物本来面目及本质属性的认知，也包含穿越历史的时空对事物运动发展规律的认知。其中，"本来面目"主要是指可用时间、地点、形状、色彩、数量、质量、结构、功能等一系列具体范畴所表征出来的关于事物的真实、客观的情况。"运动发展规律"主要是指事物内部本身所固有的本质的必然的联系。之所以说"理性思维能够帮助人们实现正确认知"，主要是因为按照马克思主义认识论的观点，人对事物的认识是一个由表及里、由浅入深、由低到高不断循环往复和螺旋上升的过程。每次认识首先要从事物的外在表象开始，逐步深入到本质，再逐步发展到对事物规律的认识。每个认识过程，要经过两个阶段，即感性认识阶段和理性认识阶段。感性认识是认识的第一阶段，包括感觉、知觉、表象；理性认识是认识的第二阶段，包括概念、判断、推理。所谓感觉，主要是通过感官获得对事物存在的感知；知觉主要是在感知的基础上形成对事物存在的时间、地点、形状、色彩、数量、结构、功能、属性及与周围事物关系等具体方面的认知；表象就是在知觉的基础上，通过对具体方面的综合和归纳形成对事物直观的综合印象；概念就是在对事物充分理解的基础上形成反映事物本质属性的概括；判断就是对事物是什么、不是什么或是否具有某种属性或与其他事物间的关系等做出评判；推理就是从一个或几个已知的判断推出未知的结论。因为感性认识的信息主要依靠感官的直接感知来获得，尚未经过思维的深度加工，其中经常会包含许多零散、片面、杂乱甚至虚假的认识，所以在这个阶段并不存在真正意义上的逻辑。理性认识是在感性认知的基础上进一步明确事物的本质属性，给出事物的概念，形成对该事物有关性状及与其他事物间关系的判断并通过对不同判断的组合形成推理来完成对其规律的认知。因此，从认识的整个过程来看，人类获取正确认知的过程本身就是一个从获得原始信息开始到形成概念，做出判断，再进行推理的思维运动过程。在这个过程中理性思维或更具体地说逻辑，就是以表征具体事物的"概念"反映事物的属性或与其他事物之间关系的"判断"和由已知到未知的"推理"的形式而存在的。而整个所谓运行的机理也就是逻辑学中所阐释的"给出定义""形成判断"和"进行有效推理"的相关规则。所以，人要想获得对事物正确的认知，是离不开理性思维的，或者说只有人们具备了理性思维能力，才能获得正确认知。

### (二) 帮助人们进行科学评价

科学评价，就是运用科学的方法，对事物的本性或行为状况做出正确的判定和评说的过程。科学评价包括对事物是非真假对错的评价、好坏善恶的评价和美丑的评判。其中，"是非"评价通常是对事物属性或存在状态的断定，属于科学的范畴；"善恶"评价是对事物品性或行为目的及结果之于人有益或有害状况的不同而做出的断定，属于伦理学的范畴；"美丑"的评价是对事物给人的心理上所带来的愉悦或厌烦的不同感受而进行的判定，属于美学的范畴。三种评价尽管目标取向和所依据的标准及所得到的结论不同，但从整个行为过程来看，所使用的工具、所遵循的程序和先后步骤等是相同的。科学评价的整个过程，大致可划分为四个行为阶段。第一阶段是对评判对象的认知阶段。在该阶段人们要通过对信息、数据的分析和加工形成对事物全面、系统、完整、准确的认知并对实然之物做出是什么或不是什么以及有什么或没有什么的判断。第二阶段是对行为的是非、善恶、美丑等评判标准进行确立的阶段，也就是在前一认知阶段的基础上形成对事物性状的应然判断的过程。第三阶段是对实然状态和应然状态的比较阶段。在这个阶段人们要把事物已有的关键性指标与事物应有的指标进行比较并找出差异和悬殊。第四阶段是做出评价结论的阶段，就是在对应然和实然标准进行比对的基础上最终形成关于当前事物的是非、善恶、美丑等评价结论。第一阶段实际是概念和判断的形成过程，逻辑理性在此阶段是以概念和判断的形式存在的。第二阶段是标准确立阶段，逻辑理性是以判断的形式存在的。第三阶段是寻找差异的阶段，逻辑理性也是以判断的形式存在的。第四阶段是形成最终结论的过程，是以应然和实然判断为前提的推理过程，逻辑理性以推理形式存在。从整个科学评价过程我们可以看出，其中的逻辑理性是不可或缺的，不懂得或没有逻辑理性思维的能力，是难以进行科学判断的。

### （三）帮助人们实现准确预测

准确预测主要是指采用正确的方式，依据事物运动发展的规律，对事物未来的发展方向、发展状态及可能产生的结果或影响做出估计和推测的过程。所谓"正确的方式"就是指预测过程要基于对事物真实的认知和事物之间存在必然的因果联系的基础上而展开活动；"正确的结果"就是指对事物未来性状的预判要符合事物发展的客观规律。要完成"准确预测"，大致要经历三个阶段。首先，要弄清事物当前的实际状态；其次是要在知晓现状的基础上，确定变化了的因素；最后是要根据事物发展的一般规律，加上变化了的情况对未来发展方向、发展速度及可能形成的态势进行推测。第一个阶段，亦即对当前事物的界定阶段，是形成若干判断或判断群的过程，逻辑理性主要以判断的形式存在。第二个阶段是对变化了的情况做出分析并形成结论的阶段，在该阶段有辩证理性同时也有以判断形式存在的逻辑理性。第三个阶段是根据事物发展的一般规律结合变化了的情况进行分析推断并得出预测结论的过程，这是在前两个前提的基础上进行推理的过程。在这个阶段理性主要是指动态审视的辩证理性和以判断、推理形式存在的逻辑理性。所以，要实现准确的预测也是离不开理性思维的，没有理性思维能力难以实现准确预测。

### （四）帮助人们进行合理建构

建构，简单来说就是"建造"与"构思"的综合。具体来说，就是指在一定的思想理论支配下，通过对资源要素的整合，设计或构造出某种思想、观点、理论体系、行动方案或某种具体实物的过程。合理建构主要是指要按照事物本身应有的内容要求、结构机理、运行原理、运动规律采取符合环境条件要求的方式构造出思想观点、理论体系、行动方案或具体实物的行为过程。合理建构在广义上包含了创新，只不过建构通常意义上是强调"无中生有"的创造过程，而创新是强调"有中新创"的改进过程，名称虽然有异，但行为过程类同。完成合理建构一般要经历以下几个阶段：一是识别问题，找出矛盾；二是明确建构的目标；三是提出建构假设；四是收集、分析、加工必要的信息资料并形成初步方案或结论；五是检验并修正方案与结论；六是按照方案实施资源的整合最终完成创造。识别问题的过程实际上是一个对需求与现状间的矛盾进行判断的过程；明确目标的过程是表明未来行为方向、状态或结果的判定过程；假设过程实际上是对事物未来状况做出预测性推断的过程；对信息资料进行分析加工、得出结论就是多次形成判断并不断进行推理的过程；检验过程就是再次审核和评价的过程；修正结论就是在原有判断的基础上根据变化了的情况进行推理而得出新的判断的过程；对资源要素的加工和整合实际上是在系统思想指引下的具体物化过程。从整个建构过程的六个步骤来看，每个步骤其实都离不开理性的支撑，尤其是逻辑理性要贯穿其中。所以，要完成合理建构，必须具备理性思维能力。

### （五）帮助人们完成有效说服

说服是获得他人认同和支持，凝聚起事业发展所需力量的基本途径。有效说服就是指运用科学的方式，对事物、机理、规律或有关情况进行论证和说明以使人们能够理解问题并实现论说目标的过程。有效说服的过程分为以下几个阶段：第一阶段是论说的主题及目标的确立阶段，主要解决"说什么"的问题；第二阶段是要明确论说所服务的对象及其特征和需求阶段，主要回答"为谁说"的问题；第三阶段是对论说的内容、程序、步骤及论述的深度进行设计进而形成论说方案的阶段，回答"怎么说"的问题；第四阶段是用语言、文字或图表进行述说的阶段。第一阶段实际上是对主题和目标的判定阶段，是形成数个判断的过程；第二阶段是对服务对象及其群体特征和需求进行分析、评估，从而形成判断的过程；第三阶段是论说方案的设计和建构阶段；第四阶段是依照预定方案进行述说的阶段，也就是在逻辑规则的引导下，从概念到判断再到推理最后实现论说目的的过程。所以，有效的说服是

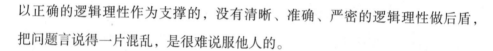

以正确的逻辑理性作为支撑的，没有清晰、准确、严密的逻辑理性做后盾，把问题言说得一片混乱，是很难说服他人的。

## 二、获得理性思维能力对大学生的意义

拥有较强的理性思维能力，不仅是大学生在金色年华的重要追求，也是高校完成育人使命的客观要求，更是全社会对高素质人才的热切期盼。理性思维的形成不仅可以帮助大学生树立正确的世界观、人生观、价值观，确立远大的共产主义理想和坚定的信念，还可以帮助他们明辨是非、善恶、美丑，厚植家国情怀，建立良好的道德风尚和强烈的法治意识，成为具有广阔的国际视野、丰富的文化知识、高超的科技能力和良好社会交往能力的社会主义事业的合格建设者和可靠接班人。

### （一）帮助大学生树立正确的世界观、人生观和价值观

世界观是人们对世界的总体看法和根本观点；人生观是人们关于人生目的、人生态度、人生价值等问题的总观点和总看法；价值观是人认定事物、辨明是非的一种思维或价值取向。世界观、价值观和人生观是人生的总钥匙，它们决定着每个人人生道路的方向，也决定着人们行为选择的价值取向和用什么样的方式对待现实生活。只有树立正确的世界观、人生观和价值观，人们才能在纷繁多样的社会现象和信息时代各种思想的相互激荡中对是非、正误、主次等问题洞若观火、清澈明了，才能做出正确判断和正确选择。由于青年大学生正处于世界观、人生观、价值观尚未完全形成的"盲动"阶段，粗浅的人生阅历和稚嫩的情感经历往往使得他们容易受到社会上各种错误思想的干扰和不良嗜好的诱惑，从而在一些重大问题上出现偏颇。比如他们易接受一些虚假信息的干扰而上当受骗；他们不大容易理解一些旨在获得长远利益的政策约束；他们很易受浮躁的思想影响而走向急功近利等。所有这些都对大学生建立正确的世界观、人生观和价值观是不利的，也都可能把大学

生引向歧途。理性思维能力的培养和强化，不仅能帮助大学生站在历史的高度，用更加深邃的目光和更加系统全面的知识来看待事物，思考社会与人生，分析形势与政策，权衡进退与得失，辩证看待人生矛盾，进而树立正确的幸福观、得失观、苦乐观、顺逆观、生死观、荣辱观，形成科学高尚的人生追求，保持积极进取的人生态度，创造有意义的人生，还能克服因人生阅历的不足和情感的偏执所导致的拜金主义、享乐主义、极端个人主义等问题。[①]

### （二）能帮助大学生树立远大的理想和坚定的信念

理想信念是人的精神之钙，是人生的引航灯塔和远航风帆。理想信念昭示奋斗目标，提供前进动力，提高精神境界。理想信念坚定，人才能方向明确，精神振奋，不论任何风吹雨打，总是矢志不渝，百折不挠，不怕千难万险，以惊人的毅力和不懈的努力成就事业。反之，若理想信念丧失，人生的方向就会迷失，行动就会缺少力量，就有可能浑浑噩噩、庸庸碌碌、虚度一生，甚至腐化堕落。强化大学生理性思维能力，可以使他们增强明辨是非的能力，懂得什么是善，什么是恶，什么是美，什么是丑，明确大学教育的本质和大学之于人生的意义和价值，从而制订出更加积极和健康向上的人生与职业规划；不断战胜生活学习中的各种挑战，抵御各种诱惑，突破各种局限，克服各种困难，从狭隘走向高远，从空虚走向充实，从犹疑走向执着，与历史同向，与祖国同行，与人民同在，沿着自我成长和完善的阶梯不断攀登。

### （三）能够帮助大学生提升学习效率，提高学习收益

学习效率是指在单位时间内人通过学习所能获得的知识数量和质量。学习收益主要是指在大学教育阶段每个大学生所能得到的最大收获。学习效率和学习收益的最大化几乎是每个理性的大学生都渴望能够实现的重要目标，

---

① 江帆. 论形势与政策课程教学中理性思维能力的培养与国际政治理论——以中国—东盟伙伴关系建构为例 [J]. 东南亚纵横，2010，9：83-87.

然而由于思维的局限，实际上这并不是每个大学生都能如愿以偿的。如何才能提高学习的效率和收益？需要大学生对学习和生活有极为清醒的认识。他们不但要学会对学习目标及应学所学的内容和方法进行不断反思和深刻领悟，明确学习目标，优化学习方法，强化学习动力，还要通过多种途径拓宽视野，丰富知识，广泛参与实践，努力提升技能。而要做到这些，没有较强的理性思维能力，不能对大学的生活学习有系统、全面的认知和对人生的辩证思考，仅靠人云亦云或跟着感觉走，是不可能实现的。大学生理性思维能力的培养和强化，尽管也不是无所不能的，但至少可使他们在学习上少走弯路，避免盲学、死学、厌学，在生活上能以更开阔的视野和胸怀面对困难和挫折，从而让学习更加快乐、生活增添更多愉悦。

### （四）能够使大学生拥有科学思想，掌握科学方法，培育科学精神

科学是以追求事物的本来面目和本质规律为目标的。科学研究需要每个研究者必须具备实事求是、脚踏实地、一丝不苟的态度；必须具备对未知事物孜孜以求的意识和不怕困难、艰苦奋斗的作风；具备严谨、准确、细致、客观、公正的比较分析和概括总结能力。理性思维能力的培养，不仅强调让学生树立遵守事物本来面目和本质规律的强烈意识，还要求学生要学会用辩证思维方法、逻辑思维方法、科学归纳方法对事物做出系统全面的定义、科学准确的判断、有效的推理和合理的论证，并在此基础上学会对问题进行反思，对观点理论进行质疑和批判。这是克服中国传统文化在理解事物时普遍注重"省悟"，在表达说明事物时偏好用"比喻"，不强调清晰、准确，不重视结论的推理论证过程等痼疾的重要途径。

### （五）培养大学生的独立人格

爱因斯坦曾说："把发展独立思考和独立判断的能力应当始终放在首位，而不应当把获得专业知识放在首位。"如果一个人掌握了他的学科的基础理

论，并且学会了独立思考和工作，他必定会找到自己的道路，而且比起那种主要以获得细节知识为其培训内容的人来说，他一定会更好地适应进步和变化。在人的各种思维能力中，理性思维能力是表现一个人的智慧、见识、思维和水平的重要标志，理性思维能力是大学生理解问题、分析问题和解决问题的能力，是大学生思维品质中最重要的因素，是大学生创新思维品质的基础和前提。对学生进行"理性思维"的培养，能够帮助学生突破已有认知模式的羁绊，用自身的理性自由地思考问题，这是个人自身思维能力的突破和升华，必将有助于学生综合能力的完善与提高。

总而言之，理性思维能力是事关个人健康成长和幸福、快乐生活的重要能力，也是大学生能力结构体系中最基础、最核心的能力。获得并不断强化理性思维能力不仅直接关系到学生在大学期间能否形成正确观念、能否正确认识问题、分析问题、解决问题，从而幸福、快乐地生活，高效地学习，也直接关系到大学生能否实现人生的精准定位，能否获得较强的综合能力，能否进入理想的工作单位，能否受到社会的欢迎并在进入社会之后实现事业的稳步发展、生活的幸福快乐。在人生最美好的金色年华中、在生命力最为旺盛的重要时期、在即将走进社会的关键时期获得理性思维的能力是每个大学生健康成长的迫切要求。

### 三、新时代强化大学生理性思维的特殊重要性

时代的步伐已迈入二十一世纪，伴随着中华民族的崛起，当前国际格局和国际体系正在发生深刻的变化。

一是世界格局已经由西方主导逐步转变为东西方平衡。最近几十年，世界一直在变化。其中的一个表现就是西方国家开始衰老，主导力下降，与此同时，以中国为代表的非西方力量开始崛起。一百多年来，中国取得了快速的进步。其间，我们认真学习了西方的优秀经验和制度安排。首先是一百年前，五四先贤们就提倡科学和民主；改革开放以后，中国学习先进经验，发

展市场经济，逐步具备了强大的市场竞争力。此外，我们还建立起社会主义法治，中国逐步开始崛起了。

二是中国特色社会主义道路打破了西方模式一统天下的局面。近代史是一个人类从前现代走向现代的过程，这个过程就叫现代化。过去成功的现代化案例和经验基本上是西方的，因此成功的现代化模式一般认为都是西方模式，但是近些年国际理论界已经看到，中国的现代化初步成功，而发展模式却和西方模式包括英美模式、德国模式、荷兰模式、瑞典模式等都不一样，具有自己的特点。西方开始承认，现代化并不是只有一条路径和一个模式。西方模式一统天下的局面已经被打破。

三是新工业革命可能从根本上改变过去西方在生产力方面遥遥领先的局面。我认为近代史上西方最重要的进步是工业革命。工业化是人类从农业文明到工业文明的进程，其关键点就是工业革命。过去的三次工业革命全是西方引领的，其结果是西方的生产力领先，产业和技术先进。相反，在过去的三次工业革命中，中国没有完整地抓住一次机会。第一次工业革命在西方热火朝天地进行时，我们处于康乾时期；第二次工业革命时，清朝开展洋务运动试图追赶，但是最终失败；第三次工业革命的前半段中国实际上也没有参与，但所幸在计算机革命的网络化阶段抓住了机遇。在未来的"5G+物联网"阶段，中国还有领先的势头。

四是新全球化将导致人类的相互依存性不断加强。全球化给予我们诸多便利，但也带来许多问题，例如网络管理问题，例如虚拟经济发展速度远远快于实体经济，导致虚拟经济太膨胀的问题。此外，全球化还产生了超级资本。有学者统计，在2018年，如果把跨国公司和国家一起按生产总值排名，前30名里有17个跨国公司，只有13个国家。因此，全球化下，超级资本的规范和制约成为一个重要问题。另外，随着城市的发展，疾病传播的速度将更快、影响也更大。总之，伴随全球化进程，全球问题正不断增加，对全球问题加以治理十分必要。与此同时，这些全球问题也成为世界大变局的重要推动力。

这些巨大的变化为我们提供了重要机遇。首先是在经济方面，我们有了成为世界最大经济体的可能。最初的发达国家中，作为世界经济的中心，世界经济的发展受到发达国家的控制，西方领导的资本主义国家在经济中处于主导地位，而发达国家则生产高质量的商品，与新兴发展中国家的资源和劳动密集型工业初级产品相比，制成品具有绝对优势，甚至就连西方资本主义经济危机也对全球经济产生影响。但随着我们改革开放的不断深入，我们的经济总量已稳居全球第二，经济竞争力也逐步增强，经济话语的分量也逐步加重。如果我们的经济能够保持持续稳定健康的发展，相信会有更好的未来。其次是在科技方面，我们也有了在多个领域引领世界的可能。世界科学技术的发源地是西欧，在漫长的历史中，发达国家在科学技术方面一直领先于世界，发达国家的科学技术可以说是对发展中国家有碾压式的绝对优势。但随着我国科技的巨大进步，近年来我们与发达国家之间的差距日益缩小，甚至在一些方面，如 5G 技术、量子通信技术、太空技术、深海探测技术以及电子商务等方面还走到了世界的前列，这些也为我们超越西方国家奠定了重要基础。最后是在军事实力上，我们有了实现祖国和平统一和防止领土分裂的底气。过去资本主义国家具有绝对的军事优势，这种军事优势使资本主义国家能够肆意妄为，他们可以将落后的国家变成殖民地，可以通过军事威胁大肆盘剥发展中国家，攫取大量的非法利益，可以随意干涉发展中国家的内政，更换政府首脑，干出了许多令人不齿的勾当。现在尽管一些发达国家仍比我国具有一定的相对优势，但是这种差距已不再像从前那么巨大，我们也在相当程度上有了捍卫自身领土完整和国家安全的能力，在持续稳定的发展中我们有很大希望实现祖国的统一。目前我国社会稳定，经济繁荣，文化健康发展，人民生活幸福，全国上下正在齐心协力为实现中华民族的伟大复兴而努力奋斗，我们必须把握好这些机遇，努力开创建设中国特色社会主义事业的新局面。

　　然而，我们在看到机遇的同时，也必须清醒地认识到所面临的重大挑战。一是百年未有之大变局下中国社会主要矛盾发生了变化，能否顺应形势变化，妥善解决主要矛盾是我们党面临的重大考验。党的十九大报告明确提出，我国社会主要矛盾已经转化为人民日益增长的美好生活需要和不平衡不充分的发展之间的矛盾。当前，中国共产党把加强党的队伍建设看作加强党执政能力的根本，是解决快速发展过程中带来的环境和社会问题的必要条件，坚持党的纯洁性与先进性，对党内腐败行为、有令不行、有禁不止等现象依法进行严惩，坚持全面从严治党取得了重大胜利，但在人类社会发展日新月异的形势下，加强对党内队伍思想素质与业务素质的培养，使党的队伍始终保持先进性，使党的建设始终与人民群众的根本需求相一致仍是任重道远。二是科技革命作为实现生产力爆发式提升最重要的推动因素，竞争越来越激烈。以人工智能、大数据、生物技术等为代表的新一轮科技革命即将展开，在其催生下，大量新产业、新技术将再次带给人类社会翻天覆地的变化。而推动新一轮科技革命的关键技术也成为各国占据制高点的重要争夺对象。中国能否建立适应国家发展要求的教育体制与人才培养机制，在科技开发中占据优势，掌握推动科技革命的核心领域，从而在大变局中抵御风险、创新引领，紧贴时代发展的脉搏仍充满许多不确定的因素。三是中华民族传统文化同样面临挑战。中华文化是具有五千多年深厚底蕴的古老文化，曾哺育了一代又一代的中华儿女，为中华民族的繁衍生息做出了不可磨灭的伟大贡献。但随着世界多元文化的广泛交流与深度交融，也在诸多方面受到了外来文化的巨大冲击，否定传统文化的叫嚣声浪不绝于耳，需要我们在信息大爆炸的新时代和百年未有之大变局的动荡搏击中，时刻保持清醒的头脑和高度的警觉，坚定地把传统文化作为指引我们前行的重要灯塔和航标。我们必须加大对优秀传统文化的发掘、继承与传播，将其与中国特色社会主义文化建设相结合，以合作共赢、和平共处等精神与传统为基础，为我国探索新的国际社会相处模式提供理念支撑。

复杂多变和动荡的国际局势对大学生提出了新的要求。

第一，要对国际局势有清醒冷静的认知。要能以敏锐的洞察力、准确的判断力、科学的预测力，对国际局势和发展态势做出清晰的认知和准确的预测，不被暂时的虚假现象所迷惑。既要看清大局全局，也要懂得局部和区域小局；既要坚信世界格局的总体发展规律和趋势，也要懂得过程的艰辛和易变。

第二，要有超强的政治定力。要懂得我国今天所取得的一切成就根本上来源于我们的制度优势，尤其是中国特色的社会主义制度优势，而不是其他国家出于好心和善意给予我们的恩赐。要树立共产主义的远大理想和坚定信念，不断提升政治鉴别力、领悟力和执行力，不被西方的谣言和虚假宣传所迷惑。

第三，要有丰富的知识和过硬的本领。知识是滋养人健康成长和事业不断发展壮大的重要精神食粮，获取丰富的知识是青年大学生在走上社会前的重要任务。动荡的局势和风云变幻的世界格局为青年大学生提供了重要机遇，但同时也提出了重大挑战，这就要求新时代的青年大学生要有比其他时代的大学生拥有更加丰富的知识和更加强大的能力。只有这样才能确保他们能够抵御各种风险，在惊涛骇浪中一直奋勇向前。否则，就可能被假象迷惑，被困难吓倒。所以，除要有大量的科学常识外，他们还要懂得许多人文知识。不仅要学习大量的基础知识，学习系统完整的专业知识，还要学习大量的地理、历史、文化、哲学、政治学、经济学、教育学、心理学、生态学、美学等多方面的知识。此外，要通过大量的社会实践，学会把所学知识有效运用到实践中，解决实际问题，练就过硬的本领。不能只会夸夸其谈，空讲道理而解决不了实际问题，也不能眼高手低，言过其实。

第四，要有很强的国际交往能力，学会和世界各国打交道。在政治经济全球化和一体化的大背景和世界格局大调整的态势下，关起国门孤立发展是不可能也不现实的，青年大学生必须树立合作意识、开放意识、共赢意识，以开阔的视野和博大的胸怀及超强的交往能力学会和世界各国交往。要懂得国际交往准则，了解经贸合作的基本规则；要了解世界主要大国和区域有重要影响力的国家的历史文化传统、地理人文特征、环境资源特色优势、当前的政治经济格局及他们的现实需求和真实心态；懂得如何在互相尊重和互惠互利中进行友好合作。只有学会了与世界各国进行深度合作，才能真正把握住有利时机，使我国更快更好的发展，才能在动荡的局势中，领航世界各国的发展。

而要想让大学生们具有长远的目光、广阔的胸怀、坚定的理想、强大的实践能力，最基本也是最不可或缺的一条路径就是必须加强理性思维能力的培养。理性思维能力不仅能帮助大学生实现正确认知，做出科学判断，形成准确预测，还能帮助他们进行合理建构和有效说服能力，使他们树立共产主义远大理想和坚定信念，有效提升学习效率，获取丰富知识，开阔视野和胸怀，培育理性精神，成为社会主义事业的合格建设者和可靠接班人。可以说，大学生的理性思维能力就是国家、民族的软实力，是党和人民事业发展的基本保障。建设民主政治需要大学生的理性思维能力，经济的健康发展需要大学生的理性思维能力，科学技术的发展和文化的交流融合也需要大学生具备理性思维能力。

# /第四章/

## 当前我国大学生理性思维能力的总体状况透析

要对强化大学生理性思维能力的问题提出有针对性的解决方案，不仅需要对本体问题做深入的理论探析，还需要对当前大学生理性思维的实际情况做细致的摸底和调查。要懂得当代大学生在理性思维能力的培养和强化上，哪些方面做得是不错的，哪些方面是存在不足的，以及造成这些不足的主要原因是什么。这样才能有的放矢，精准高效。基于此，本章在前面理论剖析的基础上，展开了对我国大学生理性思维能力状况的调查和分析。

## 第一节　当前我国大学生理性思维能力状况调查

大学生的理性思维能力包含正确的认知能力、科学的评价能力、准确的预测能力、合理的建构能力和有效的说服能力等多个方面。但是，对于这些抽象的能力而言，我们是无法直观得到相应答案的，只有进行有效的问题转换，通过对某些问题的解答，才能从答案中推断出某些能力的强弱。

根据这些能力所采用的不同表征方式，在借鉴我国 MBA、MPA 等管理类联考与经济类联考的逻辑试题，以及国外 GRE、GMAT 等入学考试中关于逻辑与批判性思维能力测试的一些试题，结合学生日常学习和生活问题，我们设计了分别包含 30 个和 18 个问题的两个问卷，作为大学生理性思维能力测评的基本试题。这些题目大多为主观多选题。其中，反映认知能力的题目有11 个；反映科学评价能力的题目有 10 个；反映推理预测能力的题目有 10个；反映设计建构能力的题目有 6 个；涉及观念、意识、情感方面对理性思维能力所形成的影响（即反思批判的意识、理性包容的态度和能力）方面的题目有 11 个。

**一、调查的基本概况**

1. 调查时间：先后进行两次调查，第一次于 2021 年 3 月 5 日至 15 日进行；第二次于 2021 年 10 月 20 日至 26 日进行。

2. 调研对象：第一次为位于北京市的××大学的大一、大二、大三年级学生；第二次为位于太原的××学院的大一、大二、大三年级学生。每校各选11000 名左右的学生。

3. 调研方式：课题组设置了调查问卷，委托两个学校的团委将此电子问卷经各院（系）团委宣传部发放至各个班级，由各班宣传委员负责发放并收回。北京××大学最终发出问卷 10528 份，收回问卷 10528 份，覆盖大一、大二、大三学生 10528 人，有效问卷数为 10528 份。太原××学院，发放问卷11477 份，收回 11477 份，有效问卷 11477 份。答卷方式均为匿名。

4. 调研的主要内容：两份问卷均包含四大部分内容，分别为：社会热点问题问答、学生日常学习生活运动娱乐方面的问题问答、学生思想和情感问题问答以及对学校发展问题问答。共涉及与学生生活学习相关方面的 48 个问题。

**二、调查的主要问题及结果统计**

**（一）北京××大学调查情况**

1. 社会热点问题

（1）学生关注热点（多选）

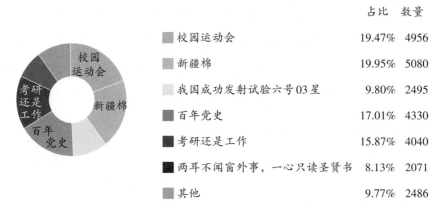

| | 占比 | 数量 |
|---|---|---|
| ■ 校园运动会 | 19.47% | 4956 |
| ■ 新疆棉 | 19.95% | 5080 |
| ■ 我国成功发射试验六号03星 | 9.80% | 2495 |
| ■ 百年党史 | 17.01% | 4330 |
| ■ 考研还是工作 | 15.87% | 4040 |
| ■ 两耳不闻窗外事，一心只读圣贤书 | 8.13% | 2071 |
| ■ 其他 | 9.77% | 2486 |

经计算，"两耳不闻窗外事，一心只读圣贤书"的学生占 8.13%；关注校园运动会的占比 19.47%；关注新疆棉事件占比 19.95%；关注发射试验六号 03 星占比 9.80%；关注百年党史占比 17.01%；关注考研和工作的占比 15.87%。

（2）对人大试题漏题的看法（单选）

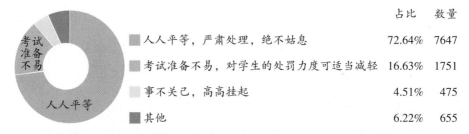

| | 占比 | 数量 |
|---|---|---|
| ■ 人人平等，严肃处理，绝不姑息 | 72.64% | 7647 |
| ■ 考试准备不易，对学生的处罚力度可适当减轻 | 16.63% | 1751 |
| ■ 事不关己，高高挂起 | 4.51% | 475 |
| ■ 其他 | 6.22% | 655 |

16.63% 的同学认为考试准备不易，对学生的处罚力度应适当减轻；4.51% 的学生认为事不关己，高高挂起；72.64% 的学生认为人人平等，严肃处理，绝不姑息。

（3）对于国外抹黑中国疫苗的看法（单选）

| | 占比 | 数量 |
|---|---|---|
| ■ 外国人抹黑中国疫苗，试图拉黑中国影响力 | 32.44% | 3415 |
| ■ 坚持人道主义，支持海外输出 | 35.53% | 3741 |
| ■ 对咱们好的国家应当支持海外输出，抹黑中国的一律不给 | 21.21% | 2233 |
| ■ 大人的事，我还是个孩子就不插手了 | 3.12% | 328 |
| ■ 其他 | 7.70% | 811 |

32.44%的同学认为是外国人抹黑中国疫苗，试图拉黑中国影响力；35.53%的同学认为应坚持人道主义，支持海外输出；21.21%的同学认为对咱们好的国家应当支持海外输出，抹黑中国的一律不给；3.12%的同学持不关心的态度。绝大多数的学生，都具有一定的爱国意识和责任担当意识。

（4）对于新疆棉事件的看法（单选）

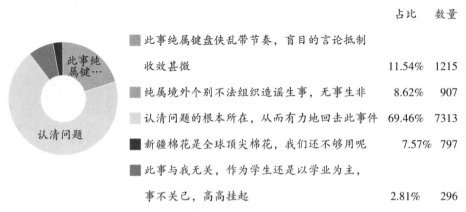

| | 占比 | 数量 |
|---|---|---|
| ■ 此事纯属键盘侠乱带节奏，盲目的言论抵制收效甚微 | 11.54% | 1215 |
| ■ 纯属境外个别不法组织造谣生事，无事生非 | 8.62% | 907 |
| ■ 认清问题的根本所在，从而有力地回击此事件 | 69.46% | 7313 |
| ■ 新疆棉花是全球顶尖棉花，我们还不够用呢 | 7.57% | 797 |
| ■ 此事与我无关，作为学生还是以学业为主，事不关己，高高挂起 | 2.81% | 296 |

从分布比例上看，有11.54%的同学认为此事纯属键盘侠乱带节奏，盲目的言论抵制收效甚微；8.62%的同学认为纯属境外个别不法组织造谣生事，无事生非；69.46%的同学选择了认清问题的根本所在，从而有力地回击此事件；7.57%的同学选择了"新疆棉花是全球顶尖棉花，我们还不够用呢"；还有2.81%的同学认为此事与自己无关。

（5）对于日本排放核废水的看法（单选）

| | 占比 | 数量 |
|---|---|---|
| ■ 日本应该承担一切由此造成的后果 | 22.20% | 2337 |
| ■ 坚决抵制日本这样的做法 | 34.85% | 3669 |
| ■ 希望全世界联合起来共同解决核废水的问题 | 38.48% | 4051 |
| ■ 问题不大，想排就排吧 | 1.06% | 112 |
| ■ 如果避免不了，只能进行自我保护 | 3.41% | 359 |

据调查研究分析显示，在 10528 人的调查中有 22.20% 的同学认为日本应该承担一切由此造成的后果，在全球经济一体化的背景下，此次事件（日本往海里投入核废料）对各国经济也会造成影响，首当其冲的就是海产市场，同时对生态环境也有不可逆转的影响。随着时间的推移，对人体健康也有很大的影响。有 34.85% 的同学坚决抵制。有 38.48% 的同学希望全世界联合起来共同解决核废水问题。

（6）近期我校有少数同学成为网络诈骗受害者，你如何看待（单选）

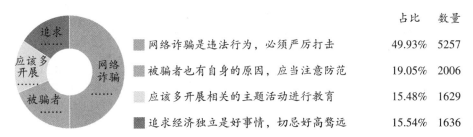

|  | 占比 | 数量 |
|---|---|---|
| ■ 网络诈骗是违法行为，必须严厉打击 | 49.93% | 5257 |
| ■ 被骗者也有自身的原因，应当注意防范 | 19.05% | 2006 |
| ■ 应该多开展相关的主题活动进行教育 | 15.48% | 1629 |
| ■ 追求经济独立是好事情，切忌好高骛远 | 15.54% | 1636 |

据调查研究显示，有 49.93% 的同学认为，网络诈骗是违法行为，必须严厉打击；有 19.05% 的同学认为被骗者也有自身原因；有 15.48% 的同学认为应该多开展相关的主题活动进行教育，因为学生掌握的相关知识不够，辨别能力差；15.54% 的同学认为不应好高骛远，在追求经济独立的同时，我们应认清自己的情况，脚踏实地，不要被利益冲昏了头脑，时刻保持理智。

2. 学生日常学习、生活方面

（1）你每天运动的时长（单选）

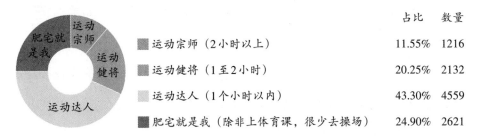

|  | 占比 | 数量 |
|---|---|---|
| ■ 运动宗师（2小时以上） | 11.55% | 1216 |
| ■ 运动健将（1至2小时） | 20.25% | 2132 |
| ■ 运动达人（1个小时以内） | 43.30% | 4559 |
| ■ 肥宅就是我（除非上体育课，很少去操场） | 24.90% | 2621 |

据调查研究显示，大部分学生的运动时间为 2 小时以内，只有 11.55%的学生运动量在 2 小时以上。甚至有 24.90% 的同学运动量只停留在体育课。

（2）除上课时间以外，你平均每天看书、学习活动的时长（单选）

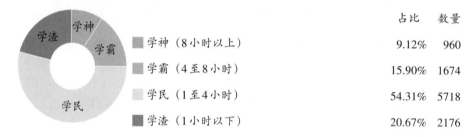

| | 占比 | 数量 |
|---|---|---|
| 学神（8小时以上） | 9.12% | 960 |
| 学霸（4至8小时） | 15.90% | 1674 |
| 学民（1至4小时） | 54.31% | 5718 |
| 学渣（1小时以下） | 20.67% | 2176 |

9.12% 的学生每天学习时长在 8 小时以上；15.90% 的学生学习时长为 4 至 8 小时；54.31% 的学生每天学习时长为 1 至 4 小时；学渣（1 小时以下）占比 20.67%。

（3）你平均每天休闲娱乐的时长（单选）

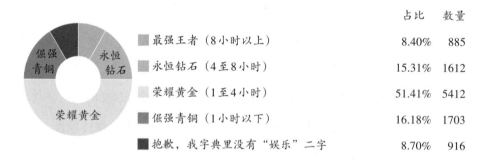

| | 占比 | 数量 |
|---|---|---|
| 最强王者（8小时以上） | 8.40% | 885 |
| 永恒钻石（4至8小时） | 15.31% | 1612 |
| 荣耀黄金（1至4小时） | 51.41% | 5412 |
| 倔强青铜（1小时以下） | 16.18% | 1703 |
| 抱歉，我字典里没有"娱乐"二字 | 8.70% | 916 |

据调查研究显示，在每天休闲娱乐的时长调查中，大多数的人为荣耀黄金，占比达到 51.41%，大多数同学的娱乐时间是可以保证的，适当的娱乐还是很有必要的。最强王者占比 8.40%，这部分学生娱乐时间就有些太长了。8.70% 的人选择了"抱歉，我字典里没有'娱乐'二字"，对于完全没有娱乐的同学，建议应该适当放松自己，享受健康人生。

（4）你对目前所学习的专业持何种态度（单选）

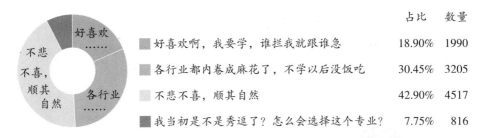

| | 占比 | 数量 |
|---|---|---|
| 好喜欢啊，我要学，谁拦我就跟谁急 | 18.90% | 1990 |
| 各行业都内卷成麻花了，不学以后没饭吃 | 30.45% | 3205 |
| 不悲不喜，顺其自然 | 42.90% | 4517 |
| 我当初是不是秀逗了？怎么会选择这个专业？ | 7.75% | 816 |

有 18.90% 的同学对自己的专业很热爱，发自内心地喜欢；有 30.45% 的同学认为选专业是为了解决现实问题；有 42.90% 的同学持顺其自然的态度；有 7.75% 的同学对自己的专业很不喜欢。

（5）近两周内，你个人大多处于什么状态（单选）

| | 占比 | 数量 |
|---|---|---|
| 精神倍儿好，心情倍儿爽 | 18.83% | 1982 |
| 处事不惊，乐观豁达 | 30.52% | 3213 |
| 身体健康，情绪平静 | 35.02% | 3687 |
| 身心疲惫，情绪低迷 | 15.63% | 1646 |

调查显示，近两周内，有 35.02% 的同学处于身体健康，情绪平静的状态；有 30.52% 的同学处于处事不惊，乐观豁达的状态；18.83% 的同学处于精神倍儿好，心情倍儿爽的状态；也有 15.63% 的同学状态不佳，身心疲惫，情绪低迷。

（6）近两周内晚上一般几点进入睡眠状态（单选）

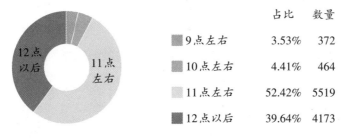

| | 占比 | 数量 |
|---|---|---|
| 9点左右 | 3.53% | 372 |
| 10点左右 | 4.41% | 464 |
| 11点左右 | 52.42% | 5519 |
| 12点以后 | 39.64% | 4173 |

有 52.42% 的同学会在 11 点左右休息，有 39.64% 的同学会在 12 点以后

休息，有 4.41% 的同学会在 10 点左右休息，有 3.53% 的同学会在 9 点左右休息。学生睡眠时间普遍在 11 点左右。

3. 情感和心理方面

（1）近两周让你感到焦虑的事情是（单选）

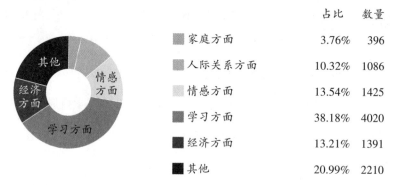

| | 占比 | 数量 |
|---|---|---|
| 家庭方面 | 3.76% | 396 |
| 人际关系方面 | 10.32% | 1086 |
| 情感方面 | 13.54% | 1425 |
| 学习方面 | 38.18% | 4020 |
| 经济方面 | 13.21% | 1391 |
| 其他 | 20.99% | 2210 |

据调查研究显示，近两周学校同学都有一些令人焦虑的事情，其中有 38.18% 的同学是由学习方面引起的，有少部分同学是由家庭、人际关系、情感和经济方面引起的焦虑，有 20.99% 的同学是由于其他方面的原因引起的焦虑。

（2）近两周让你感到愉快的事情是（多选）

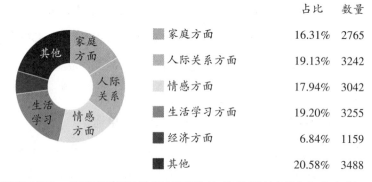

| | 占比 | 数量 |
|---|---|---|
| 家庭方面 | 16.31% | 2765 |
| 人际关系方面 | 19.13% | 3242 |
| 情感方面 | 17.94% | 3042 |
| 生活学习方面 | 19.20% | 3255 |
| 经济方面 | 6.84% | 1159 |
| 其他 | 20.58% | 3488 |

根据研究显示，近两周使同学们感到愉快的事情的原因多种多样。其中，最多的是其他方面的原因，其次是生活学习、人际关系、情感和家庭方面，占比最低的是经济方面。

（3）生活中出现心理压力时，你会采取什么方式疏解压力（多选）

| | 占比 | 数量 |
|---|---|---|
| ■ 主动检索、学习相关心理知识，正确面对压力 | 27.84% | 4627 |
| ■ 向他人倾诉 | 25.32% | 4208 |
| ■ 在互联网平台发泄 | 8.18% | 1361 |
| ■ 向心理咨询室求助 | 5.66% | 941 |
| ■ 借助时间慢慢消化 | 33.00% | 5485 |

　　根据调查研究显示，当学生生活中出现心理压力时，27.84% 的同学选择主动检索、学习相关的心理知识，正确面对压力；25.32% 的同学选择向他人倾诉，8.18% 的同学会选择在互联网平台发泄；5.66% 的同学向心理咨询室求助；还有 33.00% 的同学会选择借助时间慢慢消化，而且占比最高。

（4）你对大学生恋爱的看法（单选）

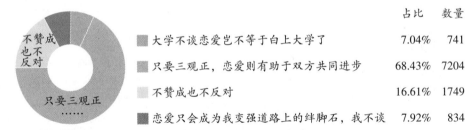

| | 占比 | 数量 |
|---|---|---|
| ■ 大学不谈恋爱岂不等于白上大学了 | 7.04% | 741 |
| ■ 只要三观正，恋爱则有助于双方共同进步 | 68.43% | 7204 |
| ■ 不赞成也不反对 | 16.61% | 1749 |
| ■ 恋爱只会成为我变强道路上的绊脚石，我不谈 | 7.92% | 834 |

　　根据调查显示，有 7.04% 的学生认为大学生不谈恋爱岂不等于白上大学；有 68.43% 的学生认为只要三观正，恋爱则有助于双方共同进步；有 16.61% 的学生持中立态度；有 7.92% 的学生认为恋爱只会成为自己变强道路上的绊脚石，不谈恋爱。

（5）你当前的恋爱状态（单选）

| | 占比 | 数量 |
|---|---|---|
| ■ 热恋中 | 27.12% | 2855 |
| ■ 爱而不得中 | 6.06% | 638 |
| ■ 默默暗恋中 | 6.70% | 705 |
| ■ 我单身我骄傲 | 46.37% | 4882 |
| ■ 想恋爱但又没有目标 | 13.75% | 1448 |

调查结果显示，27.12%的学生处于热恋中，6.06%的学生有自己的目标但还没有实现，6.70%的学生正在默默暗恋自己心仪的对象，46.37%的学生处于非恋爱状态，13.75%的学生想恋爱但又没有目标。

（6）你认为大学期间有必要为自己做一个规划吗？（单选）

| | 占比 | 数量 |
|---|---|---|
| 非常有必要 | 45.55% | 4795 |
| 有必要 | 44.60% | 4695 |
| 无所谓 | 7.45% | 784 |
| 没有必要 | 2.40% | 254 |

调查显示有超过90%的人认为有必要为自己的大学生活做规划，只有接近10%的人认为没必要为自己做一个规划。

（7）你会抽出时间主动去图书馆或自习室学习吗？（单选）

| | 占比 | 数量 |
|---|---|---|
| 常客（每天必去） | 19.59% | 2062 |
| 熟客（1周去3次左右） | 16.47% | 1734 |
| 稀客（1至2周去1次） | 26.12% | 2750 |
| 冷客（1个月去1次） | 21.75% | 2290 |
| 时客（考研考公考证才会去） | 16.07% | 1692 |

调查显示19.59%的学生为图书馆的常客，16.47%的学生1周去3次左右，26.12%的学生1至2周去1次，21.75%的学生1个月去1次，而16.07%的学生只有在考研考公考证的时候才会去。

（8）你认为大学里哪些证书是必须考取的？（多选）

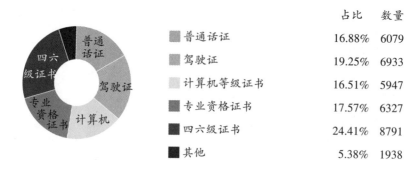

| | 占比 | 数量 |
|---|---|---|
| 普通话证 | 16.88% | 6079 |
| 驾驶证 | 19.25% | 6933 |
| 计算机等级证书 | 16.51% | 5947 |
| 专业资格证书 | 17.57% | 6327 |
| 四六级证书 | 24.41% | 8791 |
| 其他 | 5.38% | 1938 |

调查结果显示，有 24.41% 的同学认为四六级证书最为重要，占比最多；其余证书重要性相当。

（9）你认为大学生活应该是什么样的？（单选）

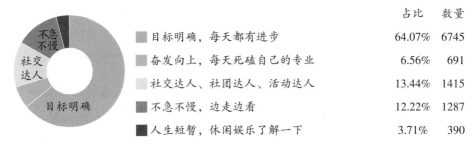

| | 占比 | 数量 |
|---|---|---|
| 目标明确，每天都有进步 | 64.07% | 6745 |
| 奋发向上，每天死磕自己的专业 | 6.56% | 691 |
| 社交达人、社团达人、活动达人 | 13.44% | 1415 |
| 不急不慢，边走边看 | 12.22% | 1287 |
| 人生短暂，休闲娱乐了解一下 | 3.71% | 390 |

调查报告显示，64.07% 的学生目标明确，每天都有进步；有 6.56% 的学生死磕自己的专业；有 13.44% 的学生在忙着社交；有 12.22% 的学生不急不慢，边走边看；也有 3.71% 的学生认为人生短暂，休闲娱乐了解一下。

4. 学校工作方面

（1）对学校校园环境的评价（单选）

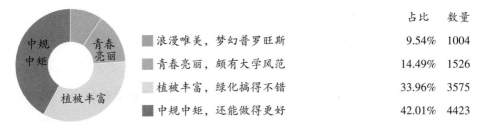

| | 占比 | 数量 |
|---|---|---|
| 浪漫唯美，梦幻普罗旺斯 | 9.54% | 1004 |
| 青春亮丽，颇有大学风范 | 14.49% | 1526 |
| 植被丰富，绿化搞得不错 | 33.96% | 3575 |
| 中规中矩，还能做得更好 | 42.01% | 4423 |

根据调查显示，认为学校环境中规中矩，还可以做得更好的同学占了绝大多数，达到了 42.01%；有 33.96% 的同学认为校园植被丰富，绿化不错；有 14.49% 的同学认为校园青春亮丽，颇有大学风范；还有 9.54% 的同学更是觉得校园浪漫唯美。

（2）开展党史教育是否对个人提升有帮助（单选）

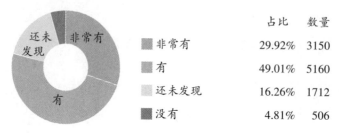

| | 占比 | 数量 |
|---|---|---|
| 非常有 | 29.92% | 3150 |
| 有 | 49.01% | 5160 |
| 还未发现 | 16.26% | 1712 |
| 没有 | 4.81% | 506 |

据调查结果分析，有49.01%的同学都选择了有帮助的选项；有29.92%的同学选择了非常有帮助的选项；有16.26%的同学还没有发现其作用；4.81%的同学认为没有帮助。

（3）你认为学校哪些工作还有待加强（多选）

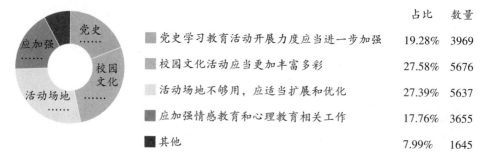

| | 占比 | 数量 |
|---|---|---|
| 党史学习教育活动开展力度应当进一步加强 | 19.28% | 3969 |
| 校园文化活动应当更加丰富多彩 | 27.58% | 5676 |
| 活动场地不够用，应适当扩展和优化 | 27.39% | 5637 |
| 应加强情感教育和心理教育相关工作 | 17.76% | 3655 |
| 其他 | 7.99% | 1645 |

经综合计算，有19.28%的同学认为党史学习教育活动开展力度应当进一步加强；有27.58%的同学认为校园文化活动应当更加丰富多彩；有27.39%的同学认为应该扩展和优化活动场地；17.76%的同学认为应该加强情感教育和心理教育相关工作；还有7.99%选择了其他的选项。

（4）给自己的大学状态打分（单选）

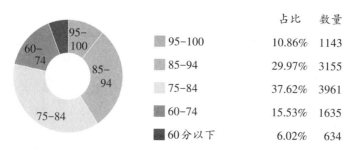

| | 占比 | 数量 |
|---|---|---|
| 95-100 | 10.86% | 1143 |
| 85-94 | 29.97% | 3155 |
| 75-84 | 37.62% | 3961 |
| 60-74 | 15.53% | 1635 |
| 60分以下 | 6.02% | 634 |

根据调查结果显示，有 10.86% 的同学给自己的打分处在 95—100 这个区间；有 29.97% 的同学给自己打分在 85—94 之间；打分在 75—84 这个区间的同学最多，达到 37.62%；60—74 分的同学占比 15.53%；只有 6.02% 的同学给自己打分在 60 分以下。

（5）是否会选择改变现在的状态从而提高上述分值（单选）

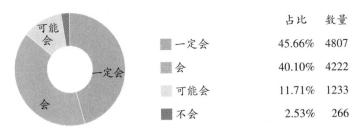

| | 占比 | 数量 |
|---|---|---|
| 一定会 | 45.66% | 4807 |
| 会 | 40.10% | 4222 |
| 可能会 | 11.71% | 1233 |
| 不会 | 2.53% | 266 |

根据调查结果显示，有 45.66% 的同学选择了一定会，40.10% 的同学选择了会，有 11.71% 的同学选择了可能会，只有 2.53% 的同学选择了不会。

（6）对学校的宝贵建议

根据调查结果显示，大部分同学对学院工作持积极乐观的态度。也有部分同学提出了建议，如希望学校可以加强基础设施建设，丰富校园文化生活建设，更新学校教学楼的教学设备，推进考研教育，校园网全校覆盖，图书馆晚一点关门等。同时也收到了很多同学们对学校的祝福。

### （二）太原××学院调查情况

1. 社会热点问题

（1）被加拿大非法拘押近 1000 天的孟晚舟女士终于回国，对于此事件你有何看法？

对于被加拿大非法拘押近 1000 天的孟晚舟女士回国这一事件，78.25% 的同学认为 A. 此事彰显了我国的大国实力，孟晚舟顺利回国是一次重大的国家行动，一个重大的胜利；认为 B. 我国坚决维护中国企业在海外的利益，为中国企业走出国门保驾护航的学生占比约 19.05%；有少数同学选择 C. 并没有关注此事件，占比 2.11%；有极少数的同学认为，D. 孟晚舟只是一个商人，这样大费周章属于小题大做，占比 0.59%。

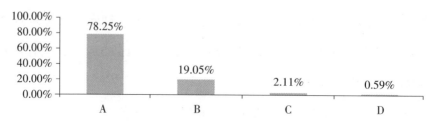

（2）2021 年 10 月山西多地遭遇连日强降雨，导致多地出现内涝、地质灾害、洪水等灾情，直至目前灾情还在继续，你认为我们可以为这次灾难做些什么？

对于 2021 年 10 月山西多地遭遇连日强降雨有 77.53% 的同学认为，A. 自身可以通过正规途径力所能及进行捐款、捐物；有 19.95% 的同学觉得 B. 自己可以通过转发官媒灾情报道，呼吁社会各界关注灾情；有 1.15% 的同学觉得 C. 无人问津的情况让人心寒，自己要在网上为山西讨说法；有 0.49% 的同学觉得 D. 灾情离我那么远，过好自己就好，不需要管那么多事；还有 0.88% 的同学觉得 E. 自身应当毫无保留地捐款捐物，义无反顾地奔赴救灾一线。

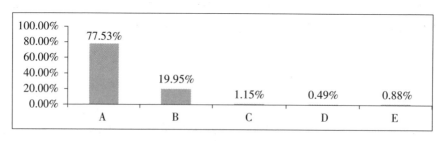

（3）2021 年 10 月 9 日上午，纪念辛亥革命 110 周年大会在北京人民大会堂隆重举行。对于辛亥革命你有什么看法？（多选）

对于辛亥革命，95.00% 的同学认为 A. 辛亥革命对民族思想意义重大，极大地促进了中华民族思想解放，传播了民主共和的理念；63.42% 的同学认为 B. 辛亥革命历史意义深远，推翻了封建帝制，是一个新的开端；有部分同学觉得 C. 辛亥革命对中国发展意义并不是很大，由封建社会变为半殖民地半封建社会，社会仍难以发展，这样的学生占比 11.67%；有 2.07% 的同学觉得辛亥革命没有意义，局限性太大。

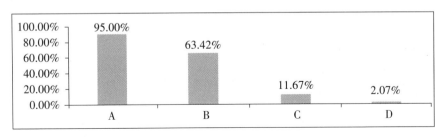

（4）2021 年 10 月 11 日至 17 日，国家网络安全宣传周在全国范围内统一开展，开幕式于 11 日在陕西省西安市举行。涉及网络安全的问题在我们生活当中也时有发生，假如你或者身边朋友遭遇到网络诈骗，你会怎么做？（多选）

对于此问题，10.12% 的同学选择 A. 不去理会，自认倒霉，当作一次教训；超过半数的同学会选择 B. 请身边的同学和老师帮忙，占比 54.08%；大多数同学会选择 C. 及时向当地的网络安全监察部门报案，占比 79.17%；有52.54% 的同学会选择 D. 联系其他受害人，并到派出所报案，争取达到刑事立案标准。

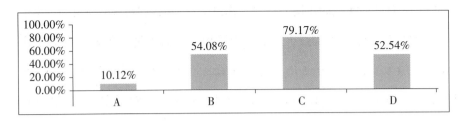

2. 日常学习与规划

（1）你的业余时间多用于哪些方面？（单选）

调研结果表明，有 44.92% 的同学在业余时间是 A. 娱乐放松；有 6.48% 的同学选 B. 在校内外工作兼职；有部分同学选 C. 业余时间在读书学习，占比 43.97%；有极少部分同学选 D. 不知道该干什么，眼睛一睁一闭就过去了，占比 4.63%。

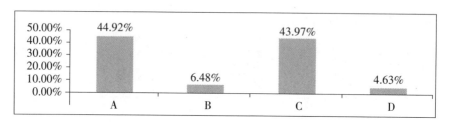

（2）你认为大学期间哪方面的能力得到了提高？（单选）

据统计有 36.64% 的同学认为专业能力得到了提高；有 32.55% 的同学认为自我管理能力得到了提高；有 19.33% 的同学认为沟通协调能力得到了最明显的提高；还有 11.48% 的同学认为是抗压、适应能力得到了最有效的提高。

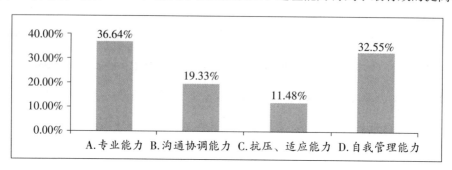

（3）你对参加实践的作用怎么看？你最爱参加的社会实践是哪种？（多选）

有 92% 的同学认为实践很重要，应该积极参加实践。有 42% 的同学认为专业实践最重要，最爱参加的是专业实践；有 53.30% 的同学认为第二课堂很重要，应该参与；有 84.60% 的同学认为暑期社会实践很重要，应该参加。

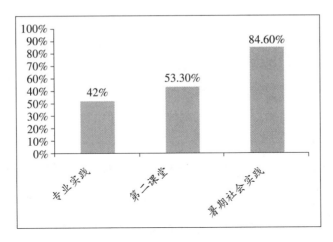

（4）你觉得促使你努力上进的动力是什么？（多选）

有 61.96% 的同学认为促使自己努力上进的动力是 A. 父母和老师等长辈的要求与期望；有 74.65% 的同学认为促使自己努力上进的动力是 B. 自我追求实现人生价值；有 53.32% 的同学认为促使自己努力上进的动力是 C. 来自社会就业竞争的压力；有 59.73% 的同学认为促使自己努力上进的动力是 D. 为了让生活更充实，不想迷迷糊糊过日子。

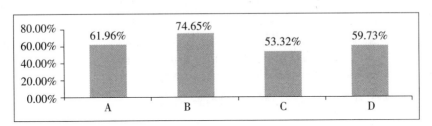

（5）你是出于什么考虑准备考研的？（单选）

有 75.71% 的同学是因为 A. 社会竞争激烈，高学历将拥有更多的机会决定考研的；有 15.34% 的同学是因为 B. 热爱研究，渴望投身科研事业决定考研的；有 6.28% 的同学是因为 C. 老师建议或家长要求决定考研的；还有 2.67% 的同学是因为 D. 看大家都在考研，从众心理而决定考研的。

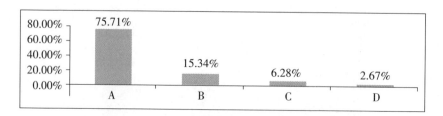

### 3. 大学生消费观念

（1）当你想要买某件东西却发现钱不够时，你会怎么做？（单选）

据统计，有 7.75% 的同学在想要买某件东西却发现钱不够时会向父母伸手；有 52.14% 的同学在想要买某件东西却发现钱不够时会节省日常开销；有 1.41% 的同学在想要买某件东西却发现钱不够时会向同学借钱；有 24.08% 的同学在想要买某件东西却发现钱不够时会放弃购买；有 14.62% 的同学在想要买某件东西却发现钱不够时会打工赚钱。

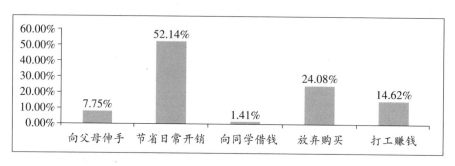

（2）你认为自己的消费习惯是否理智？（单选）

对于消费习惯，统计到有 42.01% 的同学是非常的理智，有记账的习惯，每个月都有结余；有 49.61% 的同学是多数时都能理智消费，但是有时遇到自己喜欢的东西会冲动购买；有 7.15% 的同学知道要理智消费，但是买着买着就超支了，总是月光或者透支；有 1.23% 的同学觉得人生就是要潇潇洒洒，不需要理智消费。

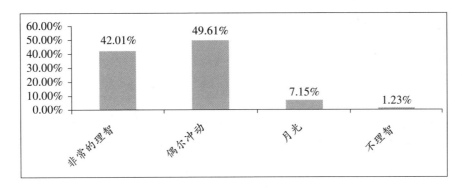

（3）你最赞成下列哪种说法？（单选）

有 8.38% 的同学赞成 A. 只要自己喜欢，花多少钱没关系；有 5.96% 的同学觉得 B. 没必要提倡节约，消费可以促进经济发展；有 49.07% 的同学认为 C. 在一定范围内，应该提倡大学生勤俭节约；还有 36.59% 的同学觉得 D. 勤俭节约是一种美德，永远都不会过时。

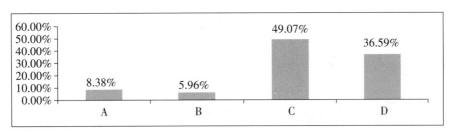

4. 生活与情感

（1）就自己而言，读书上大学的初心是什么？（单选）

有 55.85% 的同学认为读书上大学的初心是 A. 实现理想抱负，为强国富民不懈努力；有 18.20% 的同学认为读书上大学的初心是 B. 拓展人脉、开阔眼界；有 22.51% 的同学认为读书上大学的初心是 C. 获取文凭，方便以后找工作；有 2.22% 的同学对此没有想法，觉得 D. 大家都上大学我也要上；有 1.22% 的同学认为读书上大学的初心是 E. 找到人生另一半。

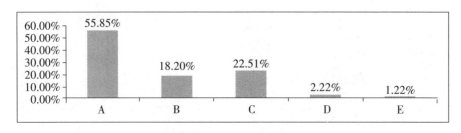

（2）加入学生组织或社团你认为取得了哪些收获？（单选）

有 35.74% 的同学认为加入学生组织或社团能 A. 学到很多为人处世的方法；有 49.19% 的同学认为加入学生组织或社团能 B. 提高组织管理能力，也培养了团队意识；有 6.22% 的同学认为加入学生组织或社团之后，会 C. 影响到我的学习，不想加入；有 8.85% 的同学认为加入学生组织或社团是 E. 虽然能学到一些知识，但是任务有时过于繁重，在犹豫是否加入。

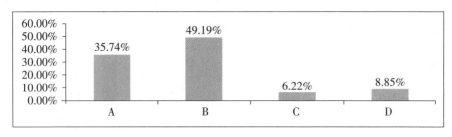

（3）你认为积累中国传统诗词的重要性在于什么？

针对此问题，21.77% 的同学认为 A. 读书百遍，其义自见；也有 17.94% 的同学认为，B. 积累传统诗词可以培养我们良好的学习习惯，提升个人文化素养；超过半数的同学认为，C. 积累传统诗词可以让我们受到传统文化的熏陶，认识中华民族文化的博大精深，吸收中华民族文化的精华，培养我们的民族自豪感，占比 60.29%。

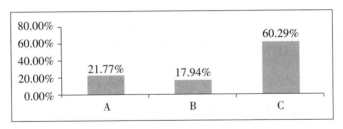

（4）在大学里，你认为哪些关系是最重要的？应该怎么处理？

对此问题，有15%的同学认为师生关系最重要，应该真诚交流，处出情感；有17.20%的同学认为同学关系最重要，应该互相关心，互相帮助；有33.80%的同学认为师生之间实际上是利益关系，没必要用心维护；有12.20%的同学认为同学之间也是短暂关系，以后各奔东西，没必要太认真；有21.80%同学认为这些都无所谓，不必太关注。

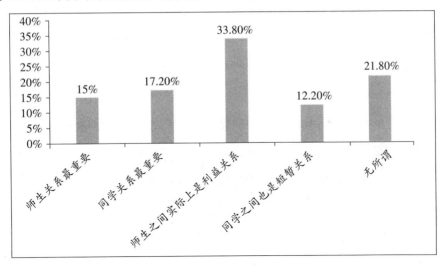

# 第二节  当前我国大学生理性思维能力的现实状况

## 一、当前我国大学生思维状况的总体透析

从问卷调查统计的结果我们可以看出，当前我国在校大学生在诸多方面的表现确有好的、令人欣喜的一面，但同时也有不好和令人担忧的一面。总体来看，半数以上的大学生对自身的生活、学习和实践锻炼状况是较为满意的，对未来也是充满希望的；他们对多个方面的问题所做的回答也充分证明他们已具备了一定的理性思维能力。但与此同时，也有12%—20%的学生在多个问题的回答上呈现了明显的非理性；还有42%—58%的学生表现出了游移和飘忽不定的特征。他们在某些问题上的表现较为理性，但在另外一些问题上，甚至是一些重大问题，诸如职业选择、面临某些挫折和焦虑所采取的应对方式上，却表现出了不同程度的非理性。这样的结果是值得我们警醒的，需要我们严肃对待，认真反思。我们要在对大学生的思维状况进行细致研究的基础上，充分肯定并采取有效措施引导广大学生坚持和弘扬那些做得好的方面，但同时也要采取切实有效的措施改变那些不好的方面。

### （一）值得肯定的方面

总体而言，当代大学生有以下一些值得肯定的方面。

1. 思想活跃，富有激情。思想活跃，简单地说，就是爱想、敢想。具体地说，就是指人们能够从某一特定问题出发，加工延伸出对周围许多事物或相近问题的思考。富有激情，主要就是指对许多事物感到新奇，渴望能够积极参与、深入其中，进行亲身体验和尝试。

当代大学生具有思想活跃和富有激情的特征，突出表现在两个方面：一是他们对社会热点问题，诸如国际时事、国内重大事件、校园环境及学校相

关管理工作均有较为广泛的关注，而且都持有不同的认识和见解。从我们的调查中可以看出，他们中仅有大约 8.13% 的学生是"两耳不闻窗外事，一心只读圣贤书"，而其他学生则对社会问题均有较高的关注度和较为深入的思考。二是从他们身上我们可以看到很多人都怀有强烈的使命感和责任感。比如，就上大学的初心而言，他们之中有 55.85% 的同学认为上大学是要为强国富民不懈努力，实现自身的理想抱负和人生价值；有 18.20% 的同学认为读书上大学的初心是要拓展人脉、开阔眼界。这些事例均较好地反映出当代大学生思想活跃和富有激情的鲜明特征。

2. 思想多元，个性突出。思想多元化是从青年大学生整个群体角度而言的，主要是指他们对事物的认识经常是有较大差异的，是带有明显的多元主义色彩的。个性突出，主要是指他们很少在某些特定问题上跟随他人意见、人云亦云，而相反是几乎绝大部分人对事物都有自己的认识，体现着自身的鲜明个性。当代大学生思想多元和个性突出的特征主要表现在对以下问题的回答上：比如在当前哪些能力得到了提高方面，有 36.64% 的同学认为是专业能力，有 32.55% 的同学认为是自我管理能力，有 19.33% 的同学认为是沟通协调能力，有 11.48% 的同学认为是抗压、适应能力。在上大学的初心问题上，有 55.85% 的同学认为是为实现理想抱负；有 18.20% 的同学认为是拓展人脉资源、开阔眼界；还有 22.51% 的同学认为是获取文凭，为寻找工作提供便利；也有 1.22% 的同学认为是要找到满意的另一半。在业余时间的安排上，有 44.92% 的同学在业余时间是选择娱乐放松，有 43.97% 的同学是选择读书学习，有 6.48% 的同学选择校内外兼职，还有 4.63% 的同学不知该干什么。这些情况都充分说明生活在信息网络时代的大学生，网络对他们的影响是巨大的，巨量化、多元化的网络信息使他们能够做到"秀才不出门，全知天下事"，即使是对某些敏感和热点问题也总会有许多不同见解。

3. 追求时尚，标新立异。时尚是"时间"与"崇尚"的叠加，在极简意义上就是"短时间里人们所崇尚的东西"。标新立异，通常就是指"提出新的主张、见解或创造出新奇的样式"。追求时尚和标新立异是一对孪生词汇，经常被人们相提并论。"追求时尚，标新立异"几乎是每一代年轻人都具有的特点，但当代大学生尤为突出。这是因为：一方面当代的青年大学生大多数是家庭中的独生"骄子"，从小就受到了父母家人的宠爱，形成了不同的个人爱好以及以自我为中心的、张扬的个性。另一方面是由于我国中小学特有的教育模式和应试教育的强烈竞争，导致了许多学生不得不长期处在一种紧张、忙碌的学习和生活中。许多中小学生不仅平时很难享有休闲娱乐时间，甚至常常连足够的睡眠也难以保证；而且每天从家门到校门，不但在路上要有爷爷奶奶或姥姥姥爷等专人接送看护，进入学校也处在老师的严密监视下。这种长期的高强度的学习和全天候的"监视"，很大程度上压抑了他们活泼的天性；一旦进入大学，环境变得相对宽松了，身心有较大的自由了，他们的天性就很快展露，因而就出现了许多时髦、新奇甚至怪异的行为。比如不同颜色和不同造型的头发、专门掏出破洞的服饰、操场裸奔、大庭广众之下求爱等，都是典型事例。

4. 求知欲望强，能力提升快。从调查数据看，有约66%的学生是对各种国际国内的社会热点问题比较关注的，能了解这些问题的来龙去脉；约有一半的学生对综艺节目感兴趣，能予以适度关注；超过半数的同学认为积累传统诗词具有重要意义，会多读多记；有约75%的学生爱参加不同种类的体育活动；有44.92%的学生在业余时间会选择娱乐放松。此外，我们也发现，除课堂学习各种知识外，几乎每个人都有过加入1—2个社团的经历。这些说明，当代大学生有广泛的兴趣和爱好，渴望了解多方面的知识，渴望发展各种技能。另外，在能力提升方面，我们的调查结果也表明，在大学期间，约有19.33%的学生沟通协调的能力得到了快速提升，有32.55%的同学自我管理能力得到了较大提升，有36.64%的同学认为专业能力有了很大提升；此外还有11.48%同学认为抗压和适应环境的能力有较快增长。对这些问题的回答说明，在新的形势下，随着信息化、科技化进程的加速和产业的变革，社会对人才提出了新的要求，为顺应形势并获得更明显的就业优势，许多大学生把更多精力放在了知识的获取和能力的提高上，因此不仅表现出了强烈的求知欲，同时在思维能力和处事水平提升上也表现出了快速发展的态势。

5. 重视实践锻炼，追求理性思维。通过两所学校的调查结果证明，有92% 的学生，渴望参加各种竞赛活动；有 53.30% 的学生愿意参加第二课堂活动；有 84.60% 的学生愿意参加暑期下乡、志愿服务等社会实践活动。另外，绝大部分同学渴望对问题的认识尽可能做到理性客观，比如对加拿大非法拘禁孟晚舟事件，有 78.25% 的人认为是中国的重大胜利，有 19.05% 的学生认为是国家对企业的保护。对洪涝灾害后我们应该做什么，有 77.53% 的同学认为应该力所能及地捐款，有 19.95% 的学生认为应转发灾情呼吁社会帮助。对辛亥革命的意义，有 95.00% 的学生认为有重大意义，有 63.42% 的学生认为意义深远，觉得它是新时代的开端。对新疆棉事件，有 69.46% 的学生认为应认清问题根本，进行有力回击；有 8.62% 的学生认为那是境外组织无事生非。对日本废水问题，有 34.85% 的学生认为我们应该坚决抵制；有 38.48% 的学生认为应该全世界联合，共同解决废水问题。对这些问题的回答，也反映出随着科技的快速发展和社会的不断进步，当代大学生生活学习环境得到了较大改善，他们的生活方式和所关注的问题也与先前的大学生有了较大差异。他们不再热衷于被说教，也不再容易被那种"煽情式"的思想鼓动所感染，而是比较注重自身的体验和实践锻炼，形成自己的独立见解。在他们看来，只有经过自己亲身体验的东西，才是可以相信的。因此，一方面社会实践锻炼受到了许多学生的广泛支持，另一方面带有一定理论色彩的思想言论受到了当代青年大学生的垂青。尽管当代青年大学生在综合能力和理性思维能力上与社会需求尚有一定差距，但从广泛的调查和学生的现实表现来看，显然这已成为新的价值取向。

### （二）令人担忧的方面

在对大学生日常生活的观察和调查过程中我们发现，尽管当前很多的大学生已具备了一些良好的素养，但与此同时也表现出了许多令人担忧的问题。主要体现在以下几个方面：

1. 有不少学生在学习上尚未确立起较为清晰明确的目标，学习方法不优，学习兴趣不浓，学习动力不足，常常有困惑、迷茫之感，以致经常出现较长时间的情绪低迷。据调查，目前约有64.07%的学生学习目标明确，每天都有进步；但也有38.18%的学生有学习焦虑；有54.31%的学生每天学习时间在1—4小时，还有20.67%的学生在1小时以下；有26.12%的学生1到2周去1次图书馆，有21.75%的学生1个月才去1次图书馆。这充分说明，有不少学生在学习方面还存在一定问题。

2. 有部分大学生生活上没有自主意识，凡事秉持从众心理，随波逐流。比如有近10%的学生认为没必要做学习和职业规划，到时候该干什么就干什么。在衣着打扮上、电器用品上如手机和电脑等消费上存在攀比现象，有49.61%的学生有冲动消费行为，有7.15%的学生想理智消费却常常难以控制自己的冲动。在考研方面，有6.28%的学生是听父母和老师建议才考研，而有2.67%的学生完全是基于从众心理才考研。这些都说明还有不少大学生自主意识不强，不会独立自主来统筹思考问题。

3. 很多学生在与人交往方面，存在一定的非理性行为。比如在人与人的关系认知上，有33.80%的学生把人与人的关系，包括师生之间的关系，定位为商业交换关系，缺乏与老师间真正的情感交流；有8.13%的学生不太关注社会和他人，对他人状况和集体活动、社会事务冷漠；一些学生在交往方面，存在自私自利和贪小便宜的心理，以致他们或多或少有过网络受骗经历；还有一些学生在交往方式方面，多喜欢在网上聊天，而不太喜欢面对面地讨论问题，用电脑替代了面对面的情感交流。在贪占小便宜方面，最有代表性的事例是网络受骗问题。尽管国家各级媒体都在不断报道一些网络诈骗的典型案例来提醒人们防范网络诈骗，公安系统和学校保卫部门也通过多种方式不断加强警示教育，但大学生受骗现象还是屡次出现，而且有的学生受骗数额还很大。这些都是不小的比例，是值得我们高度警惕的。

4. 不少学生"佛系"化现象比较严重，对许多问题没有明确主张，"怎么都行"，常常是是非好坏不分，善恶美丑不辨，甚至有时以非为是、以丑为美、以恶为善，以致做出一些不可思议的事情。我们在调查中发现，即使在对待所学专业问题上，当前有 42.90% 的大学生对其所学专业的态度是"顺其自然"，这是令人吃惊的。专业问题是影响一个人今后事业发展和人生道路选择的重大问题，本应慎重对待，而许多学生却是"顺其自然"。表面看来似乎很"豁达"，但其实"豁达"的表象之下隐藏的却是"佛性"！另外，我们也经常在媒体上看到，一些学生裸奔，还有学生在公众场合下跪求爱、当众表白，这些都是是非、善恶、美丑错位的具体表现。

5. 一些学生心理脆弱，抗挫能力较差，情绪波动明显。他们不懂得也不会运用科学的方法理性地认识问题、分析问题、解决问题，思考问题浅表化，对信息的加工直觉化，认识问题既不系统也不全面，似是而非。一旦遇到困难和挫折，就觉得心里难以承受，表现得异常脆弱，在心理发泄和解压的方式上也表现得令人失望。调查统计结果表明，有一些学生在压力释放方面表现出明显的非理性，存在自残、轻生现象，缺少对生命的敬畏。还有一些学生在某些问题的认识上易走入极端。比如对恋爱问题，就有 7.04% 的学生认为不谈恋爱就白上大学了，还有 7.92% 的学生认为谈恋爱完全是绊脚石。这些都是理性缺失的表现。

6. 少数学生做事容易冲动，稍遇挫折就表现暴躁，发生言语伤害、肢体冲突，对自身或他人过度伤害，不考虑行为所带来的后果；然而，一旦被查处他们经常又是表现得痛哭流涕、追悔莫及。在做事易冲动方面，最有代表性的例证就是过度消费问题。调查表明，有 8.38% 的学生认为他们最喜欢的一句话就是"喜欢就买，花多少钱没关系"；还有 5.96% 的学生认为消费能够促进经济发展，不需要节约，该消费就消费。这都是非理性的冲动表现。在不考虑行为后果方面，比较有代表性的是替考和作弊。尽管现在国家出台了相关法律法规，教育行政部门和学校也大力宣传，明令禁止替考和作弊，但迄今为止，每年仍有为数不少的学生在各级各类考试中替考、作弊且因此拿不到学位证、毕业证或被学校除名。这也说明，还有一定数量的大学生做事存有侥幸和赌博心理，不进行深入的、系统全面的理性思考。

7. 有一大部分学生注重享受而不愿付出辛劳，注重自身而不关注他人感受；还有部分学生为了超前享受，可采取任何能获得资助的措施，有的甚至走上邪路、歪路。如参与微信赌博、加入传销组织、参与网贷等，以致有时被非法宗教组织或反动势力以及别有用心的人利用，身心安全受到威胁。我们在调查中发现，在想消费而钱不够的时候仅有 14.62% 的学生会去打工赚钱，而有 7.75% 的学生会理直气壮地向父母要，还有 1.41% 的学生会向同学借钱。

## 二、对当代大学生理性思维能力的具体分析和概括

如果我们从思维能力发展的角度把上述问题做一概括和总结，那么，我们可以对当代大学生理性思维能力的总体情况做出如下的概括和总结：

总体而言，当代大学生生活在一个现代化的、开放的环境中，不少学生已具备了一定的现代思维特征。一是思维已具有一定的系统综合性。即许多学生在大多数情况下，能够较为系统地、综合地、辩证地看待问题，能够把经济的、生态的、心理的、美学的等多种学科、各种技术整体地配合和协同使用，突破了"实体—属性"的简单模式，能够深入多元"关系"和系统整体之中，使思维从事物的实体质上升到关系质、整体质、系统质。二是思维呈现出了一定的动态开放性。许多学生能够立足于事物发展的多样性、随机性和主体的能动性角度来看待问题，使思维目标、思维程序和思维方法实现有机统一和动态的自我调节。无论是目标的控制还是程序方法的控制，都是

思维在与周围环境的信息交流中实现的。三是思维呈现了一定的创造性。不少同学能够以计算机的强大信息功能和逻辑思维为基础，从多角度进行思维，不仅开阔了视野，提高了思维效率，也使自身的智慧潜能进一步得到了释放，发明、创造能力被大大地激发。①

但是，与此同时，也还有相当数量的学生在思维方面存在一些问题和不足，表现为以下几点。

1. 视野狭窄，思想方法单一。大学生们尽管在中小学和幼儿阶段也通过家庭、学校、社会获得了一定的思维知识，具备了一定的思维能力，但由于学习生活空间和知识的局限，在认识问题、分析问题和解决问题之时经常会表现出明显的片面性。他们善于局部观察，但不善于全局性把握；善于横向比较，但不善于纵向对比；虽注重微观体验，但不善于宏观思考。往往把小问题当成大问题，把局部问题当成全局问题，把次要矛盾当成主要矛盾。我们在调研过程中、在现实生活中均能够发现，总会有不少学生爱发表一些过激言论或做出过激行为，实际上都是他们的视野不够开阔、思想方法单一所导致的。

2. 思维脱离现实，理想主义色彩浓重。由于青年大学生尚未真正走入社会，对社会了解尚不全面，也意识不到问题的复杂性，再加上他们处理实际问题较少，实践经验不足，所以在思考问题时，许多人均是按照理想模式进行判断和推理，因此常常导致许多想法严重脱离实际，不符合现实。特别是像文学、艺术类专业的学生，他们接受了大量的形象思维和灵感思维的训练，这些训练使他们的形象思维、灵感思维能力获得快速发展，但同时也带来了一定的负效应，那就是这些训练会使他们逐步远离现实生活。歌德曾说："没有生活根基的想象力比无知还可怕。"若脱离生活实际，加之缺少其他思维方式的综合作用，那么，这样的思维在现实中常常是苍白无力的。

① 郑培亮，杨毅，斯日古楞. 对当代大学生思维方式培养的思考 [J]. 内蒙古师范大学学报（教育科学版），2005，19（7）：37-39.

3. 思维线性发展，缺少反思批判精神。能够对事物进行反思，是一个人成熟的重要标志。大学生在大学学习了一些简单的思维方法，如演绎推理、归纳推理和类比推理，所以在谈论问题之时，就经常喜欢运用这些方法。但实际上，这些思维方法均需具备一定的前提条件，而且要求在推理过程中遵守正确的推理规则。就比如"简单枚举归纳推理"，这种方法运用起来最简单，举例又最方便，但决定其结论可靠性的还有两个要求，一是被考察对象越多，其结论可靠程度越高；二是被考察对象越为本质属性，其结论越正确。忽视了这两点逻辑要求，就会犯"轻率概括"这一类逻辑错误。再加之社会现实生活中总是既有好的例子，又有丑恶的例子，如果看到听到的都是一些丑恶的例子，又经过"轻率概括"，就会得出以偏概全的结论，形成所谓"一叶障目，不见泰山"的论点。而许多大学生往往忽视了这两点，这就难以保证其结论的正确性。还比如演绎推理，尽管是"从一般到个别"的推理过程，通常大前提正确就会得出"必然"的结论。但许多人不懂得，即使是推理过程正确，但错误的前提也可以得出任何结论。这就需要人们必须学会反思和批判，学会反思和审视推理前提和推理过程是否正确。而许多学生恰恰容易忽视这些问题。只有线性发展，缺少反思和批判是导致他们思考问题出现错误、难以有效说服他人的重要原因。

4. 受情感影响较大，常常表现出某种程度上的非理性。青年大学生处在生命力最旺盛的时期，对未来充满希望，经常满怀豪情，热血沸腾，这是极其可贵的一面。但由于他们缺少历练，理性思维的能力不强，因此也经常表现出许多非理性行为。当前青年大学生存在的非理性思维的集中表现为：一是极端性或绝对性。这主要体现为一种极端或绝对化的要求，即从自己的意愿出发，认为某事一定会或一定不会发生，必须怎样或必须不怎样，它通常与"必须""应该""应当""一定要"等绝对的字眼相联系。如"人类的各种问题永远都应当有一个正确的答案""我必须成功""人类社会应当绝对公平"等。这种极端化的思维往往带来的是极端化的情绪与行为。二是过分化概括或以偏概全。即以某一具体事件、某一言行对自己、他人或社会进行整体评价。如"这样的题都不会,说明我很笨""我最信赖的人都骗我,这个世界没有一个人可以信赖"。三是灾难性。即如果某一件不好的事情一旦发生,其结果必然是非常可怕的,糟糕至极的,如"考研失败了,我的整个人生都完了""失去了她,我的一生都将在痛苦中度过"。四是贬低自我价值,即自卑性。看到的只是自己的缺点,别人的优点,如"别人都比我强""我要是像他那样就好了",盲目自卑导致了畏缩与回避。五是主观性。对事物的判断没有足够的事实依据,而且往往得出的结论对自己不利①。

从思维的角度而言,之所以出现这些问题,主要原因是:①思维存在不确定、不连贯和缺少论证性。集中表现为概念含混、条理不清、思路模糊、反应迟钝、推理粗糙;有的判断还常带有许多主观随意性,并充斥着猜测、幻想和感情性的成分。比如他们把"个人利益"与"个人主义"、"个人奋斗"与"个人设计"、"个人价值"与"个人满足"等表面相像而内涵根本不同的概念互相交叉,引起思想混乱。②对含义丰富或含义笼统的概念,在思考中不善于运用一些基本的逻辑方法使之精确,以致使用失当。如不少大学生爱谈论"民主",其实在逻辑划分上,"民主"仅是一个母概念,其子概念根据不同标准还有"无产阶级民主"与"资产阶级民主"、有"社会主义民主"与"西方民主"等。其阶级属性、经济特征、目的方式、内涵外延都不相同,抽象笼统地谈论"民主"是十分有害的。③对性质不同的概念种类辨别不清。如有的大学生举出有严重不正之风的党员为例,作为不信任党的理由,犯的就是这一类错误。其实,"党"与"党员"属于两个概念种类,"党"是集体概念,在思维中表现为一个不可分的整体;"党员"是一个非集体概念(即"普遍概念"),在思维中表现为一个可分的类,两者的逻辑特性完全不同。大学生这种还不成熟的理论思维形态,容易与青年期丰富的感情和活跃的心理状态构成矛盾,一旦当"理智"对"情感"的调节作用较差时,对情绪、

① 罗晓珍. 青少年理性思维的培养 [J]. 哈尔滨职业技术学院学报,2005,4:41-42.

兴趣等个性心理过程的控制能力较弱时，在他们身上就会表现出一种多色调的光谱：一方面在某专业领域才华横溢，另一方面在实际中又肤浅幼稚。思维中的热点、敏感点多，但模糊点、含混点也多；有时候自尊心与优越感齐驱，有时候独立意识与盲目自信结伴；感情容易冲动，具有明显的"两极性"。

实际上，能理性地想清楚问题、说清楚话、写清楚文章，本应是受过高等教育的人的最低标准。然而，在某种意义上，就当代诸多的大学生而言，却成了较为奢侈的要求。我们姑且不奢谈未来的创新、领先等问题，仅就政治安全而言，这样的思维模式也将产生一系列问题：①容易形成对西方思潮盲目欣赏。比如一些学生对西方十九世纪中期产生直到现在的三大哲学思潮——人本主义、科学主义和宗教思辨形而上学的思潮的阶级属性、历史过程和理论形态，并没有真正了解，却断章取义地欣赏，有的还摘录一些只言片语，甚至奉为人生格言。②否定或削弱马克思主义理论的指导作用，对错误思潮或者不敏感，或者抵制不坚决有力。马克思主义是一个博大精深的理论体系，不仅著作数量众多，内容也几乎涉及了人类知识的所有领域，而且内蕴着对问题精辟的分析、科学的论证、严谨的逻辑、生动的文辞、渊博的知识、战斗的激情和革命的文风，即使是从事理论研究的人也需要花毕生精力精读深研。但有一部分大学生还没有真正读过几本书、翻过多少页，没认真思考几次，就跟着一些别有用心的人大谈马克思主义作为指导思想"过时"。这实际上是对马克思主义的无知和肆意歪曲，是极其有害的。相信当他们真正遇到问题或受到挫折后，重新坐下来以一种公正冷静的眼光再去读时，定会为革命导师那种品格深深折服，也会在痛苦的教训中激起渴求马克思主义理论的迫切愿望。[①]③影响正确的世界观、人生观和价值观的形成，弱化理想信念，淡化家国情怀。有的同学对未经过科学思维方法推敲的论点进行机械的记忆，识别力低，因而容易被错误或有害的观点所侵害，变得消极甚至走上错误和反动道路。其实在马克思、恩格斯的科学社会主义理论中，方

---

① 张林. 对大学生思维特征的逻辑思考 [J]. 社科纵横，1988，1：45-50.

法论被摆在了强调的位置。对于任何机械的做法，他们早已批判在先："我们的理论是发展的理论，而不是必须背得烂熟并机械地加以重复的教条。"这是非常值得我们警醒的，迫切需要我们认真反思其成因并努力改变这种局面。

# 第三节　造成我国当代大学生理性思维能力不强的归因分析

造成大学生理性思维能力不足的原因是多方面的，有大学生个体生理和心理原因，也有深刻的社会历史原因。

武汉交通职业学院人文系罗晓珍在 2005 年《哈尔滨职业技术学院学报》上发表的《青少年理性思维的培养》一文中有过一个从学生个体生理和心理角度的描述。她认为：青少年理性思维能力不足有以下几方面的原因：一是人类的天性。心理学家艾利斯认为，人天生就有很强的非理性的思维和看问题的倾向，这几乎是一种"似本能"，大多数人无论出于什么样的受教育背景和社会生长环境，本身就都天生有一种倾向于"钻牛角尖"的思维，倾向于过分易受影响和过分概括化，倾向于无端的不安和焦虑生气。[①]二是青少年思维发展的特点。青少年处于形象思维到抽象思维发展的过渡时期，思维水平发育还不成熟，思维品质还不平衡，往往导致在看问题尤其是社会问题时理性不足、天真幼稚、想当然、简单化而自己却不知道。三是社会生活经历的缺乏。年龄小，主要精力集中在学文化知识上，几乎没有参与过社会实践和体验，缺乏对自己与环境的评价能力，往往根据老师或家长的评价得出自己的观念，并内化成自己的信念，容易形成非理性思维。[②]她的看法是有一定道理的。

其实，除此之外，还有更深刻的社会背景因素。主要有以下几个方面。

## 一、传统文化中理性意识的淡漠

中国是人情社会，重视家族宗氏关系，淡化集体和团体原则，强调人情关系、感性思维，不像西方社会强调理性和制度。以儒释道三家思想为主流

---

① 江光荣. 心理咨询与治疗［M］. 合肥：安徽人民出版社，2001.

② 罗晓珍. 青少年理性思维的培养［J］. 哈尔滨职业技术学院学报，2005，4：41—42.

的中国传统哲学，与以概念思辨为主的西方哲学相比，最大的特征是注重身心的修行和践悟。这就决定了中国传统的哲学思维方式不是用来说明、解释人及其所处的世界的存在状态和存在方式，而是更加强调改变提高人的生命境界和世界融通能力。

在中国传统哲学的影响下，中国传统的思维方式表现为一种注重整体和辩证、崇尚直觉和悟性的经验式、类比性思维。这种思维方式虽有自身的长处，但其缺陷也相当明显，表现为它过分倚重经验，爱做以偏概全式的归纳，常把个别、暂时的现象当作放之四海而皆准的普遍准则；它崇尚直觉和悟性，说话为文常常是不证而论，缺乏必要的说理和论证；爱用"取象比类"的类比思维，常常从一些毫不相关的自然现象或事物演绎出一套套经不起推敲的为人处世道理，使人觉得世道人生神秘莫测；它关注模糊整体和微妙的辩证关系，容易使思维处于混沌模糊、模棱两可的状态，而缺少必要的具体性、确定性和明晰性等。概言之，在中国传统思维结构中，感性经验过浓，情绪情感过剩，而理智理性不足，缺乏合理怀疑、勇于批判、大胆探索、小心求证的思维向度。当年李约瑟博士在分析中国近代科技为什么落后时，就曾将其归因于中国传统思维方式的缺陷。我国著名汉学家费正清也曾言，"……科学发展的另一阻碍在于中国学者未能制定出一套比较完整的逻辑体系……中国的哲学家认为，凡是他们提出的原理都是不需要证明的"。我国文化学者梁漱溟也说："中华民族的传统思维体系中没有理性传统。中国社会是以情感、血缘为纽带，以家庭为根基的伦理本位社会；同西方社会相比，感性原则大于理性原则，非正式制度的作用大于正式制度。"

经过一百多年的西学东渐的洗礼，中国人的思维结构有了很大程度的改观，但中国传统文化中理性的淡漠和逻辑观念的缺失使我们缺少了传承。迄今为止，传统的经验式思维依然通过文化遗传的各种途径，对当代的大学生们产生着无形的影响。①这使得现实生活中，当代大学生仍是看重"亲缘关系""熟悉关系"和"圈子社会"的，这些感性层面上的关系仍成为他们的安身之根、立命之本。

## 二、近代以来对理性弘扬的不足

理性思维能力的获得，一是需要专门知识的传授，二是需要经过大量的实践方能实现。近代以来，在西方一些传教士的带动下，尽管一些有识之士看到了中国与西方在科学技术方面的巨大差异，也充分认识到了改变国人思维方式的重要意义，开始学习借鉴西方的经验，他们通过译介西方名著、撰写学术著作、创办报纸杂志、发表专业论文、开设学会、举办各种演讲报告等方式来弘扬普及逻辑知识。同时，在他们的推动下，经过"癸卯学制""壬子学制"，在我国一些大学、师范、高中的教育教学的内容上，用科学知识取代了古代的四书五经，有一些学校还加入了逻辑学的教育，开设了逻辑学课程。但相对而言，一是由于国力衰弱，大学总量偏少，能够开设逻辑思维教学的高校更是凤毛麟角，能有条件接受高等教育的人数极少，逻辑思维教育没有被广泛的社会大众所接受。二是教学方式并无根本性变革，依然是科举式的应试教育。许多教育学家认为教材是人类知识及其他精神产品的精华，是无须检验、只需理解和记忆的"圣经"，记住了课本知识，就可以用它去应付灵活多变的实际问题。所以导致了即使有少量学生接受了高等教育，但他们依然缺乏较强的理性思维能力。②

在 20 世纪 50 年代我国曾有过一个短暂的学习逻辑知识的热潮。但随着"文化大革命"的开始，逻辑教育又被迫中断，不仅许多学校逻辑课程的教学停止，还有许多逻辑教学和学术研究机构解散，大部分逻辑教师也逐渐流失。

---

① 周德清．"原理课"教学与在校大学生理性思维培养——从一次课堂调查说起［J］．三峡论坛，2014，3：142-144.

② 周德清．"原理课"教学与在校大学生理性思维培养——从一次课堂调查说起［J］．三峡论坛，2014，3：142-144.

改革开放后，伴随着科学春天的来临，逻辑教育也逐步恢复并不断发展壮大。迄今为止，全国已有数十所高校开设了不同的逻辑课程，还建立了国家级的学会和数十个省级和地方学会，每年全国各地也均能够开展一定数量的学术研究活动，有一定规模的人员可以接受逻辑知识的系统教育。但相对而言，受教育的人数比例还很低，绝大部分的人还尚未接受逻辑知识的系统学习，逻辑素养还不够理想。

### 三、当代应试教育的偏差

应试教育，又称填鸭式教育，通常被视为一种以提升学生应试能力为主要目的，十分看重于考试成绩，只强调背诵、记忆与解题速度而不关注解决现实问题的教育制度。应试教育之所以又被称为填鸭式教育，是因为这种教育方式一味注重将知识灌输给学生，就犹如在饲养鸭子的过程中养鸭者用含糖量高的饲料塞进鸭子嘴里使其快速增肥一样，只关注鸭子的重量而不关注其他，如鸭子划水生存的能耐等。应试教育在中世纪和近代的东亚和欧洲都是唯一通行的教育制度。因为这种教育可以通过较少的师资在较短的时间内培养出数量较多且有较为丰富的知识和有较为系统完整的知识结构的通才，也便于公开、公正、公平地选拔人才。但随着欧美国家资本主义制度的建立和社会政治、经济、文化尤其是科技的发展，这种模式逐渐显出了诸多弊端，因此逐渐改行"素质教育"，而东亚国家则仍然坚持应试体制。

应试教育这种教育制度在我国有着较为长久的历史。实际上早在隋唐时期开创的科举制度就是一种早期的应试教育。之后两千多年的发展历程中，尽管不同朝代因考试内容的调整，教育模式也有一些变化，但大体上仍属应试教育。

应试教育有几个明显的特征：首先是偏重智育，轻视人的全面发展。为社会主义现代化建设事业培养合格人才，是基础教育的根本任务。在应试教育的指挥棒下，灌输书本知识，追求升学率几乎成了学校教育的唯一任务，处于压倒一切的地位，往往容易忽视的是怎样培养青少年一代如何做人，思想素质教育显得薄弱，使一部分学生学习习惯差，不珍惜劳动成果，过分看重个人利益，缺乏奉献精神，缺乏敬业精神，缺乏社会公德和责任感。一代人或几代人的素质低下，其实就是国家或民族素质的低下，由此产生的后果不堪设想。其次，是重视少数升学有望的学生，忽视了大多数学生，学校办学一切向升学率看齐，一切活动为升学率让路。强化选拔意识，淡化普及意识，教师不再是园丁，而是伯乐，专门挑选千里马；不再对每个学生尽心尽力培养，用万紫千红来打扮世界。结果是牺牲了广大部分学生利益换取少数学生的某些方面的发展，导致教育与人才的浪费。最后，是忽视青少年成长发展的规律。应试教育片面重视知识的传授，轻视学生的主体作用，忽视独立思考、创造和实践能力的培养，抑制学生的主动性和积极性。教师主宰一切，使学生机械发展，个性被抹杀。培养出来的都是一个"模子"——高分低能。这样强求学生做"挟泰山以超北海"式的努力，力求获得高分，其结果适得其反，使一些青少年承受的压力过大，失去了青少年应有的欢乐，对生活失去信心，对前途望而生畏。这种淘汰选拔式的教育，使大多数学生被升学的浪潮所淹没，使他们带着失败者的心态流入一般学校，又带着失败者的心态流入社会，而他们是难以被社会实际需要接受的，势必误人子弟，造成严重后果。由此可见，在一定历史时期发挥过一定作用的应试教育，已不符合当今基础教育的需要。而按照人和社会发展的实际需要，遵循教育规律，全面贯彻党和国家教育方针，面向全体学生，以全面培养受教育者高尚的思想道德情操，丰富的文化科学知识，良好的身体和心理素质，较强的实践和动手能力与审美能力以及健康个性为宗旨的，培养合格人才的教育——素质教育，成为基础教育的必然。①

应试教育有一些好处，如人力、设备、资源的低投入，人才数量高产出；人才知识面宽阔、知识体系完整、人才选拔公平公正且效率较高等。但同时

---

① 杨军，邱光梅. 从应试教育的弊端看素质教育的必要 [J]. 湖南师范大学教育科学学报，2000，3：97.

也有很多弊端，突出地表现在以下几个方面：①应试教育更多地注重书本知识，而缺乏对学生实践能力的锻炼，导致学生动手能力差。②应试教育使学生们能考出高分，却很难有创新的想法，学生们的创新能力没有得到开发。而国家正急需创新型人才，因此应试教育是不符合时代发展趋势的。③应试教育教出来的人大部分都是智力严重缺陷的。自己没有创造能力，做事机械死板就暂且不说了，有的甚至自己的事情自己都不会做。好多学生到了大学居然还不会自己洗衣服，这何尝不是应试教育的悲哀。④应试教育把功利化的作风带进了学界，让学校变为了一个带有铜臭味的"水潭"，搞得现在连学校都"潜规则"。个人认为，中国为什么学术作假这么盛行，主要还是因为"应试教育"过于注重所谓的"成绩"。⑤应试教育扭曲人生观、价值观。从"我爸是××"的案子里就足以看出这就是应试教育的"杰作"。⑥应试教育偏重智力，而忽视了德体美劳；重视应考科目，忽视选修和免考科目。本人曾经带学生到某重点学校参加高考巡视，发现初三年级课程表上除了中考科目语数英物化政体外，其他科目全部取消，可谓极端真实、真实极端！⑦应试教育重视知识量，忽视学生素质、自我探究能力的开发。中国学生的知识是较丰富的，但往往缺乏创新和敢为天下先的精神。⑧应试教育重理论，忽视活动课程和社会实践课程；偏重简单"高效"的讲授法，忽视学生能动的发现法。应试教育不尊重人的存在，不能调动学生主体的能动性，而是简单化为机械的加工。⑨应试教育偏重"好生"，忽视大多数学生，特别是学困生。学校教育成为受到来自社会、家庭、学校三重压力的严酷的淘汰赛。英才三两人，牺牲一大片。要知道基础教育是服务大多数人的普及式教育。培养少数人才，耽误较多人，反映了应试教育的极端功利性。①

从理性思维能力培养的角度而言，这应该是一个漫长的不断强化的过程。

---

① 江帆. 论形势与政策课程教学中理性思维能力的培养与国际政治理论——以中国—东盟伙伴关系建构为例［J］. 东南亚纵横，2010，9：83-87.

从我国思维能力训练的技术设计来看，从小学就开始了，要通过数学、语文、科学等基础课程结合其他课程，来培养和不断强化。但受教师素质、传统教学观念等各方面因素的制约，不少学校和教师对小学生的逻辑思维能力培养还不够重视，方法也欠科学，效果有待提升。尤其是应试教育过分强调传授知识和知识的熟练程度，大多采取过度学习、强化训练的手段，把学习局限在课本范围内，致使学生无暇参与课堂以外的、各种对发展智力十分有益的活动，从而导致不仅出现中小学生逻辑思维能力的培养很不平衡和高分低能的局面；同时，也造成许多心理疾病，如恐学病、逃学病，学习反复受挫后的精神抑郁、孤僻等，十分不利于学生理性思维能力的拓展。

## 四、转型期后现代思潮的冲击

后现代思潮是二十世纪六七十年代在西方国家开始广泛出现的以消解中心性、秩序性、明晰性、权威性、决定性、理性等为出发点，以倡导否定性、非中心性、模糊性、破碎性、不确定性、非连续性、多元性、差异性、非理性等为宗旨，对现代主义所尊奉的科技霸权、理性独断、人与自然的对立等进行深刻的剖析与强有力的反驳的对社会具有重大影响的社会文化思潮。

后现代思潮涉及文学、艺术（包括建筑的风格等）、语言、历史、哲学等社会文化和意识形态的诸多领域。虽然这一思潮至今仍处于一种纷繁复杂、多元化的发展状态，但从总体上看，后现代主义思潮的目的性是非常明确的，就是要对现代文明发展的根基、传统等各个方面，进行全方位的批判性反思。因此，后现代主义思潮的兴起，可以说为观照现代性提供了一面新的镜子，既折射出现代性与传统的矛盾，又折射出现代性自身矛盾的方方面面。

后现代主义是在现代主义的基础上发展起来的，反映西方资本主义社会现实，审视和批判现代主义的一种文化思潮。二十世纪六十年代初，后现代主义思潮以文学方面的反传统、反权威、反理智的论调出现。六十年代中期，这一反理性和权威的论调蔓延到美国并在美国逐渐发展成了通俗化的倾向。

七十年代末，利奥塔发表了一篇题为《后现代状况》的文章，他明确表明了这一后现代主义的状况实际上是对认识论以及本体论的挑战，是一次深刻的思想认识危机。八十年代后期，后现代主义并没有消减其影响力，反而更受人们的普遍关注。二十世纪初，随着西方资本主义和新技术革命的发展，消费型经济占主导，商品化倾向突出；小说、电影、戏剧等创作变得庸俗化，没有内容，没有情节，没有人物，主张文学创作中的"无政府主义"与消费的享乐主义，使后现代主义走上了极端。

后现代主义思潮本质上是西方理性主义对文化传统的一次自省与反动，是对现代、现代性及现代主义的一种全面反省和基本价值的消解，带有无政府主义倾向。因此，它呈现出以下四个特征。

一是反理性。哈贝马斯认为非理性主义是后现代主义的主要特征，而非理性主义则是以对传统理性的"非难"和批判为表征的。在后现代主义看来，正是理性主义的泛滥造成了一系列社会问题和人类灾难，因而批判、否定、解构理性主义，推崇非理性，成为后现代主义所致力的目标。后现代主义主张用非理性打破理性的统治地位，致力于揭示理性的真相。他们认为以理性或逻辑为基础制定出来的条理和方法论限制人的个性发挥，束缚人的想象力和创造性。所以后现代主义者力求摒弃理性，宣扬非理性至上，批判否定理性主义，主张在解构理性的基础上纠正理性主义存在的缺点，从而确立人们心中的非理性观念。

二是反基础。后现代主义在所有否定性观念中，反基础主义是最彻底的。所谓基础主义就是泛指一切认为人类知识和文化都必须有某种可靠理论基础的学说。后现代主义从根本上否定了作为世界基础而存在的终极本体及其绝对真理，主张用知识形式的多样性去超越统一现代哲学和现实生活，积极倡导多元性、不确定性和矛盾性等。他们认为差异性的存在是合理的，没有必要把一些相互矛盾的东西加以统一，只要是合理的就可以存在。正如后现代主义者哈桑所说，在后现代氛围中，"不确定性确乎渗透我们的行动和思想，它构成我们的世界"。

三是反中心。传统哲学是一种以一驭万的"中心主义"的文化理念。在古代，人们以自然为中心；到中世纪时，人们以上帝为中心；现代社会，人们则把人看作主宰宇宙的中心，高扬人的主体性，强调人是世界的主人。后现代主义则坚决反对这种自我中心主义，认为"个体并非生来就是一个具有各种属性的自足的实体"，人是一种关系的存在，个人只有在人们的相互关系中才可被理解。它反对权威，强调个性与平等，主张要消解主客之分，提倡平等、开放，旨在打破和消除主体自我与他人之间的界限和距离，重建人与人、人与自然的和谐与平衡。反中心、反权威是后现代主义思潮的一个鲜明的特征，是"反传统""反精英文化"的反映。后现代主义者深刻反思现存社会不合理的地方，主张用批判的眼光看待世界，敢于向传统挑战，敢于抛弃精英文化，转而推崇大众通俗文化。他们认为在文化领域，每个人、每个民族、每个国家都是平等的，都可以有自己的价值观念和主流文化，都享有选择自己文化的权利。而西方社会在世界进行的文化渗透和文化殖民策略违背了每个人平等选择文化的权利，是后现代主义者所极力反对的。

四是反本质。后现代主义者认为，西方哲学主张的本质高于现象并把揭示本质作为认识的最终目的是荒谬的。因为本质并不存在，"任何一个追求某种事物的本质的人都是在追逐一个幻影"。后现代主义者反对本质和现象的二元对立，反对规律、原则、模式这类"人为"的概念；反对用科学的方法揭示事物的本质，认为用"科学处理方式提出和解决问题，这一倾向是形而上学的真实源泉，使哲学家陷入漆黑一团"。后现代主义者对本质的反对试图消解人们关于永恒真理的幻想，否定本质，取消反映本质和规律的真理，否定真理的客观性。总体来说，后现代主义文化思潮是一种否定性和批判性的社会思潮，它猛烈地批判和否定传统，具有一定的革命色彩，但却并未摆脱传统的束缚而开创出新的正确道路。因此，英国学者阿兰·罗德威曾经对后现代主义如此评价："它是青春的，同时又是颓废的；它才华横溢，同时又是邪恶的；它专注于分析，同时又具有浪漫色彩；它既似曾相识，同时又新颖入时。"这也就等于是说，它是自相矛盾的。①

后现代主义思潮的诞生，对人类产生了深远的影响，也给社会带来了极其深刻的变化。特别是对于思想活跃而又极易接受新事物的青年大学生而言，这种影响尤为明显。它给大学生们带来了一定的好处，但也造成了巨大的损害，直接导致青年大学生受到了多元价值观的冲击进而引发了思想的混乱。后现代主义思潮的积极影响主要表现在以下三个方面。

一是自我意识加强。后现代主义思潮有着"反权威""反传统"的特点，主张人的个性平等与自由，这思想反映到我国青年大学生身上就表现为自我意识的加强。在后现代主义思潮的影响下大学生在面对现实社会时，能够有自己的主见和看法，敢于揭露现实社会的弊病，敢于批判与现实不合理的制度，在批判中增强自我意识，在行动中为国家和人民做贡献。这对于正处于社会矛盾凸显期的中国来说，意义非常重大，如果每个人都能意识到自己对于家庭以至国家的责任和义务，那么将是"中国梦"实现的重要力量。

二是创新与批判意识加强。后现代主义不论是所倡导的反本质主义、反理性主义，还是反权威、反整体性，都体现着强烈的批判意识。中国上下五千年的文化传统教育影响了一代代社会青年，但受传统价值文化的影响，思维相对保守。在这个信息化的世界中，科学技术是第一生产力，而创新是科学技术进步的法宝。作为国家未来建设主力军的大学生，创新与批判性意识的培养尤为重要。而后现代主义思潮在很大程度上激发和强化了大学生的创新与批判意识。

三是对资本主义的认识更加深化。青年大学生对资本主义的认识大多停留在书本上以及教师的讲课中，这不免导致大学生对资本主义的认识不足。而后现代主义思潮作为一种社会批判性的理论，是建立在对资本主义现实的

① 详见徐丹2009年在《传承》第1期上发表的《论后现代主义思潮对青年大学生的影响》一文.

批判与否定的基础上的。后现代主义者关注社会现实，关注所处的时代，深刻反思自己所处的资本主义社会逐渐显露出来的种种弊端。可以说，后现代主义文化思潮让大学生看到了资本主义社会的现实，认清了资本主义社会的本质与丑陋面目，由此，大学生对西方资本主义的认识在原有的基础上又有进一步的深化。[1]

但后现代思潮也有消极的影响，主要表现在以下五个方面。

一是它导致了青年大学生的理想信念缺失，价值观念失衡。后现代主义以彻底的否定精神，全面颠覆和解构了传统的世界观、人生观和价值观。它批判传统的世界观，反对传统世界观理论以本质和现象来界分事物因而引起的二元对立和不平等，也反对人本主义传统，主张用非主体性原则来取代主体性原则和普遍人性论，提倡虚无主义、怀疑主义，摧毁和否定一切崇高的理想和神圣的信仰（包括共产主义这一崇高而远大的理想信念），导致了各种新奇怪异的思想和行为诞生。部分大学生由于思想不成熟，尚未形成远大的理想和坚定的信念，在后现代主义思潮的影响下，形成了不讲社会本质的"趋同论"、社会主义能否战胜资本主义的"怀疑论"、资本主义取代社会主义的"取代论"等错误、消极认识。这种错误的政治观念，对于缺少判断和抵制力的当代青年大学生来说是十分令人忧虑的。

二是在后现代主义影响下，部分青年大学生主流意识淡薄。后现代主义注重否定、摧毁原有思潮但不重新建设，注重否定中心而不另塑中心，主张价值论的多元化。这一切都使一些大学生感到无所适从，没有信仰，没有精神支柱，没有明确的生活目标和终极目标，没有最高理想信念，否认永恒。他们对学习、事业、生活持无所谓、得过且过的态度，麻木不仁，放任自己不去追求未来、不去实现自己的人生价值。青年大学生是国家、民族的栋梁，是实现"中国梦"的未来和希望，长此以往势必担负不了实现中华民族伟大

---

① 杨小菲. 后现代主义思潮对我国青年大学生的影响及对策 [J]. 改革与开放，2015，21：101-102.

复兴的责任。

三是后现代主义思潮削弱了部分青年大学生的责任意识。现代主义认为责任很重要，这种责任是与自由紧密联系的，是意志的自由。在后现代主义看来，责任是人们一厢情愿地给自己戴上的枷锁，根本没有必要去理会。后现代主义思潮的这种观点使部分大学生价值观失衡，出现实用性、功利性、自我中心等倾向。他们放弃了对社会、对他人的责任，放弃了道德原则、真诚原则，进而以极端个人主义、实用利己主义作为自己的人生哲学。个别大学生凡事从自我出发，为了满足自己的欲望甚至可以放弃道德原则，不顾他人和社会的利益；忽视了自己作为社会公民应履行的责任和义务，丢弃了道德原则。与他人合作出现问题时，首先想到的是如何推卸责任，而不是怎样解决问题。他们漠视革命主义、英雄主义、集体主义、爱国主义、民族主义等，缺乏对祖国前途命运应有的社会责任感，这些青年大学生很难沉浸到对理想的执着追求中，更乐于追求生活的享受，久而久之就会导致自己与他人、集体产生矛盾，甚至是对社会的仇视，对我国所倡导的社会理想产生了很大冲击。

四是在后现代主义影响下，大学生越来越过分地追求物质享受。"后现代主义对本质和基础进行了消解，认为永恒不变的具有普遍价值意义的东西不存在，强调对人的肉体存在和人的当下的把握。"伴随市场经济的发展，市场经济自身的自发性、盲目性、滞后性等各种弊端逐渐出现，越来越多的大学生崇尚拜金主义、极端个人主义、享乐主义、金钱至上，人活着就是为了钱，一切向钱看。忽视了自身的价值追求，过分追求物质享受以摆脱精神空虚，以错误的金钱观指导生活，导致自身不健康、不科学的发展。

五是促使大学生的精神世界无所依托，产生流浪意识。后现代主义文化思潮强烈浸透着怀疑主义、虚无主义和多元的价值取向，他们对主流文化中一切绝对不可侵犯的传统制约采取全面的拒绝，强调自由，追赶时髦，玩世不恭，这种彻底怀疑、彻底拒绝、彻底厌倦的情绪不断扩张和复制，导致了大学生们自我的消解，形成了流浪意识。他们将自己的精神寄托在虚无缥缈的境界，对一切都持无所谓的态度，不追求真理，也不再思索未来，反映出了一种"站在毁灭因素边缘的完全失掉信仰的心境"。这一切都与我们社会所倡导的主流思想相背离，是极其有害的。[1]

---

① 徐丹. 论后现代主义思潮对青年大学生的影响 [J]. 传承，2009，1：66-67.

# /第五章/

## 国外大学生能力培养的经验借鉴

　　他山之石，可以攻玉，对国外先进思想和经验的引进借鉴，始终是我国各项事业发展的助推器。对于大学生理性思维能力的培养来说这一点也非常重要。在国外，尤其是美国、英国、德国、法国、日本等发达国家，许多学校把能力培养作为基本的教学传统在人才培养过程中不断继承和弘扬已有相当长的历史，甚至以逻辑思维、批判性思维和科学思维为核心的理性思维教育也已经历了很长时间，积累了丰富的经验。学习他们的思想、借鉴他们的经验、吸取他们的教训，可以帮助我们少走弯路，更快、更好地建立起我国大学生理性思维能力培养的基本模式。

　　本章选取了美国、英国和德国在批判性思维能力、自主学习能力和关键能力培养等方面的一些例证，希望通过对他们教育实践行为过程的剖析来找到可资我们借鉴的经验。尽管除美国的批判性思维能力外，英国的自主学习能力和德国关键能力均与理性思维能力有一定差距，但基于能力培养的普遍性，他们的一些做法还是值得我们学习和借鉴的。

## 第一节　美国大学生批判性思维能力的培养模式

　　美国是一个新兴的国家，也是一个由来自世界各地的移民组成的具有多元文化的国家。文化多元化反映在教育上，也就促成了美国教育文化的多元性、融合性和创新性。正因如此，也就要求美国的教育必须具有"理性"的精神内涵，必须把"理性思维能力"的培养作为重要内容。世界著名的哈佛大学提倡学生个性化的发展，给予学生自由的话语权，鼓励学生建立批判思想，推行远见卓识的人生计划。耶鲁大学校长理查德·莱文也认为，在当今世界"作为学生仅仅具有专业性的知识是远远不够的，必须要有批判性的思考、创新的能力""要培养他们的好奇心、严密的逻辑思维和独立思考、实际解决问题的能力"。可以看出，美国的许多高校都重视"独立思考""大胆质疑""创新发展"这些关键能力的培养。本节就以美国斯坦福大学批判性思维课程的实例做一剖析。①

斯坦福大学，全名小利兰·斯坦福大学（Leland Stanford Junior University），简称斯坦福。位于美国加州旧金山湾区南部帕罗奥多市境内，于1885年成立，1891年开始正式招生，占地约33平方公里（8180英亩）。

对于学生的批判性思维能力，斯坦福大学的重视程度极高，开门办学伊始就将此作为其人才培养的重要目标之一。自21世纪以来，随着科学技术的快速发展和人才竞争的加剧，斯坦福大学在这一方面又做了更加深入的改进和调整。2013年秋季学期，斯坦福大学实施新的通识教育方案，其中包括思维与行为方法、有效思考、写作和外语四类必修课，其目的在于全面培养学生深度阅读、有效表达与批判性思维能力，使学生能够建立不同学科之间的联系，指导学生未来理性地工作与生活。②

---

① 本节案例资料及主要观点均引自刘学东和袁靖宇2018年在《高教探索》上发表的《美国大学生批判性思维能力培养研究——以斯坦福大学为例》.

② 刘学东，袁靖宇. 美国大学生批判性思维能力培养研究——以斯坦福大学为例[J]. 高教探索，2018，9：44-50.

## 一、培养模式

### （一）培养目标

斯坦福大学专门为大一新生开设有效思考课程，培养学生提出与表述问题的能力和批判性思维能力，指导学生开展科学实验、文学理解与政策分析，在演讲、讨论与合作学习中帮助学生求同存异并形成解决问题的方案。有效思考课程学习目标分为两个层次：一是总体目标，旨在培养学生的问题意识和广博的可迁移的并能应用于所有学科领域的思维技能，如分析性与解释性写作、深度批判性阅读、分析性与批判性推理、有效表达能力等；二是具体目标，主要培养学生的深层阅读、文化解释、历史思维、社会与科学分析、评估材料的价值、基于价值的推理与判断、统计推理、定量推理等能力。

### （二）课程设置

有效思考课程包括自我塑造教育（Education as Self-Fashioning，ESF）和寄宿制课程，还有一些符合修习要求的思维与行为方法课程。学生需要从不同的课程项目中进行选择以完成有效思考课程，这是他们进入斯坦福大学所做的第一个重要抉择。学校要求学生在第一学年学习计划中就要制订能够反映个人独特需求与人生理想的课程计划，确定必修课和选修课，为今后取得优异的学业成绩奠定基础。

斯坦福大学有效思考课程的设置共有两大类：自我塑造教育课程和寄宿制课程。

### （三）教学方法

有效思考课程打破了传统的教学模式，开展团队合作教学，来自不同学科领域的教师和博士后人员共同承担教学任务。教师来自艺术、科学、工程、人文科学等领域以及法学院与医学院，具有不同的学科背景和学术专长，有助于开展跨学科、跨领域的合作教学。学校选聘科研能力强的博士后担任本科生教学助理，他们必须参与国家科研项目。教师提前制订完备的教学大纲，准备丰富的课程资料，这样既确保了教学进度和质量，又能反映出教师的学术专长、兴趣与热情。教师创设以学生为中心的教学环境，开展丰富多彩的教学活动，把学生培养成为独立的思考者，具有在不同层面进行复杂思考的能力。第一，各院系知名学者开设学术讲座，通常由40—90名学生组成一个班级，学生有机会直接向这些教授进行提问，从而获得学科前沿知识并提高有效表达能力。第二，博士后主持小型专题研讨会，学生可以与这些学术牛人进行辩论，培养批判性思维能力。第三，博士后为每个学生提供个性化的学业辅导，学生能获得详细的学习结果反馈，养成独立思考与创造性思维的习惯。教师还设置了一系列有实质意义的课程作业，使学生形成一些基础的重要观念，要求学生使用恰当的认知技能在矛盾系统中对复杂问题进行推理判断，从而提高学生的思维能力。

1. 自我塑造教育。

自我塑造教育（ESF）旨在培养学生对人生的满足感以及追求幸福生活的能力。学校鼓励新生积极参加ESF，对通识教育目的进行持续的、广泛的讨论，因而又被称为"新生发展第一课"。ESF开设了一系列跨学科课程，使学生认真思考"什么是真正的通识教育？通识教育在未来人生中能够发挥哪些作用？"通过学习不同学科领域的经典作品，学生建构自己的思想，塑造独特的个体，以拥有与众不同的人生。ESF一共开设7门与主题相关的研讨课：主动探寻美丽人生，自由之风，如何成为社会精英，民主公民，认识自我及其可能性，意外结果，希腊人的苦难、美丽与智慧。ESF研讨课只在秋季学期开设，每周举办一次主题讲座，开展一次75分钟的研讨会，举行两次110分钟的写作坊活动，并在每周五召开一次90分钟的全体学生会议。

每门研讨课7学分，学生可以任选1门，但每班最多15名学生。这些研讨课均由各院系的知名专家开设，学生还可以参加一些跨学科的研讨活动。

通过与不同学科领域师生的交流，学生建构自己的教育理想，形成个性化的思维方式，从而更好地服务未来生活。

2. 寄宿制课程。

（1）结构化博雅教育。结构化博雅教育（SLE）是斯坦福大学的一个长期项目，专门为大一学生提供人文经典（哲学、文学、艺术）与写作指导的综合性课程，又被称为"博雅学院体验"。SLE 旨在培养学生批判性阅读、写作与口语能力，为学生今后取得优异的学业成绩做好准备。SLE 没有开设具体的课程，但学生学习任务相当于选修 2 门课程的工作量。SLE 共 24 学分，每学期（秋、冬、春）各 8 学分。SLE 在每周二下午与晚上和周三晚上举办主题讲座；周三和周四下午举行 2 小时 45 分钟的专题研讨；周四晚上看电影、表演话剧，举办专家讲座、SLE 沙龙等。每周还有来自人文学科领域的杰出教师举办 3 场主题讲座，为学生今后的学习提供有效指导。

（2）艺术熏陶与文化生活。艺术熏陶与文化生活（ITALIC）以艺术问题为基础，通过密切观察、深入分析艺术作品，培养学生的艺术思维能力并能理解人类的创造性活动。ITALIC 共 16 学分，在每学年的秋、冬、春三个学期各开设一门课程，依次为为何学习艺术，高雅与庸俗，为何不是艺术。ITALIC 邀请著名艺术家、学者开设主题讲座；学生每周参加 2 次课程学习、2 次小组讨论，并完成 1 学期的写作课程；每学期完成 5 项实践任务，如合成声音、摄影、舞蹈，开展 3 次户外旅行。

除此之外，学生还可以徜徉在校内独特的艺术空间之中，也有机会到社区艺术团进行演出，参加芭蕾舞、歌剧与音乐会，参观博物馆、画廊、数字化的影视工作室。在学期末，学生需要提交一件独立制作的艺术品，提交一篇对文化、历史或艺术品等领域进行研究的课程论文，至少包含 25 至 30 页的内容。学生通过参观艺术作品，审视它们如何诠释或挑战当前的知识；通过与艺术家、教师、同学的密切交往，形成独特的创造性表达方式。

（3）在多元学习环境中体验科学发展（实践教育）。在多元学习环境中体验科学发展（SIMILE）旨在向大一学生介绍科学、医学与技术的发展历史，使他们理解人类对自然世界与人造世界的认知演变，明白历史对当今世界的重要作用，加深对历史的了解。SIMILE 共 16 学分，在每学年的秋、冬、春三个学期各开设一门课程，分别为科技与医学的内涵，科技与医学的发展史，全球化背景下科技与医学的发展趋势。SIMILE 主要研究科学产生、发展及其未来趋势，包括古代科学与数学、中世纪与文艺复兴时期的科学发现、近代科技革命、现代科学发展与困境等领域，学生得以了解从古至今在科学、医学与技术领域的伟大思想家和实践家。然而，它并不是一门科学课，学生要理解科学作为文化变革的重要因素，是人类历史发展的重要组成部分。教师精心选取丰富的研究案例，让学生探究古代人类是如何辨别、解释与解决重大的科学与技术问题的。SIMILE 重视批判性阅读与写作、情境分析，鼓励学生从人文视角审视与理解科学。SIMILE 包括每周 3 小时课程学习、2 小时小组讨论和 1 学期写作训练（每周 4 小时）。学生需要接受 1 学年的写作指导，合作完成手工项目，参观博物馆、私人收藏馆、科技遗址等。教师还会演示古代科技，邀请学者举办专题讲座。SIMILE 使不同历史文化和社会背景的学生一起生活和学习，创设一种交流观点、碰撞思想的课堂氛围，帮助学生形成课程学习与学校生活之间的联系。

### （四）课程评价

斯坦福大学成立了多个有效思考课程管理与咨询机构，保证课程质量及教学效果。有效思考管理委员会（Thinking Matters Governance Board）由本科教育副教务长批准成立，负责有效思考课程开设、审查与持续评价等事务。当前有 23 名成员，包括教师、博士后人员和本科生。课程协调委员会由博士后人员组成，关注有效思考课程教学问题，确保各类课程地位平等，并基于个人经验定期提出改进意见。学生咨询委员会经有效思考课程主任批准，由正在修习和上一届已修过该课程的学生共同组成，对有效思考课程与教学定期提出反馈意见。在评定课程学习成绩时，任课教师主要通过课堂参与、小组讨论、学习汇报、实践任务、课程论文等方式对学生进行严格考核。在课程结束后，教师利用《批判性思维课程评价问卷》来获得学生对有效思考课程的看法与体验，其重点在于评估教师教学如何影响学生批判性思维能力的发展。比如，教师在何种程度上教会学生必须经过思考以掌握学习内容，清晰陈述他们当前所从事任务的理由；教师在何种程度上以学生理解的方式来解释批判性思维，鼓励他们在学习过程中运用批判性思维；教师在何种程度上教会学生在教学过程中发现与明确问题，帮助他们掌握获得解决问题有效信息的方法；教师教学在何种程度上帮助学生学会思考学科问题，并以专家的方式提出问题；教师教学在何种程度上使学生能够更加清晰、准确、深入、有逻辑、公平地思考……通过教师评学和学生评教两个环节，教师不断改进和优化有效思考课程及其教学，为培养和提高学生批判性思维能力提供有效保障。①

## 二、主要特点

目前大学生批判性思维能力培养主要有两种实践模式：一是融入学科的模式，即在学科教学中有意识地融入批判性思维策略与态度的学习；二是开设专门的批判性思维课程，不需要通过具体学科知识的实例来探讨批判性思维问题。斯坦福大学实现了这两种模式相结合的理想状况，不仅在整体教育理念上重视培养学生批判性思维能力，而且要求教师将培养学生批判性思维能力贯穿于全部教育教学活动之中。

### （一）目标明确，广设课程

通识教育为学生"提供心灵训练与装备""鼓励学生诚实地思考、清晰地

---

① 刘学东，袁靖宇. 美国大学生批判性思维能力培养研究——以斯坦福大学为例 [J]. 高教探索，2018，9：44-50.

表达，并在做出结论前养成搜集和衡量证据的习惯"。斯坦福大学通识教育重视培养学生深度阅读、熟练写作、有效表达和批判性思维的能力。思维与行为方法和有效思考课程直接培养学生批判性思维能力，写作与外语课程在提升学生表达能力的同时也注重学生思维训练。课程是教育教学的核心，是保证人才培养质量的关键。"它的科学性与先进性不仅关系到培养目标的实现和毕业生的质量，而且还直接决定着大学在激烈的教育竞争中的胜败。"学校开设不同形式的有效思考课程，学生可以自主选修。教师提供丰富的阅读材料，举办大量的主题讲座、专题讨论和学术沙龙，加强学生批判性思维训练，提高创造性表达能力。斯坦福大学批判性思维课程超越了对学科知识的简单的认知性掌握，使学生获得了在多元文化条件下进行批判性和创造性思考的能力。①

### （二）教学相长，师生共享

"学习思维者应学会更经济更有效地使用他已有的思维能力，而教人思维者更是需要让教学更适应和更能激发学习者已有的思维能力。"教师基于对学生现有思维习惯与倾向的了解，综合运用小组讨论、合作学习、同伴指导等方法，使学生在安全友好的学习氛围中进行讨论、质疑和争辩，在潜移默化中培养他们的批判性思维能力。"如果教授方法太死板，创造性思维也会受损。学生会掌握一些批判别人论据的技能，但不能支持和建构自己的立场。最危险的是学生可能满足于破坏性的批判，成为技能娴熟但没有情感的旁观者。"教师依据建构主义教学观开展支架式教学，逐步培养学生独立思考能力和高阶思维能力，学生将来遇到任何问题都能够独立解决。学生主动投入学习，为课堂带来全新的创意和无限的热情，也会时常激发出教师的新观点。

① 刘学东，袁靖宇. 美国大学生批判性思维能力培养研究——以斯坦福大学为例 [J]. 高教探索，2018，9：44-50.

自二十世纪八十年代开始，启发性教育和探究式教学方式在美国得到了广泛的应用，并呈现出多种模式。有"苏格拉底教学法""案例教学法"以及"基于问题的学习"和"探究性教学"等。斯坦福大学在日常教学过程中，首先提倡教师要尊重学生，其次要引导学生主动探寻知识本质，而不是把传授知识作为首要目的而忽视了学生思考的环节。教师除了活跃课堂气氛、给予学生独立思考的空间，在课外还会布置社会实践类的作业；通过开展跨年级、跨专业的学术研讨课程，要求学生查阅相关文献资料、听取有关课程、进行小组合作、积极讨论交流、撰写论文和报告，大大增强了教学的互动性和学生的参与性，从而锻炼学生的批判性思维能力，培养独立思考的习惯。[①]

### （三）学思结合，手脑并用

学习与思维不是彼此分离的两件事情。学生在思维中学习，并且也在学习中思维，用这种方法进行学习的学生更能有效地掌握课堂内外的知识。斯坦福的教师经常会设计一些能够激发学生深层讨论的开放性问题，以培养学生的分析、评价和创新能力，最终教会学生独自提出更高层次的问题。另外，斯坦福还通过开设有效思考课程，倡导手脑并用的学习方法，要求学生完成一系列手工任务，开展丰富的实地考察活动。如在 SIMILE 课程中，学生要通过了解古代的科学仪器、实验过程以及其中孕育的现代科技成分，深刻思考人类的思维与行动是如何促进知识产生的，这种学习方法既能使学生在本门课程中将已获得的认知技能迁移到其他课程学习之中，以达到问题解决的目的，又能使学生思维具有连贯性，将以前掌握的知识与现在的材料进行联系、分析、综合与评价，并最终形成自己的观点。

---

① 刘学东，袁靖宇. 美国大学生批判性思维能力培养研究——以斯坦福大学为例[J]. 高教探索，2018，9：44-50.

### （四）重视写作，激发思维

语言是思维的工具，是思维结果的表达形式。它不仅作为人际交流的中介，反映社会、文化、历史的发展，同时它也是个体内部思维的中介，体现个体认知活动的成果。写作作为语言运用的具体形式，是发现思想或交流思想的重要途径，不但可用于整理学生已产生的各种思想，还能激发学生新思想的流淌。所以，写作是一种创造性劳动，既是学术交流的主要方式，又是训练思维的有效途径。斯坦福大学除了设置有效思考课程，通过丰富的学习材料、研讨会、小组讨论、学术沙龙和课堂演讲，培养学生批判性阅读与写作能力外，还设置了写作课程，在写作课程教学中，教师对学生进行个性化的指导，使学生形成独特的表达技巧。

### （五）学业指导，促进适应

斯坦福大学课程学习任务沉重，并且实施严格的学业考核制度。学校聘请优秀的博士后人员担任本科生教学助理，定期对大一新生开展学业指导活动。他们每学期为学生提供 10 周个性化学习指导，同时还要求学生至少参加 3 次学业辅导，其中 1 次必须是单独辅导。（具体辅导内容及安排参见下表）博士后对单个学生或 2—3 人小组进行学业指导，使学生批判性思维能力得到最大限度的发展，也有助于实现其他课程的学习目标。这些博士后既熟悉有效思考课程的研究主题与问题，又具备参与新生事物的工作经验与学科知识。与博士后定期的、紧密的联系与交流，有效地促进了新生的学业适应性，尤其是在批判性调查、分析、阅读与写作等重要领域。

以下是斯坦福大学大一新生学业辅导安排。

| 类型 | 时间 | 内容 |
|------|------|------|
| 单独辅导 | 第一周或第二周 | 相互认识并评估学生已有的学习方法、知识与技能 |

（续表）

| 类型 | 时间 | 内容 |
|------|------|------|
| 小组辅导 | 第四周或<br>第五周 | 应用所取得学业技能（如深度阅读、定量建模、视听分析、数据收集与解释等）就学业问题进行交流 |
| 小组辅导 | 第七周或<br>第八周 | 检查书面作业、同学相互评价、小组作业指导 |

### （六）加强合作，相互交流

有效思考课程采用团队教学，促进不同院系教师之间开展广泛合作，也形成了教师与博士后人员的新型合作方式。教师采用以思维为基础的问答策略，鼓励教师和学生以及学生之间进行交流。在教学过程中，教学团队共同确定课程计划的目标与教学安排；教师与博士后紧密合作，师生之间密切交流，使学生掌握知识形成的过程；学生之间相互协调，合作完成课程作业。教师成为学生的指导者和朋友，学生是自律的学习者，对自己的学习负责。寄宿制课程的教学、小组讨论、专家讲座都在学生宿舍中进行，学生一起生活，共同学习，有助于师生之间的非正式交流。如任课教师每周定期召开工作会议，共同制订授课计划；小组作业也由同学合作完成。这些活动都在学生宿舍举行，在注重批判性思维与理解的环境中鼓励学生开展富于思想的生活和学习，培养亲密的师生关系[1]。

### 三、美国批判性思维能力培养给我们的启示

美国大学生理性思维能力培养情况，可以给我们提供以下几点启示。

---

[1] 刘学东，袁靖宇. 美国大学生批判性思维能力培养研究——以斯坦福大学为例[J]. 高教探索，2018，9：44-50.

### （一）理性思维能力培养的基点在于教育思想和教育定位

教育思想和定位是教育的思想基础，有什么样的教育思想和目标定位作为基础，就会有什么样的教育体系建立其上。无论是美国的教育目标定位，还是英国的理念定位，无不是把学生独立思考、开启心智、突破创新作为高等教育的灵魂，积极倡导"学思结合、学用结合"，绝不要求学生"死读书，读死书"，均能做到"以学生为中心"，注重发展学生个性，强调因材施教，提倡多元化。中国学生在课堂上常常表现为安静地、认真地聆听具有权威性的教师讲授，而不积极主动参与课堂讨论，更别说积极参与辩论，也不愿意对同学和老师的表现进行评价，更不愿意对权威学者所提出的观点进行批评，通过模仿并接受所教授的内容，而非批判性地加以接受，这些被动的课堂行为往往被解读为缺乏批判性思维能力。对此，一些学者也从文化角度做了解读，认为是受到中国传统文化中尊卑有别、长幼有序的影响。但实践证明，中国学生的批判性思维能力是可以培养的。这就要求我们在中国文化语境下，对相关培养方法和策略应加以修订以适应中国教育实际需求。

### （二）完善的教育和评价体系是理性思维能力培养的重要保障

教育和评价体系不只是由某个大学内部建立起的规章制度，而是要包括国家层面建立健全的一整套法律法规和整个社会对教育的要求。这套体系不仅要包括宏观方面，如法律，而且要包括微观的，要有细致而具体的规定，比如开设什么样的思维类课程、要保证有多少学时等。只有把对理性思维能力培养的要素包括在这些法律规章和具体规定里，大学里的理性思维能力教学活动才会有保障。①

---

① 刘学东，袁靖宇. 美国大学生批判性思维能力培养研究——以斯坦福大学为例［J］. 高教探索，2018，9：44-50.

### （三）合适的教学方式和宽松的学习氛围是理性思维人才的良好成长环境

美国的"探究式学习法"以及英国的导师制等教学方式，都是其根据自身的国家和学校的情况，按照不同的教育思想，根据各自的教学目标，建立的切合实际的教学方式。而这样的教学方式又是和宽松平等的学习氛围密切相连的，只有采取合适的教学方式和在宽松的学习氛围共同构成的环境下，创新的萌芽才会不断生长壮大。从我们的国情实际来看，当前未必能设立一定的专门的批判性思维课程，但将批判性思维能力的培养显性地融入课程实际教学中，在教授专业知识的同时，也可以提高其批判性思维能力。而且，还可以培养学生运用批判性思维来分析和解决本专业知识与技能在实际应用中遇到问题的能力。研究发现，中国学生在课堂上往往表现为不愿挑战权威，不愿积极主动参与课堂讨论，被动接受教师传授的知识。因此，批判性思维能力培养的具体策略应用要充分考虑中国高校学生的这种课堂行为。课堂教学活动应以活动小组形式进行，小组成员之间可以讨论，可以对其他小组成员的观点提出异议，并要有充分的理由支撑自己的观点。此外，小组成员可以共同绘出概念图来展现他们观点之间的异同以及支撑的论据。教育实践表明，在没有权威教师的干涉之下，小组成员可以积极主动参与小组活动。这样，多种批判性思维能力的培养策略能以小组的形式得以综合应用。[①]

### （四）坚持教学和实践应用相结合是培养大学生理性思维能力的必要条件

无论学习什么类型的知识，应用始终是最重要的一环，而理性思维能力更是要在实践应用中去培养和提高。美国的各种教学实践活动以及英国的"三明治"课程设计，都是让大学生亲身去实践自己所学到的知识，在操作中发现事物的规律，发现问题，分析问题，最终解决问题，从而使自身的创造力在应用中得到提高。

---

① 刘学东，袁靖宇. 美国大学生批判性思维能力培养研究——以斯坦福大学为例 [J]. 高教探索，2018，9：44-50.

# 第二节　英国大学生自主学习能力培养模式

自主能力是指大学生自主学习、自我负责的能力。自主能力的培养，主要是指学生在大学学习期间学校要把包括自学能力在内的自我独立发展能力作为重要能力目标来培养。自主学习能力虽然不直接等同于理性思维能力，但自主学习、自主负责的行为过程中实际包含了理性思维的基本要素，而且就理性思维能力的获取过程而言，除教师教育是一个方面外，学生自主学习和实践也是一个重要的方面。因此，选取自主学习能力的培养模式进行研究有一举两得的重要功效。

英国是老牌资本主义国家，是第一次工业革命的发源地，其国家综合实力一直走在世界的前列。虽然近百年来，其地位被美国超越，但其雄厚的科技基础与创新能力依然不容忽视，以绅士风度和保守形象著称于世界的英国，在自主学习能力、科研创新能力、就业导向的实践能力教育培养上却有着独特之处。本文以英国约克圣约翰大学的学生自学能力培养为例，对英国学生能力的培养做一剖析。[①]

约克圣约翰大学位于英国著名的旅游名城——约克市，建校于 1841 年，迄今已有一百多年的悠久历史。在很长一段时期内，约克圣约翰大学一直保持着优秀的教学质量，受到了世界各国的广泛赞誉。学校开设了很多三年制单元式学位课程，很多学科都和专业学位结合在一起，为学生毕业后从事专门领域的工作奠定了良好的基础。

约克圣约翰大学自主能力的培养方式体现在各个教学管理过程和各个环节中，学生不仅可以自由地选择所学习的课程、学习方式和方法，而且大学的教学也是以学生为中心组织设计的，特别强调培养学生的自主学习能力。

---

① 本节案例资料及主要观点均引自张舒 2011 年在《常熟理工学院学报》发表的《大学生自主学习能力培养研究——英国约克圣约翰大学课程案例分析》。

在英国大学里，新生入学都可以收到各种详细的学习手册，从培养计划到课程设置，从选课指导到导师的联系方式都十分详细，使得学生的学习目标非常明确。教师的主要任务是为学生提供学习指导和咨询。英国教育基本没有统编教材，学生一般也没有指定教材，教师会选择最新、最有发展前景、对学生就业最有帮助的内容，并尽可能提供与教学内容有关的书籍与资料，要学好一门课程，学生在课外要阅读大量的资料，做大量的作业。因此，图书馆和网络在英国的大学中起着至关重要的作用。

## 一、培养模式

### （一）培养目标

英国高校强调的不是知识的获得，而是学习方法的掌握。英国高校认为自主学习的环境十分重要，许多大学集教学、管理、师生互动及服务与支持为一体，为学生的自主学习提供便利。与此同时，充分尊重学生的个性发展，实行"基于行动的能力教育"，注重对学生发现问题、解决问题的能力培养。教学方式虽然各有不同，但最终目的都是鼓励学生学会自我确定学习目标、自己掌握和不断改善学习方法、能够不断地完成对自己的客观理性评价，学会自我决策。①

### （二）培养方式

1. 开放灵活的课堂学习。在英国文化与社会课程教学中，课堂学习由教师和学生共同参与，导师的角色弱化而学生的作用则得到提升。这种基于学生自主学习能力培养之上的师生角色定位也同时体现在教学计划的制订以及课堂活动的组织上。比如英国文化与社会课程，教学目标非常清晰，对该课程所涉及的课题研究领域以及要求学生掌握哪些能力，均有详尽的解释，这

---

① 张舒. 大学生自主学习能力培养研究——英国约克圣约翰大学课程案例分析 [J]. 常熟理工学院学报, 2011, 25 (12): 26-29.

使教师在组织教学过程中更有目的性和针对性。对于学生在课程结束后应达到的水平也有明确的说明。而对于学生来说，明确课程的重点，也有利于他们更有针对性地进行自主学习。可以说，英国文化与社会的教学是在一个清晰明确的教学大纲下实施的，这样一个明显的界定使得学生的自主学习有了明确的针对性，避免了盲目性。同时，基于任务的教学每一个话题都非常明确而又可以进行广泛的扩展。例如，针对"家与家庭"这一课题，在课堂上学生可以畅想未来的家庭，可以对比不同阶层的家庭，可以描绘理想的家，甚至梦想中的厨房。课堂上，学生们感觉像在家里一般轻松自在。他们没有固定的位子，学生们会坐成一个圈，教师则随意站在教室前面。课堂的教学是开放式的，学生有任何疑问或者不同观点都可以随时提出，教师都会非常耐心地解决或者与大家探讨。这样会给学生一种感觉，让他们觉得这不是一堂课，而是一次研讨会。课上也没有教科书，老师每堂课会给学生发相关讲义。

2. 完美的教学计划给课程的系统性及逻辑性提供了一个良好的保障。"研究表明，培养学生自主学习能力的关键因素是让学生在协作与支持的环境中有机会来做关于学习的决定。"英国文化与社会课程很好地体现了这一点，因为在这一课程中，课堂教学的主动性多掌握在学生手中。在大多数情况下，教师给出一个讨论的话题或者活动形式，学生们会用大部分甚至一节课的时间来进行小组讨论，各抒己见。在最后十至二十分钟，教师会主持辩论，每组需要报告他们的讨论成果，教师对学生有较大疑问的地方进行答疑。至于组与组之间的争议性观点，教师同样会逐个给予点评，指出每个观点的缺点与优势，而不是简单地判断哪一个观点是对的，哪一个是错的，只要言之有理，每一个观点都是可取的。这大大地培养了学生提出问题、分析问题、解决问题的能力，使得学生在今后的学习中具有针对某一话题进行自主研究的能力。除了讨论或辩论，教师还会特别设计多种多样的游戏，寓教于乐。

比如，在一堂围绕英国传统节日的课上，教师介绍了圣诞节。教师在教室四周墙上贴了很多不同的讲义，几乎涵盖圣诞节所有方面。学生分成小组，找出讲义上问题的答案。可供阅读的文章有许多，但是答案单单靠文章是找不到的。有一个问题是先让学生品尝一个圣诞节的传统甜点，然后凭味道和口感猜测馅饼的成分是什么，通过这样来了解其传统糕点。另一个问题是播放一首圣诞颂歌让学生听，而学生需边听边完成歌词填空。这种在游戏当中自己寻找答案的方式，也给学生提供了一种学习方式的参考。在游戏中学习，学习者的主动性会大大提高，同时学生体会到了学习的快乐，激发了学习的浓厚兴趣，进而自己主动去研究、去探索、去实践。

3. 充满挑战的课外学习。课外学习是学习的一个新领域，这对自主学习的理论以及实践有着重要意义。教育者着重于学习者可以在课外创造学习机会的方法。英国文化与社会课程要求学生通过"档案袋"来记录并展现他们的课外学习的进程。档案袋中的一个基本部分，就是学生的家庭作业。家庭作业由教师制订课外学习的目标，具体要求会以讲义的形式发给学生。教师会提供讲义或样板来指导学生，同时推荐一些单词或者词组使得学生在语言表达上更加专业化。这些任务往往比较简单，但是需要花费一定时间。一旦完成，学生会发现他们在独立做家庭作业的过程中学到了许多。以第五周的作业"设计一个广告"为例，第五周的主题是"食物与饮料"，要求学生发起一个广告活动来卖出他们所选择的英国食谱或者食物，导师在讲义上给每一个设计者一个参考步骤。课外的自发性学习也同样记录到档案袋里。学生自己在课后所搜集的相关资料、所看的各种书籍，都应记录进去。课堂讲义上同时也会推荐一些与周边话题有关的网站以供学生浏览，所用到的阅读材料或资料都应装进档案袋以证明这是你所做的功课。这些证明可以是从书上摘录的笔记，也可以是网页或报纸的复印件，还可以是打印出的新闻稿。关键是所有文件里的证明都必须是由学生做过标记的，即有他们阅读过的痕迹。这些标记可以是他们的想法或是对课文的理解，以及一些他们不知道的特定定义，甚至是一个单词的解释。档案袋作为学生课外学习的反映，其实也是学生与教师的一种交流方式，教师可以通过学生的档案袋，得到学生对于所学内容的反馈。所以，课上记的笔记也是需要收入档案袋中的，其中也包括课堂讨论或陈述的记录，将语言组织有序，记录并抄写整理好。学习者同样可以写下他们对课堂活动的看法以及他们自己对该课题的意见。一个优秀且标准的档案袋应明确包括他们常规活动与有效学习的证明。档案袋能较全面地反映出学习者的自主性，是一个有效提高大学生自主学习能力的途径。

4. 提倡让学生自己学。自主学习在英国教育界一直很受重视。人们认为自主学习是控制学习过程中不同层面的一个有效手段。许多教师相信自主学习是一个很好的理论，但同时也承认它在实践中很难推广。英国文化与社会课程很好地体现了自主学习能力培养的有效性。它系统的教学计划为学生自主学习指明了方向；它开放轻松的课堂氛围调动了学生对课程的兴趣；它方式多样的课后任务确保了学生对话题的研究深度与广度。约克圣约翰大学不仅提倡教师对其教学有更多的选择权，如教科书也可以让教师根据教学需求自行选择而非由学校统一定制，同时学校还鼓励教师将课堂时间交给学生，而不是整堂课由教师做演讲。另外，学校提倡要重视课后学习，使学生在课后的学习更加灵活和自主，教师要提高作业的趣味性和多样性而不仅仅是使用传统的课后习题。

5. 系统全面的学习评估。评估是提高自主学习能力的一个关键因素，是学生本学期自主学习成果的验收部分。一个设计科学、精准计算、目标明确的综合性评估方案对实现该课程的目标是举足轻重的，而且对学生自主学习能力的培养是一个挑战。在现今大学教育下，教师很大程度上依赖考试来安排课堂活动以吸引学生的注意。应试教育的学习已扭曲了学习的性质，导致教与学的效率低下，这也与自主学习的目的相背离。然而，如果没有考试，自主学习的成果将不能体现，也不能作为今后教育的参考。因此，评估的重点应放在如何让考试为自主学习教学服务，而不是掌控考试这一点上。

英国社会与文化课程方式，是一套经过检验的考核方法。学生也对它的公正性以及全面性很满意，因此在这样一种方法下，学生的成绩不再依赖于期末考试，而是分布在许多不同的方面。比如英国文化与社会课程的评估，由两部分组成：形成性评估和终结性评估。

形成性评估主要是用于检测平时学习的，在整个评估中占50%，是由档案袋所反映的。档案袋是学习者自主性学习的最大反馈，是自主学习培养考核的精髓。它反映的是日常学习，它的制作需要一天天地积累起来而不可能在短时间内完成。档案袋的评分规定也是严格谨慎的，因此不同等级之间的差别是显而易见的。评分标准给出了对不同等级的描述，这些等级全面反映了档案袋的要求。档案袋需在学期结束前的截止日期以前上交到系里。在模式进行到一半的时候导师会进行一个短暂的指导，以确保学生能跟上步伐并对如何制作档案袋有更好的理解。指导会以期中考试的形式出现，如果学生未能正确组织好档案袋，在需要重新组织的地方导师会给出建议。导师会根据标准给档案袋打分，如果学生表现上佳的话，那学生会得一个 A。如果学生有常规学习的证明，但有些次要的遗漏，那可能就会得一个 C。但如果学生未能提供正常学习的证明，其成绩将会不及格。大多数课程都要求对档案袋进行考试，这是约克圣约翰大学激励学生独立学习最大的一个闪光点。

除形成性评估外，还有用于成果反馈的终结性评估。英国文化课程用口头陈述和提交论文两种方式而非期末考试来评测成绩。在学期的最后三周之内，学生会有 15 分钟的时间对与课程相关的课题进行口头陈述。这次口头陈述在最终成绩中占 20% 的比重。陈述演讲在现代教育中有着举足轻重的价值，在社会上也一样，它可以对演讲者的能力提供一个更全面的评估。做好一次口头演讲是一门艺术，其中包括对观众需求的关注、细致的计划以及演讲时的集中精力。

评估的最后一部分学术论文占最终成绩的 30%。档案袋反映了自主学习的进程以及成果，而论文则展示了学习者从学习中所获得的能力。人们相信，学术论文可以评估与课程目标所关联的能力，它为学习者提供机会来展示他们对关键问题的理解和分析问题、解决问题的逻辑能力。[①]

## 二、主要特点

### （一）源远流长的自由教育思想

英国的大学教育历史悠久、源远流长，教育思想和理念也是丰富多彩，其中最著名同时也是最重要的是自由教育思想。英国的自由教育思想可以追溯至古希腊时期，主张教育的最高目的是获取知识以及发展智慧，而不应该带有任何功利性的色彩。在英国近代，一批哲学家和思想家都对自由教育思想进行过发展和阐述。如洛克在阐述其教育思想时说知识教育不是给予学生"种种知识与知识的宝藏，而是种种思想与思维的自由，是增进心的活动能力，而不是扩大心的所有物"。

现代英国自由教育思想的一个核心内容就是重视智力的发展，同时强调教育的最终目标并不是获取具体知识。自由教育思想重视理性的原则，反对依靠权威进行灌输，强调教育的目的是培养具有理性的个人，同时教育不应该使人的心灵仅仅局限于一个学科或一种理解形式中，应该有广博的基础。现代英国自由教育思想的代表皮特斯说："人的本质在于他是理性存在物，他的存在的最高形式在于追求理论。教育就是鼓励并促进人们通过最大限度地使用理性，成为一个充分发展的人。"

自由教育思想在英国教育实践中得到了很好的贯彻。在英国的教学中，老师们不会采取灌输和填鸭的方式，不主张死记硬背，不喜欢那些盲目地跟从和接受他人的想法和态度的学生。老师总是鼓励学生要独立思考，大胆质疑，勇于挑战，敢于批判。另外，英国的大学在教学目标、教学体系的设立，

---

① 张舒. 大学生自主学习能力培养研究——英国约克圣约翰大学课程案例分析［J］. 常熟理工学院学报，2011，25（12）：26-29.

教学结构、课程内容和专业安排以及在评价和考核系统上都留下了深刻的自由教育思想的烙印。虽然这种教育思想有其不足，如对于功用性的科学重视程度不够，但是它无疑解放了学生的思想，促使学生从知识本身出发进行学习，学习的目的回到知识的本原上来，不迷信权威，大胆开拓，积极创新。创新能力的发展，曾经促进了英国科技和经济的飞跃，同样也在驱动着当今英国发展的车轮驶向前方。[①]

### （二）突出创新能力培养的课程结构

在自由教育思想的指导下，英国大学往往比较重视"通才教育"，学生不仅要学习本身的专业，还要在专业外选修其他课程。一些大学还开设了许多综合性课程，使不同的学科合并成一个学科，比如在牛津大学，就设有这样一些综合性课程：工程学和经济学、数学和哲学、物理和哲学、哲学和生理学、哲学和经济学、现代史和经济学等。特别是对于低年级的高校学生来说，掌握和传承过往知识显得尤为重要。很多大学相继规定入学第一年是以通才教育为主，不同学科开设内容相同的基础性课程，为以后学年专业课程的学习创造良好的条件。"通才教育"的课程安排，使得大学生进一步巩固了基础教育，提高了自身的文化水平，了解了自身的优势和不足，为今后的学习和创造打下坚实的知识和心理基础。

除了重视"通才教育"之外，英国的大学现在也越来越重视学习和工作、知识和实践之间的联系。在英国高校有一种特别的课程，叫作"三明治"课程，此类课程由学习时间和与专业课程有一定关系的业务或管理实习时间组成。将整个的学习时间分为三个部分，形成了由学习进入工作再由工作回到学习的形式，把校园内的学习和与课程内容有关的工业、商业或其他专业的实践相互结合。通过这段实习时间增加了学生接触实践的机会，对于巩固和

---

① 张舒. 大学生自主学习能力培养研究——英国约克圣约翰大学课程案例分析 [J]. 常熟理工学院学报，2011，25（12）：26-29.

了解书本上的知识大有裨益，也可以学到许多课堂上学不到的知识。"三明治"课程的设置，加强了理论学习和实践应用之间的联系，拉近了学校与社会、学习和工作、知识与应用之间的距离，提高了学生的专业技能，增强了学生解决问题的能力，为高校学生创新能力的提高做出了贡献。①

### （三）不断优化自主能力培养的教学方式

在英国，高校的教学方式也是处处显示出自由教育的思想。在教材方面，英国大学的课程不规定教材版本，一般也不向学生发放课本，而只是由教师提供参考书籍和与课程相关论文的目录，具有很大的灵活性。学生不会拘泥于课本，不会迷信盲从于书本权威，注重理性分析与独立思考。另外，英国教育系统十分重视开放式教学，以如何发现并发挥学生的个性特点为教育目标，采取知识传授和思维培养相结合的方式进行教学，英国的大学在课堂上的授课形式多种多样，包括讲座、讨论、辅导、项目、小组合作等。这样的教学方式要求学生对课程内容充分思考，找出问题，研究问题并解决问题。在讨论中，充满互动、气氛活跃，有利于发展学生的自主个性以及提高学生的创造性思维能力。在教学方式上，自十九世纪初叶，英国大学校园里开始推行一种著名的、对世界高等教育具有深刻影响的教学方式——导师制。导师制促进了学生与导师以及其他同学之间的思想交流，学习不再是正襟危坐在课堂上的苦差事，而是一种自由的谈话过程，师生在轻松、愉快的谈话与聊天中，传授知识、研究问题、讨论思想、交流感情，把课堂上的统一教学与导师的单独辅导和交流结合起来。在导师制的授课环境中，不仅学生得到了提高，导师也能够从中有所收获，较好地做到了教学相长。在思想的交流过程中，学生们主动思考、勇于质疑，不断深入对所学内容的了解和对未知世界的探索，师生关系更加融洽、学习心态更加积极、研究氛围更加活泼、

---

① 张舒. 大学生自主学习能力培养研究——英国约克圣约翰大学课程案例分析 [J]. 常熟理工学院学报，2011，25（12）：26-29.

创造力也更加旺盛，创新的火花随时可能迸发。目前，导师制已经被包括中国在内的其他国家所借鉴，展示着它在培养大学生创新能力方面的强大力量。在考核方面，学校淡化考试，注重学生感受。英国文化与社会课程所采用的50%+20%+30%的评分方法，既强调平时课后自主学习的重要性，又对一个学期所学有一个最终的总体的反馈，从而避免了学生的自主学习无法得到体现和认可的情况。可以说，从约克圣约翰大学的主要教学活动可以看出，整个教学活动充分体现了以学生为中心、重在培养学生自主获取知识能力的教学思想。[1]

### （四）突出创新能力评价

创新能力评价是推动大学生提高自主能力的动力和先导，在自主中创新，在创新中强化自主，是约克圣约翰大学的又一大特色。英国约克圣约翰大学的创新能力评价系统内容丰富、形式多样，包括撰写论文、案例分析、演讲演示、课程设计和考试等。考试只占很小的比例，尤其是闭卷考试方式采用得较少，很多考试对答案的标准与否要求也并不严格，鼓励学生自由发挥。在完成论文、演示等过程中，要求学生要独立思考、广泛涉猎、相互协作，在精于自己专业知识的基础上有所创新。

学校对学生创新能力的评价，与社会对学校创新能力的评价具有一定的关联性。对一所大学的整体评价也进一步促进其培养学生的创新能力。在英国，对大学的评价一般包括内部评价和外部评价。内部的评价由学校自身进行，每个高等学校在课程开设、课程教学、创新活动、教学监控方面都有自己的规定和程序，学校对自身的教学情况会进行监控和审查，并纠正教学中不合时宜的情况，把好质量关，保证教学按照预定目标前进。在外部评价中重要的一环来自QAA的评价。QAA（英国高等教育质量保证署）是为保证大

---

[1] 张舒. 大学生自主学习能力培养研究——英国约克圣约翰大学课程案例分析 [J]. 常熟理工学院学报，2011，25（12）：26-29.

学质量和标准专门成立的机构，其任务是评价和保证英国大学教育的优质标准，维护学术质量，主动告知并且引导英国高等院校在管理水平和教学质量上不断提高。QAA通过对大学进行评估和审计等手段，促使各高校不断提高教学能力和学术水平。另外，民间组织的监督以及新闻媒体的评价，如对大学制作排行榜等方式，也都在用自己的方式推动着大学的进步和发展。

对学生的评价和对高校的评价是英国教育评价体系的不同方面，分别在各自的层次发挥着管理和导向作用，把对创新的要求和激励渗透到这个评价体系中并有效地实施，保证了对大学生创新能力的培养始终沿着正确的轨道运行。[①]

### 三、英国学生自主能力培养对我们的启示

英国的自主学习能力培养模式对我国大学生理性思维能力的培养有许多重要启示，值得我们借鉴。

#### （一）确立学生在学习过程中的主体地位

在教学过程中，教师应该以学生为中心，高扬学生的主体性。以学生为基础的教学模式正逐渐成为当代国际教育的重要内容，其主旨是尊重学生的需要，弘扬其个性，考虑其兴趣特征，一切从学生出发，一切都是为了学习者。

#### （二）扩大学生自主选择范围，并给予有效指导

我国高校学生对于限选课或者公选课的选择面较窄，相关选课制度也很简单。国内各大高校对限选课和公选课的宣传工作不到位，学生盲目地选择导致时间精力的浪费。建议各大高校设置选课辅导机构，组织专业人员对学生选课进行针对性的指导。

---

① 张舒. 大学生自主学习能力培养研究——英国约克圣约翰大学课程案例分析［J］. 常熟理工学院学报，2011，25（12）：26-29.

### （三）促成学生教师双向自主学习模式，重视教师引导

学生在自主学习时，需要教师适当的指导和提示，要求教师对所教课程的最新学科动态有很好的捕捉能力。大部分教师多年来都是用同一个课件、同一种教学方法去教授同一门课程，使学生提不起兴趣。

### （四）提高学生参与度

目前我国高校教育的模式是单向式，学生参与程度低，积极性不高。我们可以借鉴牛津大学的讨论课，提出问题引发学生思考，提高学生参与度；根据每门课程的特点相应地减少理论知识的教授，采用"信息检索与分析技能"教学法，旨在培养学生对信息的搜集能力，分析问题、解决问题的能力以及团队合作精神，演讲能力等。

### （五）提供全面的自主学习平台

图书馆早已在我国各大高校普及，辅助学习的各类网络自主学习平台也搭建起来，大多数高校图书馆的硬件和软件设施均已十分完善，但是由于自主学习相关的设施使用率较低，造成了资源的闲置和浪费。可借鉴西方学校的做法，帮助学生充分利用图书馆资源。如设立专门机构，定期由专业人员讲解如何进行图书馆深层使用，比如学生专业书籍、相关学习材料的位置，如何查阅和加工处理需要的信息等。[①]

---

① 丁浩．国外高校学生自主学习能力培养的经验启示［J］．金田，2014，11．

# 第三节　德国大学生关键能力的培养模式

"关键能力"一词是二十世纪七十年代德国教育学家梅腾斯在德国经济产业高速发展的背景下由"以技术为中心"向"以人为中心"的转化过程中提出来的。他认为关键能力是从事任何职业都需要的、适应不断变化和科技飞速发展的综合职业能力，是跨专业的能力。关键能力包括方法能力、社会能力、个性能力三部分。

关键能力表面看来与"理性思维能力"不同，但实际上二者有共通之处，即都要求具备一定的"方法能力"。当然，严格来讲，关键能力实际在某种程度上也包含了"理性思维能力"。因为"理性思维能力"本质上也就是一种"方法能力"，即思维方法能力。因此，选择"关键能力的培养"进行剖析，可使我们从更加宏大的视野中看待理性思维的培养，有助于我们获得更加适用的经验。

关键能力之所以在德国率先提出，除与其经济发展需求相关外，也与其教育传统密不可分。德国是一个拥有世界一流教育和一流大学的国家，其高等教育的传统可以追溯到中世纪。德国大学教育有着非常独特的模式和体系，其近代高等教育改革的先驱者威廉·冯·洪堡（1767—1835）提出的"研究与教学相统一"的思想至今仍被推崇为大学治学的指导原则。德国的高校不仅提供了现代技术的最佳设施、多元化的专业人员，而且着重提供了一个富有启发性的课程，特别是它的应用科技大学的工程师培训受到国际上的高度重视，与中国的工程师培训相比更具实际意义。本节我们选择了德国波恩应用科技大学"关键能力"培养的案例作为样本，主要是想通过对其教学过程的剖析来了解和学习德国大学生能力培养的先进经验。[①]

---

[①]陈仲敏. 德国关键能力理念与高校人才培养模式［J］. 中国高校科技，2017，3：62-64.

德国波恩应用科技大学创建于 1995 年，2017 学年大约有 9000 名学生，大学分为三个校区：圣奥古斯丁校区、莱茵巴赫校区和亨内夫校区。圣奥古斯丁校区以理工学科为主，莱茵巴赫校区以经济管理为主，化工系和自然科学院亦在莱茵巴赫，亨内夫校区主要以社会学方向为主。该校开设有 5 个系别，35 个本科和硕士专业，优势专业为应用科学和经济学。①

## 一、培养模式

### （一）培养目标

德国波恩应用科技大学是一所应用特色鲜明的大学，其关键能力培养的核心目标就在于提高大学生专业技能和综合素质，使人才培养更加符合社会需求。

### （二）培养方式

1. 课程设置。应用科技大学的学习阶段一般分为基础学习阶段和实践阶段，共 6 至 8 个学期。其所修课程包括基础课程、选修课程、企业实习课程和各种讲座、研讨会及实地考察。其中基础课程阶段一般为前 2 至 4 个学期，以学习专业基础课为主。选修课程是基础课程完成以后，学生可以自行选择适合自己的课程，实际的学习时间为 3 至 4 年。（应用科技大学的学士学位学习年限 3 至 4 年，硕士学位学习年限 2 年）企业实习课程是学生在学习的 3 至 4 年期间，要有一个学期以上的实习期，有的甚至包含两个实习学期的实习。在实习期间，学生必须在公司或机构工作，获得工作经验，通过两个学期的实习缩短了学校教学和企业应用的距离，在公司或机构的实习往往为学生在大学毕业后找工作奠定了基础。除了实习以外，应用科技大学课程还包含各种讲座、研讨会和实地考察，较少采用讲授法，课程常常以小组的形式

---

① 陈仲敏. 德国关键能力理念与高校人才培养模式 [J]. 中国高校科技，2017，3：62-64.

呈现，训练学生独立解决实际问题，培养学生的实际操作能力和合作意识，通过广泛而多样的课程体系使学生所学的知识和技能能够在职业选择和发展上有所帮助。

波恩应用科技大学的课程设置有以下几个特点。

（1）课程的模块化设计，注重专业能力与全面素质提升的有机结合。现代德国高校基本采取学分制和模块化的教学方式。对在校本科学生来讲，学生在校学习期间必须要修满一定的学分才能顺利毕业和取得相应的学位证书。在课程学习中，课程被分为多个模块，模块教学是德国高等教育教学的一种基本模式，将具有相同学习目标方向的课程组成模块群，模块群可以分为基础模块和关键能力模块两大类。基础模块主要由专业课程组成，以提高学生的基础理论与专业知识为主要目的。关键能力模块主要包括与专业课程相关的方法和跨专业、跨学科的课程。模块式课程的设置具有独特的优势，一是这种课程设置兼顾了知识学习与技能训练的有机结合，只有在掌握基础理论知识的基础上加强技能训练，才能加深对知识学习的理解与把握，实现知识学习的升华，更好运用于社会实践。同时，随着经济、科技的发展和知识更新步伐的加快，要求人们必须树立终身学习的理念，才能更好适应未来社会发展的需要。德国高校在对学生教育的过程中，十分注重学生终身学习能力的培养，日常教学中不仅开设基础专业课程，还开设了提高学生研究分析能力的相关课程。二是与传统课程设置相比，模块化课程教学模式更具系统性、集中性，使专业方向更明确、课程设置更科学、教学内容更丰富，做到融会贯通、相互促进、层层递进、环环相扣，有效提高了教学学习效果和人才培养质量。此外，专业模块和辅助模块的设置在充分考虑学生专业学习的同时，为学生自主选择感兴趣的课程提供了条件，有利于激发学生的学习兴趣，培养跨学科、跨专业的思维，对开阔学生视野、促进学生全面发展具有重要促进作用。关键能力模块的设置更是充分体现出了对学生综合素质能力提升的重视，切实做到了专业与博学、基础与提高的有机融合。

（2）尊重学生主体地位，课程设置具有多样性。德国高校课程设置类型多种多样，讲解课、实验课、研讨交流课等不同的课程类型为学生知识学习、能力提升、思维创新提供了重要条件。在学习成果的考核上也采取书面考试或论文写作等多种形式测试学生的学习效果。在德国高校教学中，有很多课程采取讲解与研讨相结合的模式，其中学术交流研讨是德国高校独创的一种教学方法，主要目的在于引导学生开展自主学习，提高独立思考分析的能力。在研讨过程中，教师提前精心备课，课上有针对性地提出问题，引导学生进行研究讨论，可以采取小组的形式进行交流，实现师生之间、学生之间的思想交流碰撞，深化学习效果。教学过程中坚持以学生为主体，学生课前要认真阅读和思考，只有这样才能在课堂上参与分享他人的成果。教师在课堂教学中发挥引导作用，对学生自主学习过程中遇到的问题进行指点，帮助学生更加深入、全面地理解和掌握学习的知识和内容。在教学过程中，师生之间始终是平等的关系，教师不会将自己的思想观点强加给学生，而是通过大量的具有说服力的论断使学生从思想上、心理上主动接受。同时，学生也可以结合所学知识，根据自己的理解质疑，阐述自己的观点，共同探究有效提高了学生的思考分析能力。这种探究式的教学方法与传统的教学方式有了显著的区别，师生之间的关系发生了显著变化，有效激发了学生学习的积极性、主动性，为学生充分发挥想象、彰显个性提供了广阔舞台。同时，通过这种探究式教学方法，有利于培养学生的创新意识，养成良好的学习习惯，拓展思维，学会与他人进行有效的沟通与合作，不断提高独立自主学习的能力和综合素质。

（3）注重对学生实习训练和实践能力的培养提升。不断提高学生的社会实践能力，更好地满足社会和用人单位的需求是德国高校承担的重要任务。在德国政府的支持协调下，建立了以企业为主体，高校、学生、政府等多方参与、责任清晰的大学生实习机制，并以立法的形式为大学生实习提供制度保障。德国联邦政府和地方政府相继制定了一系列相关法律制度，明确规定了政府、企业和高校在学生实习中应承担的责任和义务。同时，还成立了相关机构专门对大学生实习情况进行跟踪检查，确保各项制度落实到位，保障大学生实习的权利。此外，为充分调动企业参与的积极性，政府还对为学生提供实习岗位的企业从税收政策、财政补贴等方面给予一定的经济补贴。在相关政策措施的推动下，德国企业积极参与进来，各类企业每年都会为即将毕业的大学生提供一定数量的实习岗位，同时还会针对性地提供一定的指导服务，有效提高了大学生的实习实训水平。经过多年发展，目前德国高校已经形成了一整套科学完善的运作机制，用人单位在录取大学生时都会把有无实习经历作为选人用人的一项基本标准，大学生也把开展实习作为大学学习的重要组成部分。在学生实习领域与地点的选择上，他们可以结合自身的专业特点向有关企业、机构或政府部门提出申请，申请通过后可以进入实习单位进行实践锻炼。在实习对象上，德国相关法律规定不仅即将毕业的大学生需要开展实习，对学期中的大学生也尽可能为他们提供实习锻炼的机会。通过实习实训，能够把课堂学到的理论知识与社会实践有机结合起来，巩固深化对所学知识的理解和掌握，在实践中不断提高动手动脑能力、研究分析能力、与人合作交流能力，使自身专业技能和综合素质都得到提高。[①]

2. 教学方式。伯恩应用科技大学在人才培养上很重视与企业的合作，除了自身教学之外，把大量的教学内容放在了企业。在校内只是简单地进行基础理论教授，而大部分技能均是在企业完成。学校与企业的联系主要通过以下三种途径。

（1）培训整合。企业专门部门可向学校提供毕业设计的研究课题，解决企业新产品开发的技术难题，与指导教授一起帮助学生完成论文，毕业设计要求学生独立设计出样品和参与安装加工和调试。相应地，应用科技大学设置的专业契合企业的需求，并根据企业产品结构调整和转型做出相应的调整。

---

① 陈仲敏. 德国关键能力理念与高校人才培养模式 [J]. 中国高校科技，2017，3：62-64.

（2）实践整合。学生将接受企业提供的应用性培训并完成实习，获得应用领域的经验。将理论和实践知识相结合，学生融入企业，了解企业整体规划、控制参数和生产流程，企业向学生提供实习岗位并参与实习生的指导和考核，提高学生的工作能力。这种合作学习课程，大多数时候需要与公司签订合同。

（3）就业导向。应用科技大学的课程根据培养目标而设置，课程体系和教学模式均面向职业，企业需要什么学校就教什么，学生就学什么。德国的应用科技大学与企业有紧密的联系，一般设在知名大公司的周围。巴登-符腾堡州、北莱茵-威斯特法伦州和拜仁州是德国经济最为发达的、大型和中小型企业最多的三个联邦州，相应也有数量最多的应用科技大学，特别是大型企业戴姆勒、博世、保时捷、思爱普、伍尔特和通快集团的总部所在地的巴登-符腾堡州，是德国工业密度最高的州，同时也是欧洲经济实力最强大、最具竞争力的地区之一，还有数千家中小型企业，应用科技大学几乎遍布全州，达到了40所之多。[①]

## 二、鲜明特点

从伯恩应用科技大学我们可以看出，德国的高等教育具有以下四大特点。

### （一）建立了分类别的人才培养模式

德国高等教育非常普及，有350多所公立高等院校，共设专业400余个。根据其任务和性质分为三种类型：综合大学、应用科学大学、艺术学院和音乐学院。综合大学学科门类多、专业齐全，并且坚持教学科研并重的发展原则，通常设置工科、理科、人文科学、法学、经济学、社会学、神学、医学、农业科学及林业科学等学科。综合大学主要培养科学的后备力量，强调专业

---

① 陈仲敏. 德国关键能力理念与高校人才培养模式 [J]. 中国高校科技，2017，3：62-64.

理论知识的系统化，毕业生有较强的独立工作和科学研究能力。应用科学大学规模小、学制短、设置专业少，具有鲜明的教学和管理特色。专业分类较细，通常设有工程、技术、农林、经济、金融、工商管理、设计、护理等专业。课程设置和内容除必要的基础理论，多偏重于应用，职业适应性与技术应用性较强。目前，应用型科技大学占德国高校总数的43%，学生比例持续提高，2010年在校生占全国高校学生总数的比例约为40%，毕业生比例约为50%，在德国高校中占有重要地位。艺术学院和音乐学院，其中包括戏剧学院和电影学院。这类学校相对数量不多，规模不大，本着因材施教的原则实行小班授课和个别教学，以培养与发展学生的个性和艺术才能为目的。[①]

### （二）坚持学术与职业并重的教育理念

传统的德国高等教育理念是威廉·冯·洪堡倡导下的洪堡理念，强调教学和科研的统一，大学应促进知识的创造、保存和传播，教的自由和学的自由等。洪堡理念确立了大学的学术研究性质和精英教育性质，成就了近代德国高等教育的辉煌。二十世纪六十年代末至七十年代初，面对迅速发展的工业化和信息化，原有的大学"学术研究式"的培养模式已不能适应经济发展的需要。社会对高层次应用型人才的需求促使大学理念发生转变，德国1976年颁布的《高等学校总纲法》把为学生提供职业预备性教育列为高等教育的主要目标，由此产生了以培养高层次应用型人才为目标的应用型科技大学，高等教育表现出很强的职业取向。应用型科技大学的发展和壮大为德国经济的发展做出巨大贡献。虽然德国高等教育取得了不错的成绩，但是随着世界各国高等教育的不断发展，德国顶尖大学与英美著名大学的排名差距却日益扩大。德国政府推出了一些新的计划，支持建立本国的顶尖精英大学，目的在于打造世界一流大学。"精英大学"计划进一步提高了学术理念在精英大学

---

① 陈仲敏. 德国关键能力理念与高校人才培养模式 [J]. 中国高校科技，2017，3：62-64.

建设中的地位，从而促进了德国大学科研水平的进一步提升。同时应用型科技大学的规模也越来越大，形成了精英大学与应用型科技大学和谐发展的局面，实现了高等职业教育与普通高等教育的沟通。经过一系列变革的德国高等教育，确立了"学术与职业并重"的教育理念，形成了独特而完善的高等教育体系。[①]

### （三）坚持宽进严出的教育制度

德国高等院校的入学制度在很大程度上体现了教育公平的原则。德国没有统一的招生考试，实行入学资格认可原则。德国大学一般的专业招生不受名额限制，只有少数热门或者受教学条件限制的专业实行限额招生。宽进的好处在于不以一次考试定终身，从而使更多学生有机会进入大学深造，同时也为大学输送了更多可供挑选的优秀学生。德国高校在实行宽进制度的同时也实行严出制度，学生淘汰率很高。这种制度对在校的大学生有着极强的鞭策作用，这在一定程度上保证了德国高等教育的教学质量。毕业考试成为整个教育质量保证体系的关键环节。在德国大学毕业和取得学位不是件容易的事情，因此，其学位含金量很高。[②]

### （四）采取灵活自由的教学模式

德国高校一直保持着教学自由和学生学习自由的传统。各专业无统一的教学计划，除一两门必修的基础课外，所有课程由学生根据学习条例和考试条例自由选择。这使得课程学习具有较大的灵活性，学生可以根据自己的爱好和兴趣选课，能够使学生的个性得到充分发展。课堂教学中学生是主体，

---

① 陈仲敏. 德国关键能力理念与高校人才培养模式［J］. 中国高校科技，2017，3：62-64.

② 陈仲敏. 德国关键能力理念与高校人才培养模式［J］. 中国高校科技，2017，3：62-64.

教学形式灵活多样，教学气氛相对来说比较轻松。强调学生的积极参与，教与学双方在学术上完全平等，学术气氛十分活跃。学校非常重视给予学生训练和实践的机会，实验室对所有人开放，随时可以接纳学生做实验。考试的方式非常灵活，大部分采用笔试，也有相当数量的课程采用口试，口试时间由学生和教师约定。由于课程通常没有固定的教材，也不划定考试范围，考试难度很大，因此学生参加考试时要进行大量的准备。这种学习方式充分调动了学生学习的主动性和积极性，也培养了学生的动手能力和科研能力。①

### 三、德国大学生理性思维能力培养模式的启示

德国关键能力培养理念的核心在于注重对大学生专业技能和综合素质的提高，使人才培养更加符合社会需求，这与我国近年来大力倡导实施的素质教育具有根本一致性。德国的教育模式，为我们提供了以下几个方面的重要启示。

#### （一）进一步健全和完善高等教育课程体系

课程建设是高等教育顺利开展的基础和前提，对提高教学质量和人才培养质量具有重要意义。结合德国高校关键能力培养课程设置特点，我国高等教育课程建设应努力做到切实转变教育理念，改进应试教育的课程设置思路与模式，提高课程设置的弹性，注重课程建设的系统性、完整性与深度，做到专业与博学相结合、重基础与强能力相结合。在保证学生学好基础理论知识的同时，着力培养他们的研究分析能力，加强对学生思想方法和研究方式的训练指导，引导他们树立终身学习的理念，不断提高自身素质能力，适应快速发展变化的时代需求。此外，要结合基础课、专业课、实验课等不同的课程标准要求，加强课程群建设，在强调专业课程学习的基础上，适当增加

---

① 张小桃. 德国高等教育理念及体制改革对我国人才培养的启示 [J]. 华北水利水电学院学报（社会科学版），2011，27（2）：144-146.

方法理论课程和学术前沿课程等辅修课程内容，不断开阔学生的学习思维和视野，丰富学生的学习知识，提高学生的研究分析能力。[①]

### （二）坚持学生学习的主体地位，激发学习的潜能和热情

一切以学生为中心，促进学生全面发展是现代教育的基本理念。要做到以学生为中心，教师就要转变传统教育理念，改变灌输式、填鸭式的教学方法，把课堂留给学生，采用探究式、研讨式、情景模拟式等先进的教学方法，引导学生独立思考、研究分析，充分调动学生学习的积极性和主动性，变"要我学"为"我要学"，通过自主学习不断提高学生的独立思考能力、分析总结能力和综合素质。要鼓励学生多读书，教师要发挥主导作用，多为学生推荐精品力作，鼓励学生坚持写读书体会，培养学生的读写能力。要教育引导学生积极参与社会实践锻炼，关心关爱他人，培养学生爱好，做到全面发展，与时俱进。另外，在坚持学生主体地位的同时，对教师自身来讲还要不断提高业务能力和学术水平，同时还要求有更多更好的科研成果来支撑整个教学过程。课堂教学中要讲究教学的方法和艺术性，注重学生需求，善于"察言观色"，增进师生之间的沟通交流，做到博学多知、一专多长，这样才能提高课堂教学质量，激发学生学习兴趣，顺利完成各项教学任务目标，获得学生的信任与喜爱。[②]

### （三）加强课程实习保障体系建设，提高学生的实践能力

提高实践能力对大学生综合素质能力的培养具有不可替代的作用。提高实践能力的最佳途径就是开展专业实习和岗位锻炼。目前，我国高等教育教

---

① 陈仲敏. 德国关键能力理念与高校人才培养模式［J］. 中国高校科技，2017，3：62-64.

② 陈仲敏. 德国关键能力理念与高校人才培养模式［J］. 中国高校科技，2017，3：62-64.

学中已将大学生实习列入教学计划，但整体看大学生实习中还存在一些问题和不足，主要原因在于实习机制等因素的制约，大学生很难找到满意的实习单位和岗位。很多企业不愿意为大学生提供实习训练场所，他们认为会扰乱企业正常的生产秩序，影响企业的效益。同时，由于管理机制不健全，政府对提供大学生实习的企业缺乏必要的监管措施，使得很多高校的实习计划得不到有效实施。目前，虽然高校与企业联合建立了大学生实习训练基地，但这些实习场所不仅规模小，而且实习设施设备不健全，无法为学生提供全景式模拟实习训练服务，这与德国建立的政府支持、企业主导、责任清晰的大学生实习机制形成了鲜明对比。因此，我国应充分借鉴德国关键能力培养理念与模式，结合我国高校实际，以深化高等教育改革为契机，以创新能力和实践能力培养为核心，坚决摒弃传统的教育理念与模式，深化高校课程改革进程，加强实习课程保障体系建设，充分发挥政府、企业、高校各自优势，服务大学生的课程实习，帮助大学生参加社会实践，提高创新能力、社会能力、研究能力，为大学生的全面发展创造良好条件。[①]

① 陈仲敏. 德国关键能力理念与高校人才培养模式 [J]. 中国高校科技，2017，3: 62-64.

# /第六章/

## 强化我国大学生理性思维能力的教学理论设计

　　大学生理性思维能力的培养是一个系统工程，不仅需要有先进的育人理念、明确的培养目标，还要有健全完整的培养体系、合理的课程设计以及切实可行的教学方式和评价标准，需要我们在现有人才培养实践的基础上结合学生的日常学习、生活和社会实践情况做出科学合理的设计并持续不断地把之引向深入。

　　为增加理性思维能力培养和强化工作方案设计的可行性，提升工作的实效，从本章起，将用两章的篇幅对此做详细的阐释。本章首先探讨理念、目标、组织体系和课程体系设计问题，下一章探讨理论教学、实践训练、习惯养成和精神培育问题。

## 第一节　适应时代发展的新要求，树立理性思维能力培养的新理念

　　马克思曾经说过"人是推动社会进步最活跃的因素"。不同的社会发展阶段有不同的人才诉求，也就需要确立与社会发展诉求相适应的人才培养理念。强化大学生的理性思维能力是新时代社会发展的客观需求，也就要求高校必须适应这种新要求，树立人才培养的新理念。

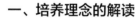

## 一、培养理念的解读

培养理念，实际上也就是教育理念。通俗地说就是教育主体在教学实践及教育活动中形成的对教育应然的理性认识和主观要求，包括教育宗旨、教育使命、教育目的、教育理想、教育目标、教育要求、教育原则等内容。关于教育理念问题，中山大学李萍教授曾在《教育的迷茫在哪里——教育理念的反省》一文中做过明确界定，她认为："教育理念是关于教育发展的一种理想的、永恒的、精神性的范型。教育理念反映教育的本质特点，从根本上回答为什么要办教育。"[①]李萍教授是从教育的本体论、认识论角度提出教育理念的，也即从教育哲学的一个基本范畴认识教育理念的。

要对"教育理念"有准确的理解，需要我们把握以下几点：（1）教育理念是教育主体对教育及其现象进行思维的概念或观念的形成物，是理性认识的成果。（2）教育理念包含了教育主体关于"教育应然"的价值取向或倾向，属"好教育"的观念。（3）教育理念不是教育现实，但它源于对教育现实的思考，是教育主体对教育现实的自觉反应。因此，理论上它们是理念载体即理念持有者对教育的清醒认识，是他们关于教育的真知灼见。（4）教育理念是个外延比较宽泛并能反映教育思维一类活动诸概念共性的普遍概念或上位概念，如教育思想、教育观念、教育主张、教育看法、教育认识、教育理性、教育信念、教育信条等都在理念之中，而理念本身也包含了上述诸概念的共性。此外，教育理念还以上述诸概念的外在形式表现出来以示其既有抽象性又有直观性，如教育宗旨、教育使命、教育目的、教育理想、教育目标、教育要求、教育原则等。（5）教育理念之于教育实践，具有引导定向的意义。

教育理念，通常包含十大理念。

---

① 李萍，钟明华. 教育的迷茫在哪里：教育理念的反省 [J]. 上海高教研究，1998，5：22-25.

### (一) 以人为本的理念

二十一世纪的今天，社会已经由重视科学技术为主发展到以人为本的时代，教育作为培养和造就社会所需要的合格人才以促进社会发展和完善的崇高事业，自然应当全面体现以人为本的时代精神。因此，现代教育强调以人为本，把重视人、理解人、尊重人、爱护人、提升和发展人的精神贯注于教育教学的全过程、全方位，它更关注人的现实需要和未来发展，更注重开发和挖掘人自身的禀赋和潜能，更重视人自身的价值及其实现，并致力于培养人的自尊、自信、自爱、自立、自强意识，不断提升人们的精神文化品位和生活质量，从而不断提高人的生存和发展能力，促进人自身的发展与完善。鉴于此，现代教育已成为增强民族凝聚力的重要手段，成为综合国力的基础并日益融入时代的潮流之中，深受人们的青睐与关注。

### (二) 全面发展的理念

现代教育以促进人的自由全面发展为宗旨，因此它更关注人的发展的完整性、全面性，表现在宏观层面上它是面向全体公民的国民性教育，注重民族整体的全面发展，以大力提高和发展全民族的思想道德素质和科学文化素质，提高民族的知识创新和技术创新能力，增强包括民族凝聚力在内的综合国力为根本目标；表现在微观层面上它以促进每一个学生在德、智、体、美、劳等方面的全面发展与完善，造就全面发展的人才为己任。这就要求人们在教育观念上实现由精英教育向大众教育、由专业性教育向通识性教育的转变，在教育方法上采取德、智、体、美、劳等五育并举、整体育人的教育方略。

### (三) 素质教育理念

现代教育扬弃了传统教育重视知识的传授与吸纳的教育思想与方法，更注重教育过程中知识向能力的转化工作及其内化为人们的良好素质，强调知识、能力与素质在人才整体结构中的相互作用、辩证统一与和谐发展。针对传统教育重知识传递、轻实践能力，重考试分数、轻综合素质等弊端，现代教育更加强调学生实践能力的锻造，全面素质的培养和训练，主张能力与素质是比知识更重要、更稳定、更持久的要素，把学生综合素质的培养与提高作为教育教学的中心工作来抓，以帮助学生学会学习和强化素质为基本教育目标，旨在全面开发学生的诸种素质潜能，使知识、能力、素质和谐发展，提高人的整体发展水准。

### （四）创造性理念

传统教育向现代教育的转变，就是实现由知识性教育向创造力教育的转变。因为知识经济更加彰显了人的创造性作用，人的创造力潜能成为最具有价值的不竭资源。现代教育强调教育教学过程是一个高度创造性的过程，以点拨、启发、引导、开发和训练学生的创造力才能为基本目标。它主张以创造性的教育教学手段和优美的教育教学艺术来营造教育教学环境，以充分挖掘和培养人的创造性，培养创造性人才。现代教育主张，完整的创造力教育是由创新教育（旨在培养学生的创新精神、创新能力与创新人格）与创业教育（旨在培养学生的创业精神、创业能力与创业人格）二者结合而形成的生态链构成的。因此，加强创新教育与创业教育并促进二者的结合与融合，培养创新、创业型的复合型人才成为现代教育的基本目标。

### （五）主体性理念

现代教育是一种主体性教育，它充分肯定并尊重人的主体价值，高扬人的主体性，充分调动并发挥教育主体的能动性，使外在的、客体实施的教育转换成受教育者主体自身的能动活动。主体性理念的核心是充分尊重每一位受教育者的主体地位，"教"始终围绕"学"来开展，以最大限度地开启学生的内在潜力与学习动力，使学生由被动的接受性客体变成积极的、主动的主体和中心，使教育过程真正成为学生自主自觉的活动和自我建构过程。为此，它要求教育过程要从传统的以教师为中心、以教材为中心、以课堂为中心转变为以学生为中心、以活动为中心、以实践为中心，倡导自主教育、快乐教育、成功教育和研究性学习等新颖活泼的主体性教育模式，以点燃学生的学习热情，培养学生的学习兴趣和习惯，提高学生的学习能力为目标，使学生积极主动地、生动活泼地学习和发展。

### （六）个性化理念

丰富的个性发展是创造精神与创新能力的源泉，知识经济时代是一个创新的时代，它需要大批具有丰富而鲜明个性的个性化人才来支撑，因此它催生出个性化教育理念。现代教育强调尊重个性，正视个性差异，张扬个性，鼓励个性发展，它允许学生有发展的不同，主张针对不同的个性特点采用不同的教育方法和评估标准，为每一个学生的个性充分发展创造条件。它把培养完善个性的理念渗透到教育教学的各个要素与环节之中，从而对学生的身心素质特别是人格素质产生深刻而持久的影响力。个性化理念在教育实践中首先要求创设和营造个性化的教育环境和氛围，搭建个性化教育大平台。在教育观念上它提倡平等观点、宽容精神与师生互动，承认并尊重学生的个性差异，为每一位学生个性的展示与发展提供平等机会和条件，鼓励学习者各显神通。在教育方法上，注意采取不同的教育措施施行个性化教育，注重因材施教，实现从共性化教育模式向个性化教育模式转变，给个性的健康发展提供宽松的生长空间。

### （七）开放性理念

当今时代是一个空前开放的时代，科学技术的日新月异、信息的网络化、经济的全球化使世界日益成为一个更加紧密联系的有机整体。传统的封闭式教育格局被打破，取而代之的是一种全方位开放式的新型教育，它包括教育观念、教育方式、教育过程的开放性，教育目标的开放性，教育资源的开放性，教育内容的开放性，教育评价的开放性等。教育观念的开放性指民族教育要广泛吸取世界一切优秀的教育思想、理论与方法为我所用；教育方式的开放性即教育要走国际化、产业化、社会化的道路；教育过程的开放性即教育要从学历教育向终身教育拓宽，从课堂教育向实践教育、信息网络化教育延伸，从学校教育向社区教育、社会教育拓展；教育目标的开放性即指教育旨在不断开启人的心灵世界和创造潜能，不断提升人的自我发展能力，不断拓展人的生存和发展空间；教育资源的开放性指充分开发和利用一切传统的、现代的、民族的、世界的、物质的、精神的、现实的、虚拟的等各种资源用于教育活动，以激活教育实践；教育内容的开放性指教育要面向世界、面向未来、面向现代化设置教育教学环节和课程内容，使教材内容由封闭、僵化变得开放、生动和更具现实包容性与新颖性；教育评价的开放性指打破传统的单一文本考试的教育评价模式，建立起多元化的更富有弹性的教育评价体系与机制。

### （八）多样化理念

现代社会是一个日益多样化的时代，随着社会结构的高度分化、社会生活的日益复杂和多变以及人们价值取向的多元化，教育也呈现出多样化发展的态势。这首先表现在教育需求多样化，为适应经济社会发展的要求，人才的规格、标准必然要求多样化；其次表现在办学主体多样化，教育目标多样化，管理体制多样化；最后还表现在灵活多样的教育形式、教育手段和衡量教育及人才质量的标准多样化等。这些都为教育教学过程的设计与管理提出了更高的要求与挑战，它要求根据不同层次、不同类型、不同管理体制的教育机构与部门进行柔性设计与管理，它更推崇符合教育教学实践的弹性教学与弹性管理模式，主张为教育事业的发展提供更加宽松的社会政策法规体系与舆论氛围，以促进教育事业的繁荣与发展。

### （九）生态和谐理念

自然物的生长需要良好的自然生态环境，人才的健康成长同样也需要宽松和谐的社会生态环境的滋润。现代教育主张把教育活动看作一个有机的生态整体，这一整体既包括教育活动内部的教师、学生、课堂、实践、教育内容与方法诸要素的亲和、融洽与和谐统一，也包括教育活动与整个育人环境设施和文化氛围的协同互动、和谐统一，把融洽、和谐的精神贯注于教育的每一个有机的要素和环节之中，最终形成统一的教育生态链整体，使人才健康成长所需的土壤、阳光、营养、水分、空气等各种因素产生和谐共振，达到生态和谐的育人目的。所以，现代教育倡导"和谐教育"，追求整体有机的"生态性"教育环境建构，力求在整体上做到教学育人、管理育人、服务育人、环境育人，营造出人才成长的最佳生态区，促进人才的健康和谐发展。

### （十）系统性理念

随着知识经济的来临，学习化社会的到来，终身教育成为现实。教育成为伴随人一生最重要的活动之一。因而，教育不再仅仅是学校单方面的事情，也不仅仅是个人成长的事情，而是社会进步与发展的大事，是整个国民素质普遍提高的事情，是关乎精神文明建设及两个文明协调发展的全局性、战略性大业，它是一项由诸多要素组成的复杂的社会系统工程，涉及许多行业和部门，所以需要全社会普遍参与、共同努力才能搞好。所以，与传统教育不同，转型时期我国正在形成的是一种社会大教育体系，它需要在系统工程的理念指导下进行统一规划、设计和一体化运作，以培养人们的学习能力、提升人们的生存和发展能力为目标，以实现社会系统内部各环节、各部门的协调运作、整体联动为基础，把健全教育社会化网络作为构成教育环境的中心工作来抓，促进大教育系统工程的良性运行与有序发展，以满足学习化社会对教育发展的迫切要求。

## 二、培养理念在教育中的作用

教育理念在教育活动中有重要的作用，一是具有指导作用。教育理念是人们教育言行的指南，指导着人们去做与理念相符的事情，它能将人的智慧与精力集中于理念所指向的方向。也正因如此，先进教育理念才能有效推进教育教学改革，切实实施素质教育。二是具有凝聚作用。理念是坚定不移的判断和看法，其中不仅蕴含着人们的理性智慧，还凝聚着人们的情感、热情、爱情，还有激情，有了共同的信念才能把大家的力量凝聚在一起，让大家朝着共同的目标奋进，克服前进道路上的一切艰难险阻。如果没有共同的理想信念作保证，各自为政，力量相互抵消，是做不成任何事情的。三是具有激励作用。理想和信念是干事创业的力量源泉，有了远大理想和坚定的信念才能激励人们去为理想而奋斗，事业才会有不竭动力和持久的热情。如果没有坚定的理想和信念，事业很难持久发展。四是具有约束作用。理念在引导和激励人们正向行为的同时实际上也从相反的角度暗示了人们不应该或不可以做与理念所不符或相背离的事情，这在某种意义上讲也对抑制反面或消极行为起到了一定的约束作用。

### 三、树立理性思维能力培养新理念的具体要求

要真正确立起理性思维能力培养的新理念，需要我们在教育中重视和突出理性及理性思维，不仅要确立起对科学的尊崇，对真理的追求，也要尽可能排除传统和权威的影响和干扰，这是获得理性思维能力的基本前提。因为高校尽管不像社会生活中尤其是较为落后的偏远农村那样有宗教或封建迷信，很少对鬼神崇拜，但也常常会有唯心主义的若干表现。这与迷信鬼神实际上殊途同归，都是有悖理性或有违理性精神的。要确立以能力为导向的人才培养理念。知识不等于能力，人才培养不能仅停留在知识传授的层面，要获得解决实际问题的能力才算得上是真正的人才。过去高校普遍重知识传授而轻实践锻炼，导致出现了很多"高分低能"和"眼高手低"的问题，理性思维能力培养不能再走这条老路。要把理性思维能力的培养融入教育的全过程，不仅把理性思维能力的培养作为人才培养的重要目标，还要建立科学的理论体系、管理服务体系、师资队伍体系、课堂教学体系、日常实践教育体系、监督评价体系等，加强对大学生理性思维能力的考核。

# 第二节　适应社会需求，确立理性思维能力培养的新目标

高校要培养能够满足社会发展需求的、具有较强理性思维能力的时代新人，仅有培养理念还是不行的，因为理念仅是思想层面的东西，还不能够直接指导行动。要想把理念变成现实行动和实际成果，还需要在确立新理念的基础上把理性思维能力的培养作为重要的育人目标并融入人才培养的整个过程。

明确把理性思维能力的培养作为育人目标提出来，并非难事。但要将其融入整个育人过程，变成可指导日常教育活动的东西，也并非易事。需要有不同教育阶段的阶段性目标和不同教育内容方面的具体目标。为此，在讨论确立理性思维能力培养目标之前，还需要我们搞清"什么是育人目标""理性思维能力的培养目标和育人目标是什么关系"。

## 一、育人目标通释

育人目标，通俗而言就是指国家、社会和学校通过对人的教育所要实现的最终目的。比如《中华人民共和国教育法》《中华人民共和国教师法》中就都规定"对学生要进行爱国主义教育、集体主义教育、社会主义教育。要培养出有道德、有理想、守纪律、懂法律，维护民族团结，具有国防意识的公民"。这就是对我国公民教育目标的一种总体描述。

育人目标可分为总体目标和分项目标。总体目标就是对育人目的的总体概括，比如前文所述的"要培养出有道德、有理想、守纪律、懂法律，维护民族团结，具有国防意识的公民"，实际上就是对我国国民教育总体目标的高度概括。分项目标又包括在不同教育阶段，如小学、初中、高中、大学等不同时期的教育目标和不同方面，如德智体美劳等若干方面的教育目标。总目标和分目标有不同的适用环境，在不同的语境中，人们会选用不同的表述。

一般情况下，凡是要谈到教育目标，人们通常会事先说明其所言说的教育目标究竟是在何种背景即哪个阶段和哪个方面的内容。

当然，人的成长是一个较为漫长的过程，无论在哪个受教育的阶段均会涉及多个方面、多个环节的诸多因素。因此，即便就是某一阶段的某一方面，比如高等教育的智育方面，也还会细分出许多目标，所以谈到育人目标，在多数情况下人们会用目标体系来阐释。

### 二、理性思维能力培养目标与育人目标的关系

人的理性思维能力是人的高级技能，是人们在获得理性思维知识的基础上经过一定的社会实践锻炼之后才形成的。在我国德智体美劳的五大育人目标体系中，理性思维能力当属智育范畴，是智育目标之中应包含的具体内容。尽管其作为人最基本和最核心的素养，贯穿了德智体美劳的全部活动过程，但从其构成要素和生成过程来看，本质上关涉人的"智力"，也体现和表征着人的智力水平。所以，将其归属为智育范畴应是较为妥帖的。

因为不同国家有不同的历史文化传统和语言习惯，在人才培养目标的重点和表述上存在一定差异，有的较为宏观，有的较为微观，但无论哪个国家都不可能缺少对思维能力的培养和强化。长久以来，我国的教育主管部门没有专门对理性思维能力进行强调，许多高校也没有特别强调理性思维能力的培养。但自2016年开始，教育部把"理性思维"明确列为中国学生的核心素养之一，因此各高校也有必要做出相应的调整，把理性思维能力的培养明确纳入人才培养的目标之中。美国、英国、德国等发达国家的学生之所以有较强的批判能力、自主处理问题的能力和实践动手能力，就是因为在他们的培养目标中均把这些能力做了明确定位，这是值得我们学习和借鉴的。

### 三、大学阶段理性思维能力培养应有的知识目标和实践目标

理性思维是"理性思维知识"和"思维实践训练"的综合结果，而理性思维能力，又不仅仅是某种单一能力，而是包含数学思维能力、逻辑思维能

力、辩证思维能力、批判性思维能力等具体内容的综合能力。因此，要想达成培养和强化大学生的理性思维能力的总目标，我们就不能仅停留在表面的、粗泛的理解上，还需要我们对"理性思维能力的培养目标"有明确的界定和进一步的细分。不仅要制订出不断强化学生的数学运算能力、逻辑思维能力、辩证思维能力和批判性思维能力的具体知识目标，还必须制订明确的实践训练目标。

要实现强化学生理性思维能力的目标，还要制订两个方面的细分目标：一是要有知识拓展目标；二是要有实践强化训练目标。

### （一）知识拓展目标

理性思维本身包含数学思维、逻辑思维、辩证思维、批判性思维等多种内容，而这些内容又相对应着一定的数学知识、逻辑学知识、辩证思维知识、批判性思维知识。在中小学阶段，大学生是学习过其中的部分内容的，所以在大学阶段的思维知识拓展上，一是需要结合中小学阶段已有的相关知识，二是需要结合大学的专业特点来有针对性地做出设计。仅就理性思维知识拓展的角度而言，大学阶段应普遍拓展以下知识。

1. 数学知识。数学是人类对事物的抽象结构与模式进行严格描述的一个古老学科。从最早、最基础的算术、平面几何、代数开始，到立体几何、解析几何、函数、线性代数，再到概率、数理统计、微积分、实变函数（实分析）、复变函数（复分析）、常微分方程、级数、泛函分析、近世代数、拓扑学、非欧几何、数论、图论等内容，已分流出很多具体门类。这些不同的门类中几乎普遍蕴含一种特有的思维模式——数学思维，亦即用数学的观点和方法去思考和解决问题，比如转化与划归，从一般到特殊、特殊到一般，函数与映射的思想等。

在中小学阶段，大学生已学过了算术、代数、平面几何、立体几何、解析几何等内容。这些内容在某种程度上已为他们获得理性思维能力奠定了良好基础。比如算术教会了他们数量运算、关系运算和逻辑运算。几何不仅培养人们的空间想象能力，还提供了从具体概念抽象出公理化的方法以及严谨的逻辑推理论证和巧妙的归纳综合。代数是以符号替代数字进行数字和文字的代数运算理论和方法，通过研究实数和复数以及以它们为系数的多项式的代数运算理论和方法，教会了他们用更系统、更普遍的方法解决各种数量关系的问题。但是社会是复杂的，面对纷繁复杂的现实问题，这些知识和实践远远不足，还必须补充必要的数学知识。

当然，大学课程不同专业的知识是不一样的。尽管现在一般学科都要学习高等数学，但相对而言，文科学生又偏重于数理逻辑、线性代数；经济类专业偏重于运筹学、概率论与数理统计；工科学生偏重于复变函数、线性代数、矢量分析与场论；计算机专业偏重于数值方法、数学建模、模糊数学、离散数学（包括集合论、图论）、代数结构、组合数学、数理逻辑；师范类学科偏重于初等代数、初等几何、解析几何、高等几何、实变函数等。就常规的数学思维训练而言，我们认为大学生普遍需要学习以下三种知识。

第一，线性代数的知识。线性代数是研究向量和向量空间线性关系的课程，线性代数的学习将教会人们如何研究多个变量之间的关系，如何减轻复杂系统中变量之间的复杂程度，对于我们拓展建立虚拟网络空间思维具有重要作用。这是抽象思维所必需的，也是先前数学知识所未曾涵盖的。

第二，概率与数理统计知识。概率与数理统计是研究随机现象统计规律性的一门数学学科。概率与数理统计的学习，将教会人们如何合理而有效地获得数据资料，如何对已经获得的数据资料进行分析，从而对所关心的问题做出尽可能精确的估计与判断。概率与数理统计学打破了先前绝对化的思维模式，帮助人们确立了"部分"和"量化"意识，建立了定量化分析问题的思维框架，能够很好地消除笼罩在人们观念中的"绝对"和"执着"的迷雾，和以往的思维不同。

第三，微积分知识。微积分是由牛顿、莱布尼兹发明的一种利用直线的线性变化量来代替非线性函数的变化量，从而可以求得精确的曲顶梯形面积的数学方法。有了微积分，才能使思维从静态模式变为动态模式，人们才有能力把握运动和过程。微积分在人类社会从农业文明跨入工业文明的过程中起到了决定性的作用。它催生了工业革命，催生了大工业生产，也就有了现代化的社会。航天飞机、宇宙飞船等现代化交通工具都是在微积分的帮助下制造出来的。

可能有的学者未必认同以上观点。有些人可能认为这样的数学课程设置有些偏多，有的人认为设置偏少。这实际上主要是源于对数学思维能力理解的不同而造成的，我们对此持开放态度，允许有不同意见。因为迄今为止，数学思维本身并无明确标准，有争议是正常现象。

2. 逻辑思维知识。对于逻辑思维能力而言，这是我们的弱项。近代以来逻辑知识普及的不足以及当代应试教育的偏颇，使我们本就缺失的理性基因更是少了生长发育的机会。逻辑理性是理性思维的核心、精髓和灵魂，当前我国大学生理性普遍缺失的一个非常重要的原因就是逻辑知识普及的不足和训练的偏少。尽管近年来随着通识教育的拓展，逻辑教育也不断普及与推广，但远远不能与社会需求相匹配。把西方先进逻辑思维方法与中国传统的思维方式结合起来，培养既了解世界又能传承中华优秀文化的时代新人是当前的迫切要求，大学亟待广泛开展逻辑学的大众化普及。

逻辑思维知识包括：（1）形式逻辑知识。形式逻辑是关于思维形式、思维规律和简单逻辑方法的科学。形式逻辑可以帮助我们获取新知识和更好地学习已有的科学知识，可以帮助我们正确地表达思想，可以帮助我们有力地批驳诡辩。形式逻辑是专门教授思维形式和规律的课程，过去许多大学并没有专门开设，导致大部分学生对人类思维的理解完全停留在高中语文课程描述中的状态，这是不够的，也是导致我国大学生缺乏对思维系统认知、没有形成理性思维自觉、经常出现违反思维常识问题的根本原因，需要我们补上这个欠缺。（2）数理逻辑知识。数理逻辑又称符号逻辑、理论逻辑，它既是数学的一个分支，也是逻辑学的一个分支，是用数学方法研究逻辑或形式逻辑的学科。数理逻辑的主要分支包括：模型论、证明论、递归论和公理化集合论。其研究对象是对证明和计算这两个直观概念进行符号化以后的形式系统。数理逻辑是数学基础的一个不可缺少的组成部分。虽然名称中有逻辑两字，但并不属于单纯逻辑学范畴。数理逻辑的学习将使我们掌握形式化的推理、论证方法，明确什么样的推理是正确的、什么样的推理是错误的，对于消除思维中的主观因素有重要意义。在西方许多国家，大学都专门开设数理逻辑课，这对于培养学生的理性思维能力具有重要意义。我国的很多大学至今没有开设这门课程，是令人遗憾的，需要补上。（3）辩证法知识。辩证思维能力是通过辩证法常识的普及和实践中的锻炼获得的。对于辩证思维能力而言，这是我们中华民族的显著优势。我们不仅从小就从老祖宗们的言行中获得了传承，而且早在高中阶段唯物辩证法就作为一门必修的政治课进入了我们的课堂和头脑中，几乎所有的中学生都接受过较为系统、完整、深刻的辩证法教育。但令人欣喜的同时，也有让我们担忧之处：在这方面许多学生走过了头，常常由于过分地辩证反而使思想游移不定，变得难以决断。实际上，这也需要我们结合其他思维训练使之发挥更好的效用。

3. 批判性思维知识。批判性思维是为了得到肯定的判断所进行的可能为有形的或者无形的思维反应过程。批判性思维的基本要素包括断言、论题和论证，思维过程中分为洞察过程、分析过程和评估过程。养成批判性思维的精神气质，不仅对人们破除迷信、坚持真理、获得正确认识有重要作用，而且对人们应付复杂多变的世界，提升现代社会的人文精神，也是很有必要的。现代社会，批判性思维被普遍确立为教育特别是高等教育的目标之一，具有批判性思维能力是西方一直强调的人才培养目标之一。我国的高校过去对此强调不多，实际上这也是我国大学生的一个明显短板。近年来，国内有一部分学者极力倡导开展批判性思维，引起了一些高校的重视。全国有了专门的研究会，也有 20 多所高校开展了批判性思维教学，一部分学生接受了批判性思维的训练。由于师资和教育观念等多方面的局限，就全国而言，批判性思维的训练还差得很多，高校需要将此设为重要的培养目标。

当然，这些知识究竟在大学阶段的哪个学期学习，使用什么样的教材和教学方式、考核方式，学校可根据自身情况灵活安排。我们所关注的重点是，一定要让大学生学习并学会这些知识。

### （二）实践训练目标

实践是人的能力获得的又一个重要环节，仅有知识没有实践是无法获得能力的。大学生之所以要比中学生有更强的能力，最主要的原因就是大学生比中学生有了更多的社会实践机会。要培养和强化大学生的理性思维能力，除了有知识教育目标之外，也必须有实践训练的明确目标，包括总目标和分目标。总目标要明确指出，大学期间在大学生理性思维能力的培养和强化上究竟要让大学生的思维训练达到何种程度；分目标要结合具体的课程学习，明确不同的课程训练之后要达到什么程度。关于这个问题，过去我国的大部分高校没有做过专门的强调。有些学校的某些专业在人才培养目标或课程体系设置的相关描述中有一些相近的提法，但较为含糊、笼统，需要我们对此做更为清晰、明确的阐释。

1. 理性思维能力实践训练的总体目标。如果把理性思维能力的培养作为高校人才培养的重要目标之一，那就要在校级和院（系）级的不同层面对理性思维能力有明确表述。当然校级和院（系）级可能描述用语和详尽程度不会完全相同，但应该在精神上统一。过去我们在考察美国的一些大学时发现，他们在人才培养目标上明确提出学校要培养具有批判性思维、有团队合作意识和协作精神的社会公民，把批判性思维明确写入育人目标中。这方面值得我们学习。

2016 年我国教育部也把"理性思维能力"作为学生的核心素养之一明确提出来，但迄今为止，很少有学校在人才培养目标中有这方面的描述。我们的高校在人才培养目标上的描述基本上都是：要培养有理想、有道德、有文化、守纪律的社会主义事业的合格建设者和可靠接班人。这种描述高度概括，涵盖了理想、道德、文化、纪律和政治可靠，但总体感觉过于宏观，这导致了许多学校在实际操作过程中多是重视传授知识，不注重发展能力。我们能否结合学生发展的核心素养也提出一个包含理性思维能力的目标呢？这是值得反思的。

当然，现在许多学校的院（系）专业人才培养目标中也有这方面的论述，但明确把"理性思维能力"或"逻辑思维能力"或"批判性思维能力"作为培养目标的还不多。我们认为今后应该在这方面予以加强。

2. 理性思维训练的阶段性目标。理性思维训练的阶段性目标是真正落实理性思维能力的培养理念，实现能力培养目标的关键举措和重要路径。没有实践中的强化训练，知识的学习会大打折扣。我们现在的许多大学生存在高分低能现象，就与实践不足有重要关系。思维训练的阶段性目标的制定要和相应课程的知识学习结合起来，因为不同课程内容教授的是不同的思维方法。

学数学就要让学生学会数学思维方法，就要经过反复的实践训练让学生们能够熟练运用数学思维方式来认识、分析和解决现实中的问题。学形式逻辑和辩证逻辑就要让学生学会下定义、做判断、搞推理，并且要达到概念清晰、判断准确、推理正确、论证有效，要能用形式化、公理化的方法进行抽象思考和分析、推理、论证，尽可能消除人为主观因素的影响。学辩证法就要学会用普遍联系的、运动发展变化的观点来思考问题，学会在对立统一中、质量互变中、否定之否定中认识和分析问题。学习批判性思维，就要让学生们学会反思、质疑、批判的方法，养成爱思考、不轻信、不盲从的习惯，培养出学生的批判气质和批判精神。

至于实践训练究竟安排在什么时段、用何种方式、安排多长的实训时间，各高校可根据自身情况酌情决定。

# 第三节　满足提升需求，建立系统完整的组织管理体系和制度体系

大学生理性思维能力的提升是一项系统工程，绝非一朝一夕就可完成的，也绝非几次高谈阔论就能实现，它不仅需要有完善的组织体系来支撑，还需要有健全的制度体系来保障。根据能力提升的需求，厘清组织体系与制度体系间的关系，构建完善的组织体系和制度体系也是必须做好的重要工作。

## 一、组织体系和制度体系解读

组织体系通常是指要完成某个事项和实现某一目标而建立的、有职能分工和相互配合协作关系的机构群团。组织体系中一般包含领导决策机构、管理机构、执行机构和考核监督机构。领导决策机构主要负责把方向、管大局、做决策；管理机构主要负责履行计划、组织、指挥、协调和控制职能；执行机构主要是具体执行操作任务的部门，负责完成具体工作。

制度体系通常是指为完成某个事项或实现某一目标而相应建立起来的一系列制度规范。制度体系包括责任分工制度、人事分配制度、工作流程和标准规范类制度、监督检查类制度、奖惩激励类制度等若干大类。不同的事项和任务，所需制度的多寡不同。

组织体系和制度体系两者密切关联。组织体系是制度体系的载体和基础，制度体系是组织体系的规约和保障。没有组织体系的制度体系是无源之水、无本之木，没有制度体系的组织体系就犹如一团乱麻，一事无成。

## 二、建立组织体系和制度体系的重要意义

组织体系和制度体系是做好工作的一体两翼，也是保障工作能够顺利展开和有序运行的重要基础。只有建立起完善的组织体系，才能确保工作中最

关键、最活跃的人力资源配置到位，从而形成事事有人负责的工作格局，确保工作有计划、有组织、有指挥、有落实；只有建立完善的制度体系才能保证事事有标准、事事有考核、事事有优劣、事事有奖惩，工作才能顺畅、高效地运行。如果没有完整的组织体系和健全的制度体系做保障，再好的工作设想都只能成为空想，再崇高的理想也只能成为梦想，很难落到实处。

### 三、强化大学生理性思维能力所需组织体系和制度体系

大学生理性思维能力的培养和强化工作也是一项具体的、实在的工作。要想把它做好，真正见到实效，也必须建立起系统、完整的组织体系和制度体系。

### （一）组织体系

完善的组织体系通常包含领导机构、实施机构、协同机构和监督机构。因此，在大学生理性思维提升工作上也需要：

1. 设立专门的领导机构。在大学生人才培养过程中，学校党委和校行政机关是领导集体，要加强对大学生理性思维能力培养工作的全面领导，要对培养过程中总的源头性的重大问题做出安排和部署。

2. 明确主管部门。学校的教务部门是教务工作日常运行的专门组织指挥机构和协调部门，教务部门要扛起大学生理性思维能力培养的重任，明确大学生理性思维能力培养的具体目标，加强相关课程体系的规划和建设。

3. 构建协同联动的能力培养体系。建立协同育人的组织体系不仅是学生成长成才的内在要求，也是学校减少教学实践环节中的人、物、财力消耗，不断提升人才培养效能的重要保障。理性思维能力的培养不是一个部门可以独立完成的，需要通过学校的教务处、学生处、团委、思政部、宣传部、人事处、财务处、后勤及各院系等多个不同主体参与和密切配合。因此，学校要形成一个多主体参与的、利于促进大学生理性思维能力培养和强化的立体

网络体系，使每个部门明确各自在培养大学生理性思维能力工作中的责任、所要完成的任务及必须遵守的工作要求，形成有机联动的工作格局。完善各部门之间纵向互通、横向联动的知识经验和信息共享机制，不断加深各主体间的有效融合与相互协调，不断增强主体间的包容和信任，形成沟通顺畅、协调到位、上下贯通的良好态势和合力营造共铸中华民族共同体意识的良好氛围，发挥出团队作战的优势。

4. 配备一支高素质的师资队伍。大学生理性思维能力的培养，也需要各学校根据大学生理性思维能力培养的目标和课程体系设置情况，以及不同院系专业的特殊情况，在和专业教学、思政课程教育有机结合的基础上，建立起一支能够涵盖全体在校大学生的、适应现代理性思维方法教授的专兼职师资队伍，保证理性思维能力培养的计划能够落到实处。

具体而言，就是一要配备足够数量的、能够教授数学思维课程的数学教师。二要配备足够的思想政治教育教师，能够教授辩证思维方法。三要配备一定数量的专兼职逻辑学教师，专门教授逻辑思维知识。四要配备一定数量的批判性思维的专兼职教师。五要配备一定数量的理性思维实践训练的专兼职教师。当然，有些专业教师若有兴趣参与理性思维能力教学，在考核合格的前提下也可作为兼职教师加入这支队伍，一起来完成这项任务。教授数学思维的老师可以和学校的数学老师统筹考虑配置；教授辩证思维的老师可考虑和思政课老师统筹配置；教授逻辑思维知识的老师可考虑与哲学老师或思政老师统筹配置；教授批判性思维的老师也可考虑和哲学或思政老师统筹配置。

5. 建立专门的监督考核机构。有效的监督考核不仅是规范培育主体行为发展的重要举措，也是确保工作落实和合理有序推进的有效手段。强化大学生理性思维能力，也必须要有相应的监督考核机构对此项工作进行监督考核，才能确保取得实效。

现在许多学校为确保教学质量几乎都设立了专门的教育教学指导委员会

对教师教育教学行为进行指导监督，这也为大学生理性思维能力的强化工作奠定了良好的基础。各高校可充分发挥教学指导委员会的作用，做好对理性思维能力培养和强化的监督考核工作。

### （二）制度体系

制度体系是完成特定任务所需建立的各类制度的统称，包含计划、组织、指挥、协调、控制等一系列管理过程中所制定的标准和规定。

大学生理性思维能力的培养和强化，虽然仅是大学阶段众多能力培养的内容之一，但要想实现这一目标，也必须要在建立和完善组织体系的同时，不断健全相关的各种制度。否则，工作就很可能只流于形式，很难落到实处。

在制度建设方面，我们也可以学习美国、英国和德国等国家的一些好的经验。通常而言，大学生理性思维能力的培养和强化必须要建立起包含四方面内容的基本制度。

1. 清晰明确的教学计划。要对大学生理性思维能力的培养必须教授的理论和实践课程名目、课程内容、授课人员、教学时数、教学方式、教学进度计划、各门具体课程的考核办法等相关问题有明确的安排和部署。

2. 各类教学规范。这类制度一是要建立教师和学生的行为规范，如需要在理论教学和实践训练过程中对教师和学生做什么、不能做什么、如何做等问题要有明确规定。二是建立工作标准，如各门课程的教授要达到什么程度、实践训练要达到什么水平等。

3. 教学过程的监督指导和结果的评价考核制度。要明确大学生理性思维能力的培养及强化工作和每项具体工作要分别由哪些部门、哪些人员来检查指导和考核、检查考核什么内容、怎么考核、怎么指导以及如何评价等问题。

4. 奖惩制度。要明确大学生理性思维能力的培养和强化工作做到什么程度、会对应获得什么奖励；反之，怎么处罚等。

除此之外，各学校可根据自身情况再做细化、补充和完善。

# 第四节　加强宣传，营造理性能力培养的浓厚氛围

作为一项重大工程，大学生理性思维能力的提升，不是仅凭几个部门或少数人短时间的努力就可完成的，而是需要充分发挥各参与部门和全体人员的聪明才智，不断凝聚共识，齐心协力、持久用力方能见到成效的。为此，浓厚氛围的营造也就成为我们必须做好的重要工作之一。

## 一、氛围释义

氛围，词源本义是指由于某些特殊原因，在一定的空间范围所呈现出的有特色的景象和情调气氛。它可指某种特定物体周围的独特小环境，但多数情况下是用于指为达成某种特定的目标而经过人们的努力所创造的文化环境。

文化环境包括"文化硬环境"和"文化软环境"两个方面。"硬环境"主要是指由建筑物、道路、场馆、雕塑、宣传栏、绿化植被等构成的实体空间所呈现出的特色文化；"软环境"主要是指由一个团体的发展历史、团体的歌曲、团体规训、团体报刊、网络空间及团体活动所营造出的特有文化。文化环境承载着团体的精神，反映了团体的最高价值追求。透过每一个建筑物、每一个雕塑、每一张壁画、每一句规训、每一首歌曲我们都将深深感受到它们所传递出的精神与价值追求。

## 二、氛围营造的重要意义

氛围的营造对工作的推动具有十分重要的意义。它不仅具有宣传灌输功能，能让所有团队成员在氛围营造的过程中明白工作的重心，了解工作的方向，懂得组织所欲达成的目标，它还具有引领功能，能统一全体成员的意志，朝着既定的方向前行。此外，它也具有凝聚功能和激励功能，不仅能使组织内部成员相互感染，提升工作的热情，积极主动配合组织，确保工作顺畅进行，还能使组织成员获得成就感、归属感，形成一个积极向上的工作氛围。

做好氛围的营造是完成特定任务，或实现特定目标必不可少的重要工作。

### 三、强化大学生理性思维能力氛围营造的具体方法

大学生的理性思维能力是大学生的核心素养之一，提升大学生的理性思维能力也是一项事关学生成长成才和国家民族未来发展的重要工作。做好这项工作需要凝聚学校的众多力量并长久地开展一系列卓有成效的工作。因此，必须营造一个良好的、有利于推动和落实培养与强化理性思维能力工作的环境氛围。

#### （一）要加强理性思维能力培养的宣传教育

营造浓厚的文化氛围，让学校各级党政干部和全体教师、学生懂得培养和强化大学生理性思维能力的深远意义，不断提高思想站位，增强行动的自觉性和主动性，是做好大学生理性思维能力强化工作的原始动力和重要条件。高校各级领导干部和广大教师务必要把理性思维能力的培养和强化放到事关能否培养出合格建设者和可靠接班人的政治高度来看待。各高校要充分利用校报、广播站、宣传栏、社团刊物、电视台等主流媒体和重要的宣传阵地，不断加大宣传力度，使理性思维能力的培养和强化工作深植广大师生的内心，要让大家充分认识到培养和强化大学生理性思维能力对于国家的繁荣强盛、社会的健康稳定、和谐发展及个人成长成才的深远意义和重要价值，能自觉地、积极主动地参与其中。特别是在每一届新生到校以后，要通过校园宣传阵地和现代网络媒体加强这项宣传教育工作。网络媒体与传统媒体相比具有交互性强、时效性高、信息量大、传播速度快等特点，对人们的生活、学习、工作产生了深刻的影响，尤其对大学生的成长和发展产生了重大影响。网络媒体开阔了大学生的视野、丰富了大学生的知识、提升了大学生的能力素质，为大学生的成长发展提供了良好的机遇。高校要充分运用新兴的数字化互联网媒体独特的优势，为理性思维能力的强化和提升提供更加广阔的互动平台。

要通过网络媒体，把握舆论导向，把正确的价值观和意识传递给大学生。对于那些不正确的、有损于此项工作开展的错误思想观点及时批驳，严正声明立场和观点，使那些扰乱视听的错误观点尽可能消除。要积极建立影响力大的理性思维能力培养的专门网站，不断完善信息资源建设；要针对大学生关心的热点和难点问题，开设多样化的专题栏目；要用大学生身边的人和事感染、影响他们，帮助他们树立正确的理性思维观、价值观，增强教育效果。

### （二）要组织专题学习和讨论

学校要由专门的部门组织一定数量的老师，通过一定的渠道和方式，组织学生尤其是新生广泛地开展关于理性思维能力的学习和讨论，要让每个同学都要懂得"理性思维究竟是什么""理性思维能力是怎么形成的""它对人的成长究竟有什么样的意义和价值""为什么必须要在大学强化学生的理性思维能力"以及"如何强化大学生的理性思维能力"。

只有让广大师生真正地、彻底地懂得了这些问题，才能激发广大老师和学生们的教学积极性，让大家心往一处拧，劲往一处使，工作也才能取得实效。

### （三）开展典型事例的宣传报道

榜样的力量是无穷的，用身边的事教育身边的人一直是各级组织宣传动员工作中最直接、最有效的途径。营造高校大学生理性思维能力培养的浓厚氛围也需要借鉴这种经验。我们要把那些在理性思维能力培养方面做得有特色、有成效的好做法、好经验通过总结提炼形成典型案例在全校范围进行推广，既要让那些好的做法和好的经验及时被大家充分了解和掌握，也要让那些敢于改革、善于创新的优秀教师得到认可、受到尊敬。只要大家真正感受到了学校对培养和强化大学生理性思维能力工作的高度重视，广大学生就会积极行动起来，热情地参与其中。在参与的过程中，大家逐步形成稳定的价值取向和行为规范，从而使该项工作逐步走上良性发展的道路。

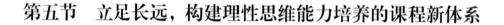

# 第五节  立足长远，构建理性思维能力培养的课程新体系

能力的获得是"知""行"有机统一的过程，获取必要的知识和进行有效的实践训练，都是在能力培养过程中必不可少的重要环节。如何将二者有机统一并形成切实可行的教学方案是课程体系设置的重要内容。大学生理性思维能力的提升也需要从他们素质拓展和成长成才的高度来认识，进而构建课程的新体系。

## 一、课程体系阐释

课程体系是指在一定的教育价值理念指导下，将课程的各个构成要素加以排列组合，使各个课程要素在动态过程中统一指向课程体系目标实现的系统。课程体系主要由特定的课程观、课程目标、课程内容、课程结构和课程活动方式所组成。课程体系是人才培养理念的具体化，是培养目标实现的载体和依托，不同课程门类的排列顺序和组合决定了学生将获得什么样的知识结构，具备什么样的能力。因此，课程体系是保障和提高教育质量的关键要素。美国、德国、英国等国家之所以能实现其特色教育目标，最关键的也是因为其能够不断加强课程体系的建设。

## 二、课程体系设置的一般方法

我国的课程设置理论经历了以知识为中心、以学生为中心和以社会需求为中心的几个不同阶段的发展，满足了我国不同时期经济社会发展的需求，为我国人才培养做出了巨大贡献。但是，随着社会的快速发展，原有的理论也逐步显现出了一定的不足，那就是对能力和素养强调的不足。这导致了现在许多大学生存在"理论与实践脱节"或"眼高手低"的现象，许多人只会读书考试而不会解决实际问题。新时代以能力为导向的课程体系设置理论坚持以学生为中心、以能力为导向、以满足社会发展需求为目标的总体设置原则，强调在对相关知识模块进行有机整合的基础上，突出实践实训环节，使学生尽可能在真实的生产环境和现实社会生活中得到锻炼，使人才培养质量有了明显提高，大学生们解决实际问题的能力也普遍得到了提高。

课程设置主要包括设置合理的课程结构和选择合理的课程内容。合理的课程结构指各门课程之间的结构合理，包括开设的课程合理，课程开设的先后顺序合理，各课程之间衔接有序，能使学生通过课程的学习与训练，获得某一专业所具备的知识与能力。合理的课程内容指课程的内容安排符合知识论的规律，课程的内容能够反映学科的主要知识、主要方法论及时代发展的要求与前沿。课程设置必须符合培养目标的要求，它是学校的培养目标在学校课程计划中的集中表现。

课程设置一般要按照以下方式展开：首先，要根据人才培养理念和培养目标，确定培养对象所应具备的知识结构和能力要求；其次，要根据知识结构和能力要求，确定课程结构；再次，要根据知识结构明确具体的课程内容；最后，要根据课程内容确定不同课程的学时数量、学分占比、教学方式（包括理论和实践）及评价考核方式。

### 三、强化大学生理性思维能力的课程体系设置

根据大学生理性思维能力的培养目标，结合当前新时代我国社会各界的人才需求情况，在借鉴英国、德国、美国等发达国家在能力培养方面的课程设置经验的基础上，我们提出以下课程设置意见。

#### （一）课程结构的设置

根据大学生理性思维能力的来源及其生成途径，结合大学生校园生活的特点和教学规律，我们可把大学生理性思维能力的课程分为四大板块，即思维基础理论课、专业思维训练课、思政思维训练课和社会实践训练课。

思维基础理论课主要是介绍有关人类思维的基本常识，如思维的基本内涵、分类、形成过程、特征及功能等基本问题以及一些通用的思维方法。思维基础理论课包括思维方法概论、方法论、文化概论。

专业思维训练课是结合专业教育内容，在专业知识教授的过程中强调和突出科学思维、逻辑思维和批判性思维等内容，让学生在接受专业知识教育的同时不断强化并逐渐形成具有专业特色的理性思维能力的课程。这些课程不是单独设置，而是在原有课程基础上的提炼和挖掘。专业理性思维能力训练课程既可以帮助学生快速掌握所学的理论知识，也可帮助学生把所学到的思维基础理论应用在专业领域中。专业思维训练课包括逻辑思维、辩证思维、数学思维、科学思维、批判性思维等内容。

思政思维训练课是指结合思政教育理论进行思维训练的课程，与专业思维训练课有一定的类似，也是在进行思政教育的同时突出和强化理性思维的能力训练。思政教育的目标是帮助学生树立坚定的理想信念、厚植爱国主义情怀、树立高尚的道德理想，让他们成为具有一定法治意识的、能够认同党的领导、认同社会主义制度、认同国家统一、认同中华传统文化、认同中华民族历史的能够担当中华民族伟大复兴梦想的时代新人和社会主义事业的合格建设者和接班人。这就要求广大学生不仅要能分辨是非对错、善恶美丑，还要学会反思、检视、批判、创新，从全局上、宏观层面上历史地、辩证地考虑问题。那么，如何才能学会正确思维，获得正确的认知，不被错误和反动思想所干扰？最重要的就是要具备理性思维能力。思想政治理论课是一个包含政治、经济、文化、历史、法律以及伦理学、美学、哲学等多学科的综合课程体系，包含着马克思主义的基本原理以及用马克思主义的立场、观点和方法解决中国问题的系列成果，是历史与现实、理论与实践相结合的典范。思政课程和思维问题有着天然的紧密联系，甚至在某种程度上还有雷同和叠加，如果我们能在进行思政教育的同时渗透思维方式的教育和训练，不仅会让思政课程亲切活泼，更具说服力，更易被广大学生理解和接受，也会使学生理性思维能力快速提升，进而增强思政教育的实效。结合思政教育理论进行思维训练的课程包括思想道德修养与法律基础课、马克思主义原理课、近现代史纲要课、毛泽东思想概论与中国特色社会主义思想理论体系课、形势与政策课。

社会实践训练课主要是指结合大学生的日常生活和校园文化生活及社会实践中的具体问题，在研究、讨论、解决这些问题的同时加强理性思维能力的培养和训练所设置的专门课。这类课程可以与团委的第二课堂相结合，也可以和大学生的暑期社会实践如"三下乡"活动相结合，还可与"青马工程"培训过程相结合，通过主题班会、主题团日活动、就业创业培训等形式进行。

总之，理性思维能力的培养和强化不是一蹴而就的事情，而是一个漫长的、不断渐进的过程，需要贯通大学的四年，需要渗透在学生生活、学习的全过程，因此必须构建类型丰富、层次递进、相互支撑和全面覆盖的立体交叉的课程体系。

### （二）思维课程内容设置

1. 思维基础课。思维能力基础课是对人类思维的基本问题和概况，即什么是思维、思维有哪些类型、思维从哪里来、思维如何形成、思维的特征及人类对思维情况进行研究的基本概况等一系列问题解答的相关课程。思维能力基础课板块应包含诸如思维学概论、科学思维方法导论等。

思维学概论课属于对思维本体进行通识性了解的基本课程，最好要作为必修课放在大学一年级来上，该类课程学时不宜安排太多，原则上以 16~32 学时为宜，占 1~2 个学分即可。

科学思维方法导论课类似思维学概论，只是在内容尤其是在思维方法类别的介绍上比思维学概论更为详细一些。可根据所学专业替代思维学概论作为必修课放在大学一年级来上，该类课程学时也不宜安排太多，原则上以16~32学时为宜，占 1~2 个学分即可。

2. 思维训练的专门课程。由于人们对"思维"一词理解和运用上的差异，导致社会上出现了许多关于不同种类思维的著作，如《原始思维》《战略思维》《底线思维》《商业思维》《法治思维》《创新思维》《成功思维》，甚至如日本的稻盛和夫写的讨论商业如何才能成功的《思维方式》等书籍。当然，这些也是研究关于某种具体"思维"方式的，但这些"思维"并不是我们所要讨论的、同一意义层面上的"思维"，我们所讨论的思维是指有关人类思考问题的最基础、最普遍、最一般的形式和规律。

理性思维是摆脱情感影响而按照人类思维自身应有的发展方式和发展规律来认识和研究问题的一种思维模式。所以，理性思维的课程也应是纯粹的、有关人类思维相关原理和规律的课程。人们通常认为，理性思维的专门课程通常包含下列课程：形式逻辑、数理逻辑（或现代逻辑）、辩证逻辑、归纳逻辑、批判性思维及数学思维等课程。

从理性思维的整个知识体系来看，逻辑学是这类课程的核心。逻辑思维是以概念、判断、推理等作为基本的思维形式，遵循思维基本规律和规则，其核心是进行严密的推理和论证。逻辑包括形式逻辑、数理逻辑、现代逻辑等主要内容。学会用传统方法和现代方法来下准确定义、正确判断、有效推理、合理论证，进而能够有效地建构理论体系并进行科学论证是逻辑学的教育目标。根据不同的专业需求，可选择不同深度的逻辑课程进行教授。

（1）形式逻辑课。形式逻辑是阐释人类理性思维的基础课程，它较为系统地对人类思维的形式和规律进行了介绍。尽管许多人在中学阶段已对其中的一些内容有过接触，但总体而言，系统性、完整性不足，学习研究的深度也有限，在大学阶段还有必要再做一些深化。鉴于该课程的基础性和普遍性，建议所有大学都将其设为必修课，课时至少32学时，学分不低于2个学分。最好安排在大一的第一学期进行。

（2）数理逻辑课。数理逻辑又称符号逻辑、理论逻辑，它既是数学的一个分支，也是逻辑学的一个分支，是形式上符号化、数学化的逻辑，本质上仍属于知性逻辑的范畴。数理逻辑的研究对象主要是把证明和计算两个直观概念进行符号化以后的形式系统。数理逻辑虽然名称中有逻辑两字，但并不属于单纯逻辑学范畴，它也是数学基础的一个不可缺少的组成部分。因为其对证明和计算有着特殊的强调，较多使用证明和计算的那些专业的大学生应该作为必修课做较为深入的学习，其他学科专业的学生可作为选修课来学习。学习阶段安排在大二较为合理，在形式逻辑学习之后，学时一般应安排为48学时，占3个学分为宜。

（3）辩证逻辑课。辩证逻辑作为逻辑学的辩证法，是研究和反映客观世界辩证发展过程的人类思维的形态，即关于辩证思维的形式、规律和方法的科学。辩证逻辑诞生于形式逻辑之后，第一个辩证逻辑体系是十九世纪初黑格尔建立的，但他所建立的是一个唯心主义的辩证逻辑体系。马克思主义哲学诞生后，才有了科学的辩证逻辑。所以，也可以说辩证逻辑是人类思维发展到自觉的辩证思维阶段才有的产物。辩证思维是关于人的认识进入理性阶段的思维规律，是现代科学理论思维的工具。辩证逻辑含矛盾逻辑与对称逻辑两大类型或两个阶段。

辩证逻辑是高中阶段所学习的辩证思维方法之上的进一步发展，也是一种极具基础性的重要思维方式，不仅对科学研究有重要作用，而且对日常生产、生活也有重要价值。在可能的情况下，全体大学生应该对此有所了解。建议将该课程设为考查必修课，学时数定为16学时，在大二或大三学习，学分设置为1个学分。

（4）批判性思维课。有逻辑地、明白地说理，从来都是社会对精英群体的期待。逻辑思维和批判性思维能力是中国高校和学生的致命短板，它的危害不只是不会写议论文那么简单。一个民族不会瞬间陷入一种类宗教性的迷狂，首先要从这里开始培养。过去，我们对批判性思维的教育重视不够，只有较少的学校和较少的专业开设批判性思维课，这是非常遗憾的。近几年来，已有以华中科技大学、中山大学等教授为代表的一些高校开始开设了逻辑与批判性思维、逻辑与创新思维等课程，但一直处在争议之中，艰难前行，需要更多的人参与进来，发展壮大。

当然，鉴于批判性思维与逻辑思维的亲缘关系，究竟是专设批判性思维课还是将批判性思维能力的培育融于逻辑学教育教学中，各校可根据具体情况酌情处理。我国批判性思维研究专家武宏志教授指出："我国大学的一般逻辑教学，应以培养批判性思维能力和气质为目的，以论证为核心，围绕论证的识别、分析、评估、建构、表达展开；以论证形式为重点，以社会生活为例证源，规则叙述与谬误分析相结合。"只要在逻辑教育教学中采取正确的形式和方法培养大学生的批判性思维能力，就一定能够使大学生具有批判性思维气质和科学精神，从而提高大学生的思维素质，为创新性活动打下坚实的思维基础。①

基于批判性思维课在理性思维能力培养和强化方面的重要程度，我们建议全体大学生都学习该门课程。课程定位为必修课，学习时段放在大三第二学期或大四第一学期，学时数定为48学时，占3个学分。

（5）数学思维课。数学是以数学物像为思维对象，在人脑和数学对象的相互作用过程中，以数学语言符号为载体，对客观事物进行抽象和概括，深刻揭示数学内部规律，并以一定形式反映出来。数学思维其实是一种形式化思维，将客观事物通过符号化的语言，将其数量关系提炼出来，并制订出数学思维的基本规则。数学思维能力的培养离不开学校合理的数学教育。数学教育通过联系教学实际，能够帮助学生正确认识思维特点和发展阶段，教会学生认识事物规律，培养学生独立分析、学会总结的能力，促进个人综合素质不断提高。培养与发展学生的理性思维也是数学教学的重要目标。大学数学讲究严谨的逻辑和理性的思维，通过大学数学教育可有效地启发学生，建

---

① 王保国. 逻辑教育教学对培育大学生思维品质的功能 [J]. 延边大学学报（社会科学版），2011，44（2）：140-144.

立起理性的思维习惯，更好地适应新时期社会发展对人才的挑战与要求。[①]

过去我国中学阶段的数学教育，由于受应试教育的影响，许多学校为了应考，教学时通常采用题海战术，而不注重数学思维方法的研究。尽管在老师的带领下，学生做了很多练习，但是思维能力并没有明显提升，到了大学阶段亟待改善这一局面。目前，我国的许多高校包括非数学类的理工科专业也都开设了专门的高等数学课程，涵盖了数学分析、代数、几何、概率论与数理统计等数学分支的常用内容。这种教学安排经济有效，目的在于用较少的课时使学生掌握常用的数学工具。我们发现，一些高校的教学实践中还存在一定问题，那就是这些学校的数学教学往往忽略从实际问题中总结规律与概念，淡化了抽象的逻辑推理能力的培养。其实，随着社会的进步与发展，这些抽象能力早已不是数学类专业的专利，掌握这些能力对各个专业的学生日渐重要。因此，提取并组织现代数学知识中可以训练理性思维的内容，强调"数学思维培养"，可以满足培养学生理性思维的需求，对非数学类的理工科学生大有裨益。

以前对于一些文史哲、管理类、农医类专业的学生是否开设数学课程的问题，学界有不同争论，有些学者主张开设一定的数学课程，也有些学者反对开设。从思维训练角度来讲，能开设当然是最好的，但如果因为学习任务太重，用数理逻辑替代也未尝不可。

仅就思维训练而言，非数学类专业和非工科类专业，上高等数学和概率统计即可。高等数学课可放在大一阶段安排，课时可设置为96学时，占6个学分，分上下两个学期进行。概率统计课可在大二阶段安排，课时可设置为48学时，占3个学分。其他数学课程可结合专业的需求情况进行具体选择。

3. 思政思维训练课程。思想政治教育理论课包括思想道德修养与法律基础、马克思主义基本原理概论、中国近现代史纲要、毛泽东思想和中国特色社会主义理论体系概论及形势与政策五部分内容，是大学生的必修课，也是

---

[①] 万水森. 大学数学教学中学生理性思维的培养研究 [J]. 才智，2019，31：97.

帮助大学生树立远大理想和坚定信念，厚植爱国情怀，培养高尚的道德情操和正确的法治意识，确保大学生在思想上合格、政治上可靠的重要课程。一直以来，思政课教学受到了党和国家的高度重视。毛泽东、邓小平、江泽民、胡锦涛、习近平等党和国家领导人对做好思政教育都发表了很多重要指示，特别是自党的十八大以来，习近平总书记就做好新时期的思想政治教育工作，提出了许多新的要求。中央办公厅、国务院办公厅、中宣部、教育部也出台了许多相关文件，对思政教育的诸多方面进行了更为细致的规范。目前，不仅全国所有的高校思政教师队伍和思政教育的经费已全部配齐、配足，教学活动开展得丰富多彩，教学效果也得到了明显改善。我国的思政教育堪称世界教育史上一道亮丽的风景线。

思想政治教育过程与理性思维能力的培养有着密切关联。理性思维着重强调的是思维的形式与规律，思政教育着重强调的是思想和内容，一个是思想方式、一个是思想内容，犹如硬币的两面，可谓珠联璧合。理性思维为思政教育的绩效提升提供了重要保障，思政教育为理性思维的培养和强化提供了有吸引力的实践材料。没有充满吸引力的主题做材料进行理性思维的讨论会让人觉得干瘪乏味，但没有理性思维做保障的思政教育也不会深沉久远。在做好思政教育的同时开展理性思维能力的培养和强化，能使两项工作的功效均得到大幅度的提升，具有事半功倍的作用。过去在思政教育中只注重强调知识的传授和实践体验，而缺失了对理性思维能力的明确培养，这恐怕也是长久以来思政教育课程易受反动思想和错误思潮干扰的重要原因之一。今后我们有必要进一步探索二者的深度融合问题。

因为思政课程的内容和课程目标不同，所以在思政课程中进行理性思维的训练也要各有侧重。具体做法可参照以下意见进行。

（1）思想道德修养与法律基础课。思想道德修养与法律基础课共包含六章内容，分别是关于人生观、理想信念、中国精神、社会主义核心价值观、大德公德私德和遵学守用的法律问题。课程目标是要让大学生了解人生的意义与价值，树立高尚的理想信念，增强道德法治意识，厚植家国情怀，懂得在理性思考人生问题的基础上，用规矩意识、法治思维来思考问题、解决问题。①之所以把这门课作为大学生理性思维能力提升的课程之一，是因为第一，它和现实结合紧密，研究的都是重大问题，是每个人成长进步之路上必须要解决好的重要问题，易于得到大家认真细致的思考。"基础"课承担着为党和国家培养社会主义合格建设者和可靠接班人的使命，其回答的是"培养什么人、为谁培养人"的问题，搞好"基础"课的教学要求教师在"基础"课教学中必须高度重视课程的意识形态建设，必须树立正确的逻辑思维、形成科学的教学方法，完成从教科书体系、教学体系到实践体系的转化过程，最终实现传道、授业、解惑的目的。第二，它自身有着严密的内在逻辑，不仅章节内容之间有着逻辑关联，而且对每个重大问题的回答都有充足理由，是训练逻辑思维的重要样本材料。"基础"课整个课程以"思考人生"为章节切入口，围绕"价值选择"展开三个篇章讨论，落脚于"提升道德"和"信仰法治"。从整个理论体系而言，各章节之间有非常严密的逻辑关联。另外，它对问题的回答是建立在理性思考和深度剖析的基础上，有充足理由。如在讲解什么才是真正的爱国主义、如何弘扬中国精神的问题时，教师就要在中华民族实现从站起来、富起来到强起来的历史进程中，回答中国共产党为什么"能"、马克思主义为什么"行"、中国特色社会主义为什么"好"的问题。教师可先让学生进行推理，引导学生得出农民阶级、地主阶级和资产阶级都无法使中国摆脱贫穷落后的面貌的认识，再指出中华民族在生死存亡的关键时刻选择了马克思主义、选择了中国共产党，这是历史的选择、是中国人民的选择。紧接着，围绕中国共产党的远大理想追求、科学理论引领、自我革命精神和强大领导能力等，回答中国共产党为什么"能"；通过以马克思主义作为指导思想实现中华民族从站起来、富起来到强起来的伟大飞跃，

---

①任帅军."思想道德修养与法律基础"课的逻辑思维、教学方法与路径创新［J］.内蒙古师范大学学报(教育科学版)，2019，32（12）：98-102+109.

诠释马克思主义为什么"行"；通过阐释中国特色社会主义的历史底蕴、生机活力和远大目标，解答中国特色社会主义为什么"好"。教师要把握住这些基本线索，教会学生用层层递进的逻辑思维（从对话逻辑、生活逻辑到问题逻辑）和循循善诱的教学方法（从启发式教学到实践性教学），让学生在理论结合实际的基础上，通过理性思考，层层深入，逐步树立起正确的世界观、人生观、价值观，树立远大的理想和坚定的信念，不断厚植爱国情怀，强化道德法治意识，最终成为素质上合格、政治上可靠的社会主义事业的接班人。第三，它在解决重大问题的同时让人感悟理性思维的重大作用，增加理性思维能力提升的自觉性。马克思曾指出以理服人的方法："理论只要说服人，就能掌握群众；而理论只要彻底，就能说服人。"什么是彻底？就是抓住事物的根本，也就是要求教师不仅要根据时代提出的问题讲活，而且讲透"基础"课想要让大学生们明白的道理。"基础课"的教学，不是在简单地讲历史故事，而是在讲历史进程中的选择，明白这一点，才会使大学生产生"愤而启、悱而发"的效果，才会在增强爱国、爱社会主义、爱中国共产党的情感与认知的同时增强对理性思维力量的感受，更加积极、主动、自觉地去学习和投身实践训练。

在"基础"课中进行理性思维能力的训练，首先要求教师要教会学生用系统科学的理论来看待和阐释重大问题，使大学生在面对党和国家以及每个个体人生的重大问题上，能够形成系统的观点和全面的认识。其次，要求教师教会大学生有逻辑地分析问题，不仅能抓主要矛盾，还能根据主要问题，有理有据、层层递进地进行分析与综合、归纳与演绎、概括与提炼，最终形成对事物清晰明确的认知。最后，要求教师还要教会大学生学会反思问题并能把理论与实践结合起来，能有针对性地进行生活抉择，促进大学生在报效国家的实践中更好地成长成才。

按照中宣部和教育部的有关要求，"基础"课一般安排在大一第一学期进行，课时为48学时，其中理论部分32学时，实践部分16学时，占3个学分。这个安排较为合理，无须再做新的调整。

（2）马克思主义基本原理概论课。马克思主义基本原理概论课是要了解马克思的主要理论和观点，学会用马克思主义的方法去认识、分析和解决日常生活中的各种问题；懂得我国为什么要把马克思主义作为理论指南；把马克思主义不朽的思想发扬光大。

马克思主义基本原理概论中提供了许多认识问题、分析问题、解决问题的方法，教授马克思主义基本原理概论最核心的目标就是要教会学生理性思维。具体而言，一是要通过学习马克思唯物主义的认识论，使学生把唯物主义和辩证法有机地统一起来，特别是将唯物主义原则贯彻到社会历史观中，能够用历史唯物主义的观点来思考社会问题，懂得唯心主义和形而上学的危害。二是要教会大学生把握事物共性的思维方式，不仅要学会全面客观地认识事物，还能使他们在认识事物的过程中，避免主观任意性，避免偏激。三是要使学生了解我国传统思维方式的特征及其危害，逐步摒弃传统思维方法中那些带有整体性、原始渗透性的落后思维。这也是我们培养和强化大学生理性思维的重要内容，二者在价值取向上具有高度的一致性。

当然，如果在马克思主义基本原理概论课的教学中，能够结合学生的具体实际情况来进行，那会对学生产生更大的吸引力。比如一方面可以结合学生的生活、学习、就业形势，引导学生正确认识自己的生活、学习、人格等实际情况，让大学生们明白自己生活是否健康，学习方法、学习态度是否存在问题，人格方面有什么样的情况等。另一方面，也可在引导学生们认识自身基本状况的基础上，帮助他们客观地找出所存在的问题及造成这些问题的主要原因和今后的努力方向，不断纠正自己，不断改变自己，使马克思主义成为改变自己人生、创造个人价值的精神武器。

马克思主义基本原理概论课，现在统一规定被安排在大一第二学期，96学时，学分为6分。在总课时中已有较大占比，不必再做调整。

（3）中国近现代史纲要课。中国近现代史是讲授中华民族是如何从饱受外部列强欺凌的半殖民地半封建社会一步步实现从站起来、富起来到强起来的历史过程，系统全面地回答"中国共产党为什么能?""马克思主义为什么行?""中国特色社会主义为什么好?"的问题，从而激发学生爱党、爱国、爱社会主义制度的意识，增强道路自信、理论自信、制度自信、文化自信的重要课程。

中国近现代史纲要中蕴含着大量的历史事件，不仅可让大学生在了解中国近现代历史的过程中学会全面、客观、理性地看待中国革命的功过成败和历史得失，进而形成对中国历史的深沉热爱和强烈自豪，具备一定的宣教能力，还能够帮助学生学会许多理性思维所必须具备的基本素养，养成理性思维的习惯，强化理性包容的精神。

中国近现代史纲要的教学，一是要培养学生理性思维的意识。历史教育的本质是人文教育。现代历史教育的特点是借助历史事实锻炼我们的思考、质疑、尝试、反省乃至包容、理解和欣赏的能力。教师不仅要培养大学生"在求真求实的基础上总结经验、汲取智慧，进而把它用于现实生活的一种观念和要求"的历史意识，还要通过引导学生思考，促使学生学会反思近代中华民族危机不断加深的内在深层因素，进而强化他们面对危机和困难时的自我反思能力，这对于大学生的成长具有深远意义和重要价值。二是可培养学生判定历史真伪的鉴别能力。"历史是任人打扮的小姑娘"，历史事件常常因统治阶级的需要被扭曲，这是一个历史的缺憾。这就需要我们在教授历史的同时教会学生正确判断某些历史事实说法的真伪、对错与是非，使学生初步具有批判性地评估材料和分析各种历史观点的能力；培养学生独立地对某些历史现象做出自己的判断，并运用恰当方法对这种判断做出能够自圆其说的论证和阐述；培养学生掌握"论从史出，史从证出"的证据意识，用科学严谨的态度得出结论等。三是历史教学可培养学生多角度思考问题和理性包容的能力。历史教学中除了教授给学生历史知识以外，还要着重去培养学生自我分析和判断的能力。在日常的教学中，教师要允许学生对历史事件发表不同的声音，培养学生懂得从不同角度认识事物会有不同结论的道理，能接受并包容他人发表不同意见，养成良好的理性精神。[①]

中国近现代史纲要的教学目前各高校均是安排在大二的第一学期，课时总量为 48 学时，占 3 个学分，也是在先前 32 学时和 2 学分的基础上做出的调整，安排比较适中。

（4）毛泽东思想和中国特色社会主义理论体系概论课。毛泽东思想和中国特色社会主义理论体系，都是马克思主义中国化的理论成果，都是中国化的马克思主义，它们同马克思列宁主义一起，是中国共产党长期坚持的指导思想和全国各族人民团结奋斗的共同思想基础。2018 年，十三届全国人大一次会议通过修改宪法的修正案，把马克思列宁主义、毛泽东思想、邓小平理论、"三个代表"重要思想、科学发展观、习近平新时代中国特色社会主义思想共同确立为国家指导思想。该课以马克思主义中国化为主线，集中阐述马克思主义中国化理论成果的主要内容、精神实质、历史地位和指导意义，充分反映中国共产党不断推进马克思主义基本原理与中国国情实际相结合的历史进程和基本经验；它以马克思主义中国化最新成果为重点，系统阐释了习近平新时代中国特色社会主义思想的主要内容和历史地位，充分反映了建设社会主义强国的战略部署。

开设毛泽东思想和中国特色社会主义理论体系概论课，不仅可以使大学生对马克思主义中国化进程中形成的理论成果有更加准确的把握，对中国共产党领导人民进行的革命、建设、改革的历史进程、历史变革、历史成就有更加深刻的认识，对中国共产党在新时代坚持的基本理论、基本路线、基本方略有更加透彻的理解，对运用马克思主义立场、观点和方法认识问题、分析问题和解决问题的能力提升也会有更加切实的帮助。

在培养大学生理性思维能力上，一要通过毛泽东思想和中国特色社会主义理论体系概论课的教学让学生懂得毛泽东思想的精神内涵和核心要义，懂

---

① 郭继凤. 论历史教学中学生理性思维能力的培养［J］. 赤子，2015，3：263.

得中国特色社会主义的本质特征、形成历史和我国坚持走中国特色社会主义道路的必然性，二要让学生从整体上把握马克思主义中国化理论成果的科学内涵、理论体系，特别是中国特色社会主义理论体系的基本观点，三要培养大学生的理论思考习惯，不断提高大学生的理论建构能力。

目前，该课开设在大二的第二学期，本科类大学总课时设置为80学时左右，专科学校学时数设置为60学时左右。本科设置为5个学分，专科设置为4个学分，均较为合理。

（5）形势与政策课。形势与政策课是理论武装时效性、释疑解惑针对性、教育引导综合性都很强的一门思想政治理论课，也是帮助大学生正确认识新时代国内外形势，深刻理解党的十八大以来党和国家事业取得历史性成就、发生历史性变革、面临历史性机遇和挑战的核心课程。让大学生们了解世界政治、经济、文化的总体格局，懂得各国之所以实行不同的制度体系和政治、经济、文化、外交政策的深层原因，了解西方所谓的普世价值和民主人权的虚伪性，激发大学生的爱国热情，增强民族自信心，坚定地走中国特色社会主义道路，进而积极投身于改革开放和社会主义现代化建设的伟大事业，具有重要意义。

形势与政策课对大学生理性思维的培养也具有十分重要的作用。首先，国际理论的学习能够培养学生的抽象思维能力。抽象思维方法对于人类把握自然具有重要的作用，如马克思所言，"分析经济形式，既不能用显微镜，也不能用化学试剂。二者都必须用抽象力来代替"。大学生处于认知体系构建阶段，应该学会脱离具体的事物进行抽象思考的能力。国际政治理论并不实际涉及某一个或者某一类国家，对国际问题的讲授，能够有效地弥补现有教育的不足，提高学生的理性思维能力。国家间博弈行为的分析、研究带有类似数学的严谨逻辑演绎的色彩，无疑能够培养学生超越现实的抽象思维能力，有助于学生实现理性思维方式的转化。其次，对国际政治理论的学习能够培养学生使用严密逻辑进行推理的能力。主流的国际政治理论大都经过长期的争辩、对抗和融合，具有较为严密的逻辑结构。对这些理论和建构它们过程的学习能够帮助培养学生较为严谨的逻辑思维习惯，让学生在分析其他问题时也能够自觉运用严谨的逻辑分析方法。最后，对国际问题的分析能够帮助大学生克服"愿望思维"和"主观臆断"。国际政治理论的作用与单纯解释现实的新闻报道所不同的是各种流派的国际政治理论希望透过纷繁复杂的国际政治现实而获得超越时空的、"普世性"的规律，这实际上是一切学科追求的目标。对上述客观规律的把握能够较好地为研究者提供一种认识未知领域的思维框架。同时，规律的严密性、体系性能够避免研究者过分依赖主观臆断，摒弃"愿望思维"而导致的前后逻辑不一致的现象。①

在该门课程的教学中，我们要让大学生在深刻理解当前国际形势的基础上学会全面地、客观辩证地看待问题，学会用马克思主义的世界观和方法论来分析国际政治经济形势，学会科学、理性地面对当前我们所取得的成就和所面临的困难和挫折，时刻保持清醒的头脑，不轻信西方反动宣传，不被西方谣言所惑，在坚定、自信中与时俱进。

目前，该课程在本科院校为 64 学时，专科院校为 48 学时。本科院校为 2 个学分，专科院校为 1 个学分，均安排在大一到大四不间断全覆盖教学，值得继续坚持。

4. 实践训练课。此处所讲的实践训练课是指结合大学生的日常生活、各种校园文化活动和各类社会实践活动中所开展的理性思维能力的培养和强化课程，而不是指融合于前述四大类课程中的课程实践训练。所以在理论课程之外，再专门提出实践训练课的问题，这是因为理性思维活动本身就是人类最基本的活动，就渗透在日常生活的各种行为活动之中，无论是大学生人生规划的制订、学习目标的设立、学习计划的制订，还是课堂讨论、日常与他人的交往以及班级集体活动的参与等都离不开理性、客观、科学、高效的思

_____

① 江帆. 论形势与政策课程教学中理性思维能力的培养与国际政治理论——以中国—东盟伙伴关系建构为例 [J]. 东南亚纵横，2010，9：83-87.

维。理性思维能力的培养和强化不是靠一个课堂教学就能完成的，还需要经过大量的生活实践，进行长久的训练才能不断提高。所以，在理论课程之外，还需要安排一部分强化实践训练的课时。当然，实践训练课时究竟安排多少时数、什么时段来做、以什么样的方式做、做到什么样的程度，还需要各学校根据实际情况来确定。因为学校不同、学生层次类别不同，生活和学习的安排是有较大区别的，因此，要统一规范实践课程的具体形式既不科学也不太现实。我们需要根据不同学校的属性及办学层次和学生的构成再具体问题具体分析。

根据大学生的群体特点和日常共同的生活学习规律，本文仅提出一个大体的建议，即大一 50 个学时，大二 60 个学时，大三 60 个学时，大四 100 个学时。关于训练方式和训练目标，我们在下一章的实践训练部分再做较为详细的阐释，在此不再多述。

# /第七章/

## 强化大学生理性思维能力的实践操作

　　人的能力的形成是知行合一的完整过程，不仅需要获得必要的相关知识，还需要有大量的实践经验，直到最终能真正熟练地运用所获得的知识解决实际问题才算得上具备了某种能力。理性思维能力的培养也一样，不仅要教给学生必要的思维常识，还需要经过大量的实践训练才能达到一定的水平。本章将就理性思维的理论教学和实践训练问题做详细论述。

## 第一节　积极探索，创立理性思维能力理论教学的新模式

　　教学模式是指在一定的教学思想或教学理论指导下建立起来的较为稳定的教学活动结构框架和活动程序。作为一种结构框架，教学模式突出了从宏观上把握教学活动的整体及内部各要素之间的关系和功能；作为一种活动程序，教学模式则突出了教学活动的有序性和可操作性。

　　教学模式不是一成不变的，是与社会的经济、政治、文化，尤其是科技的发展水平相适应而不断调整变化的。高校的教学模式也经历了多次进化，至今已形成了多种模式。强化大学生的理性思维能力也需要教学模式的创新。

## 一、教学模式的演变

人类的教学活动很早就开始了，但"教学模式"这一概念不是一开始就存在的，而是随着近代教育学的发展逐渐形成的独立体系，在二十世纪五十年代以后才与其相对应的理论一起出现的。

古代教学的典型结构是"讲—听—读—记—练"，其特点是教师灌输知识，学生被动地、机械地接受知识，书中文字与教师的讲解几乎完全一致，学生对答与书本或教师的讲解一致，学生是靠机械的重复进行学习的。这时的教学模式是较为简单的。

到了十七世纪，随着学校教育中自然科学内容的增设和直观教学法的引入，捷克著名教育家夸美纽斯提出了以"感知→记忆→理解→判断"为程序结构的教学模式。他主张把讲解、质疑、问答、练习统一于课堂教学中，把观察等直观活动纳入教学活动体系之中。这个时期"教学模式"的概念正式提出，内容开始深化。

十九世纪是科学实验兴旺繁荣的时期，以德国著名教育家、哲学家、思想家赫尔巴特为代表的一些教育者又在前人理论的基础上，使教育理论大力向前发展。首先是赫尔巴特从统觉论出发研究人的心理活动，发现学生在学习的过程中只有当新经验已经构成心理的统觉团，并使其中的概念产生相互联系之时，才能真正掌握知识。教师的任务就是选择正确的材料并以适当的程序提示学生形成他们的学习背景或称统觉团。因此，从这一理论出发他提出了包括"清楚→联想→系统→方法"的四阶段教学模式。之后，他的学生齐勒尔、赖因又将其改造为"准备→提示→联合→概括→运用"五阶段教学模式。他们的这些教学模式较大地改善了课堂教学，优化了教学效果，但仍然有一个共性问题，那就是对学生在学习中的主体性强调不够，以灌输为主导的教学方式还在不同程度上压抑和阻碍着学生的个性发展。所以，在十九世纪二十年代，随着资本主义大工业的发展，强调个性发展的思想普遍深入与流行，杜威实用主义的教育理论得到了社会的推崇，又进一步促进了教学模式的向前发展。杜威提出了"以儿童为中心"和"做中学"为基础的实用主义教学模式。这一模式的基本程序是"创设情境→确定问题→占有资料→提出假设→检验假设"。这种教学模式打破了以往教学模式单一化的倾向，弥补了赫尔巴特教学模式的不足，强调了学生的主体作用，强调通过活动教学，激发学生发现自身的探索潜能，获得探究问题和解决问题的能力，开辟了现代教学模式的新道路。当然，实用主义教学模式也有其缺陷，那就是它把教学过程和科学研究过程等同起来，贬低了教师在教学过程中的指导作用。另外，片面强调直接经验的重要性而忽视知识系统性的学习也影响了总体的教学质量，因此，在二十世纪五十年代受到了社会的强烈批评。

自二十世纪五十年代以来，科学技术取得了突飞猛进的发展，人类取得了一些新的重大科技成果，如现代心理学和思维科学对人脑活动机制的揭示、发生认识论对个体认识过程的概括、认知心理学对人脑接受和选择信息活动的研究以及系统论、控制论、信息加工理论等的诞生对教学实践也产生了深刻的影响，也给教学模式提出了许多新的问题。人们不得不利用新的理论和技术去研究学校教育和教学问题，因此，这一阶段在教育领域又出现了许多教学思想和理论，与此同时也产生了众多的教学新模式。

进入二十一世纪，人们对教育模式的研究更加深入，呈现了更加综合和复杂的趋势，均为我们的教学改革奠定了深厚的基础。

## 二、当前高校教学的主要模式及今后发展趋势

### （一）当前高校教学的主要模式

教学模式是对教学理论的具体化，是对教学实践的概括化之后所提出的关于特定类型教学的形式和系统，具有多样性和可操作性。因此，教师对教学模式的选择和运用有一定的要求，即教学模式必须要与教学目标相契合；教学模式必须符合实际的教学条件；不同的教学内容要选择不同的教学模式。

　　高校有许多不同年级层次和不同学科专业素质各异的学生，这也使得在长期的实践中高校研究和探索出了多种教学模式。目前，高校较为通用的教学模式主要有以下十二种。

　　1. 传递—接受模式。该种教学模式源于赫尔巴特的四段教学法，后来由苏联凯洛夫等人进行改造后传入我国并广为流行。很多教师在教学中都会用这种方法教学。该模式以传授系统知识、培养基本技能为目标，其着眼点在于充分挖掘人的记忆力、推理能力与间接经验在掌握知识方面的作用，使学生比较快速有效地掌握更多的信息量。该模式的特点是强调教师的指导作用，认为知识是从教师到学生的一种单向传递，非常注重教师的权威性。其理论基础是行为心理学，根据行为心理学的原理设计，尤其是受斯金纳操作性条件反射的训练心理学的影响，特别强调控制学习者的行为以实现预定的目标。他认为只要通过"联系→反馈→强化"这样反复的循环过程，就可以实现有效的行为目标。该模式的基本教学程序是复习旧课→激发学习动机→讲授新课→巩固练习→检查评价→间隔性复习。复习旧课是为了强化记忆、加深理解、加强知识之间的相互联系和对知识进行系统整理。激发学习动机是根据新课的内容设置一定情境和引入活动激发学生的学习兴趣。讲授新课是教学的核心，在这个过程中主要以教师的讲授和指导为主，学生一般要遵守纪律，跟着教师的教学节奏按部就班地完成教师布置给他们的任务。巩固练习是学生在课堂上对新学的知识进行运用和练习以解决问题的过程。检查评价是通过学生的课堂和家庭作业来检查学生对新知识的掌握情况。间隔性复习是为了强化记忆和加深理解。其教学原则要求教师一是要根据学生的知识结构的认知水平对教学内容进行加工整理，力求使得所传授的知识与学生原有的认知结构相联系，二是要充分发挥教师的主导作用，教师在传授知识的过程中需要很强的语言表达能力，同时要对学生在掌握知识的过程中遇到的问题有所准备与觉察。这种模式的优点是学生能在短时间内接收大量的信息，能够培养学生的纪律性，能够培养学生的抽象思维能力，缺点是学生对接收的信息很难真正理解，培养的是单一化、模式化的人格，不利于学生创新性、分析性的发展，不利于培养学生的创新思维和解决实际问题的能力。这种模式是在介绍讲解性的内容时比较有效，当期望学生在短时间内掌握一定的知识时比较可行。教师不可在任何教学内容上都运用这种模式，长此以往必然会出现"满堂灌"的现象，非常不利于学生的全面发展，容易培养出一大批没有思想与主见的高分低能者。

2. 自学—辅导模式。自学辅导式的教学模式是在教师的指导下学生自己独立进行学习的模式。这种教学模式的最大价值是能够培养学生的独立思考能力，在教学实践中有很多教师在运用它。该方式的理论基础是人本主义，目标是通过突出学生的主体性以培养学生的学习能力。基本运作方式是先让学生独立学习，然后根据学生的具体情况由教师再进行指导。教学程序是自学→讨论→启发→总结→练习巩固，即教师在教学中，根据学生的最近发展要求，布置一些有关新教学内容的学习任务并组织学生自学。在自学之后，让学生互相交流讨论，发现他们所遇到的困难，然后教师根据这些情况对学生进行点拨和启发，总结出规律，再组织学生进行练习巩固。这种模式的基本原则一是自学内容难度适宜，二是教师在教学过程中要适时点拨，三是学生要先进行自主学习，然后由教师进行指导概括和总结。从教学效果来看，这种方式的优点是能够培养学生分析问题、解决问题的能力，有利于教师因材施教，能发挥学生的自主性和创造性，有利于培养学生相互合作的精神；缺点一是学生如果对自学内容不感兴趣，可能在课堂上一无所获，二是需要教师有非常敏锐的观察力，能够随时观察学生的学习情况，把控教学状态，三是要求教师要有很高的组织能力和业务水平，必要时需进行启发和调动学生的学习热情，并针对不同学生进行讲解和教学。所以，这种方式也很难在大班教学中开展，最好选择难度适中且学生比较感兴趣的内容在中小班上进行。

3. 探究式教学模式。探究式教学是以问题解决为中心的、注重学生的独立活动、着眼于学生思维能力培养的一种教学模式。这种模式的依据是皮亚杰和布鲁纳的建构主义理论，特点是注重学生的前认知，注重体验式教学，目标是要培养学生的探究和思维能力。它的基本程序是问题→假设→推理→验证→总结提高。首先创设一定的情境提出问题，然后组织学生对问题进行猜想和做假设性的解释，再设计实验进行验证，最后总结规律。它的基本原则一是要建立一个民主宽容的教学环境，教师要对那些打破常规的学生给予一定的鼓励，二是不可轻易告知学生问题的研究结果，也不轻易地对学生说对或错，要充分发挥学生的思维能力，三是教师要掌握学生的前认知特点，实施一定的教学策略。这种模式需要准备一定的供学生探究、学习的设备和相关资料。其优点是能够培养学生的创新能力和思维能力，能够培养学生的民主与合作的精神，能够培养学生自主学习的能力，缺点一是一般只能在小班进行，二是需要较好的教学支持系统，三是教学需要的时间比较长。

4. 概念获得式教学模式。概念获得式教学模式是以学习者通过体验所学概念的形成过程来培养他们的思维能力的一种教学模式。该模式强调"学习是认知结构的组织与重组"，理论基础是布鲁纳、古德诺和奥斯汀的思维研究理论。布鲁纳等人认为所谓的概念是根据观察进行分类而形成的思想或事物的抽象化。在概念形成的过程中需要非常注重事物之中的一些相似成分而忽略那些不同的地方。界定概念需要五个要素，即名称、定义、属性、例子以及与其他概念的相互关系。这种模式运行的基本程序是教师选择和界定一个概念→教师确定概念的属性→教师准备选择肯定和否定的例子→将学生导入概念化过程→呈现例子→学生概括并定义→提供更多的例子→进一步研讨并形成正确概念→概念的运用与拓展。亦即首先通过一些例子让学生发现概念的一些共同属性，掌握概念区别于其他概念的本质特征；学生在获得概念后还需要进行概念的理解即引导学生从概念的内涵、外延、属、种、差别等方面去理解概念；为了强化学生对概念的理解还应该把与概念相关的或相似的概念、逻辑相关概念、相对应的概念等进行辨析。概念获得式模式是采取"归纳—演绎"的思维形式，运用这种模式需要大量正反例子，课前教师需要精心准备。从这种模式的教学效果来看，它的优点是能够培养学生的归纳和演绎能力，能够形成比较清晰的概念，能够培养学生严谨的逻辑推理能力，但缺点是针对概念性很强的内容实施教学，课前教师要对概念的内涵与外延做充足的梳理。

5. 巴特勒教学模式。这种模式是二十世纪七十年代美国教育心理学家巴特勒提出的，他认为教学过程实际上就是一个信息的获取、筛选、加工、处理的过程，共包含七要素，并依此将整个教学过程分成七个阶段。"七段"教学论在国际上影响很大，其主要理论依据是信息加工理论。巴特勒教学模式的基本程序是设置情境→激发动机→组织教学→应用新知→检测评价→巩固练习→拓展与迁移。所谓"情境"主要是指学习的内外部的各种情况，内部情况是指学生的认知特点，外部情况是指学习环境；情境的组成因素包括个别差异、元认知、环境因子。"动机"是指学习新知识的各种诱因，它的主要构成要素有情绪感受、注意力、信息区分、行为意向。"组织"是指对知识的有机分析和加工，也就是将新知识与旧知识相互关联起来的过程，它的主要构成要素有相互联系、联想、构思、建立模型。"应用"是对新知识的初步尝试，它的构成要素有参与、尝试、体验、结果。"评价"是对新知识初步尝试使用之后的效果评定，它的组成要素有告知、比较、赋予价值、选择。"重复"是练习与巩固的过程，它的主要组成要素有强化、练习、形成习惯、常规、记忆、遗忘。"拓展"是把新知识迁移到其他情境中去，它的构成要素有延伸、迁移、转换、系统、综合。巴特勒教学模式坚持以下三条原则：一是从信息加工理论出发，非常注重元认知的调节，利用学习策略对学习任务进行加工，最后生成学习结果；二是教师在利用这种模式的时候要时常提醒学生反思自己的学习行为；三是考虑各种步骤的组成要素，根据不同情况有所侧重。这种教学方式要求不高，具备一般的教学环境资源即可，是一个比较普适性的教学模式。其优点是根据不同教学内容可以快速转化为不同的教学方法，只要教师灵活驾驭就能达到他想要的教学效果，但不足是使用该方式需有一定的前提条件，即教师应该是一位研究型的、有一定的教育学和心理学知识的、掌握元认知策略的教师。

6. 抛锚式教学模式。抛锚式教学模式是以有感染力的真实事件或真实问题作为"锚"，让学习者到现实世界的真实环境中去感受、去体验，通过获取直接经验来学习，而不是仅仅聆听别人例如教师关于这种经验的介绍和讲解的一种教学模式。因为这种模式中一旦典型的事件或问题被确定了，整个教学的内容和教学进程也就被确定了，就像轮船被锚固定一样，因此它也就被人们形象地称为"抛锚"。"抛锚式教学"也常常被称为"实例式教学"或"基于问题的教学"或"情境性教学"，它的理论基础是建构主义。建构主义认为学习者要想完成对所学知识的意义建构，即达到对该知识所反映事物的性质、规律以及该事物与其他事物之间联系的深刻理解，最好的办法是让学习者身临其境，去亲自感受、体验。抛锚式教学由这样几个环节组成：（1）创设情境。使学习能在和现实情况基本一致或相类似的情境中发生。（2）确定问题。在上述情境下选出与当前学习主题密切相关的真实性事件或问题作为学习的中心内容。选出的事件或问题就是"锚"，这一环节的作用就是"抛锚"。（3）自主学习。不是由教师直接告诉学生应当如何去解决面临的问题，而是由教师向学生提供解决该问题的有关线索，并特别注意发展学生的"自主学习"能力。（4）协作学习、讨论、交流。通过不同观点的交锋、补充、修正，加深每个学生对当前问题的理解。（5）效果评价。由于抛锚式教学的学习过程就是解决问题的过程，该过程可以直接反映出学生的学习效果，因此，对这种教学效果的评价不需要进行独立于教学过程的专门测验，只需在学习过程中随时观察并记录学生的表现即可。抛锚式教学的基本原则是：第一，情境设置与产生问题一致；第二，问题的难易程度要适中；第三，选取的典型事件要具有一定的真实性；第四，在教学中要充分发挥学生的主体性。这种模式的优点是它能培养学生的创新能力、解决问题的能力、独立思考能力、合作能力等，但问题是实施起来有一定难度，尤其是在创设情境过程中要适时抛出问题，不能太早也不能太晚，另外，整个教学过程中要时刻注意发挥情境的感染与熏陶作用。

7. 范例教学模式。范例教学模式是德国教育实践家 M. 瓦根舍因提出来的，主张选取蕴含本质因素、根本因素、基础因素的典型案例，通过对范例的研究使学生从个别到一般、从具体到抽象、从认识到实践理解，掌握带有普遍性的规律、原理的一种教学模式。这是一种比较适合原理性、规律性知识教授的模式，其理论基础遵循了人的认知规律，即从个别到一般、从具体到抽象的过程。范例教学的基本过程是：阐明"个"案→范例性阐明"类"案→范例性地掌握规律原理→掌握规律原理的方法论意义→规律原理运用训练。所谓"阐明个案"就是指用典型事实和现象为例说明事物的本质特征；所谓"范例性阐明类案"就是指用许多在本质上与"个"案一致的事实和现象来阐明事物的本质特征；"范例性地掌握规律原理"是指从大量的"类"案中总结出规律和原理。这种教学模式要遵循从个别入手归纳成类，再从类入手提炼本质特征，最后上升到规律与原理。这种模式的优点是有助于培养学生的分析能力，有助于学生理解规律和原理，难点是需要选取不同的带有典型性的范例。另外，在总结归纳的过程中要注意对规律或原理的表述要准确，对规律原理的名称要解释清楚。

8. 现象分析教学模式。现象分析教学模式是通过对特定现象进行分析而教会学生所学知识的一种模式。其理论基础主要是建构主义的认知理论。该理论认为某种现象往往是以材料的形式出现的，学生要能通过现象揭示其背后的本质。现象分析模式非常注意学生利用自己的先前经验对问题进行解释。其基本程序是出示现象→解释现象的形成原因→现象的结果分析→解决方法分析。这种教学模式有几个基本条件：一是现象要能够反映本质规律；二是要创设民主的学习交流环境；三是要充分发挥学生的主体性，让他们进行解释说明。这种模式的好处是能够培养学生的分析能力、综合能力；难点是教师要调动学生的思维，让他们去发现现象背后的规律。选取的现象要具有一定的典型性，能揭示背后的规律。

　　9. 加涅教学模式。加涅教学模式又称为九段教学法，是美国教育心理学家罗伯特·M. 加涅提出来的。加涅认为，教学活动是一种旨在影响学习者内部心理过程的外部刺激，受内部的和外部的两大条件制约。内部条件是指以前习得的知识技能、动机和学习能力等，外部条件是指输入刺激的结构和形式。不同的学习才能和学习内容需要不同的外部条件，教学就是遵循学习者学习过程的这些特点，安排适当的外部学习条件。根据这种观点，他把学习活动中学习者内部的心理活动分解为九个阶段，即引起注意→告知学习目标→刺激回忆→呈现刺激材料→根据学习者特征提供学习指导→诱导反应→提供反馈→评定学生成绩→促进知识保持与迁移，把教学程序也相应地分成九个步骤。所谓"引起注意"就是指从长时记忆中提取知觉、注意的内容和以特殊的方式加工信息的倾向至短时记忆。"告知学习目标"就是指形成学习动机和选择性注意。"刺激回忆"是指提取长时记忆中与当前所学内容有关的信息至短时记忆。"呈现刺激材料"是指突出选择性信息的特征及作用，使学习者易于获取感觉信息并形成选择性知觉。"提供学习指导"是指使学习者能较快地建构新信息的意义（促进语义编码过程），形成概念。"诱发反应"是指检验学习者对意义的建构是否成功。"提供反馈"是指如果建构不成功，则给予矫正反馈，使学习者重新去建构该信息的意义。如果建构成功，则给予鼓励反馈。"评定学生成绩"是指通过成绩评定，对成功的意义建构加以强化。"促进知识保持与迁移"是指帮助学习者把新建构的意义（新概念、新知识）进行归类、重组，以促进知识的保持与迁移。加涅的九个阶段可概括为三个部分，即准备、操作和迁移。准备部分包括接收各种神经冲动、形成预期、提取先前知觉到工作记忆中，对应的教学事件是引起注意、告知目标、刺激回忆先前的知识；操作部分包括选择性知觉、语义编码、反应、强化，对应的教学事件是呈现刺激、提供学习指导、引出行为、提供反馈；学习迁移包括提取和强化信息，对应的教学事件是评价行为、促进保持与迁移。

加涅教学模式的理论基础是信息加工理论。加涅强调在整个教学过程中，教师是教学设计者和管理者，也是学生学习的评价者，他担负发动、激发、维持和提高学生的学习活动的教学任务。他提醒教师要和学生时刻保持必要的、恰当的、正确的联系，从而给学习者以积极的影响，让学习者可获得较为满意的学习效果。

10. 奥苏贝尔模式。这种模式的理论是美国著名教育心理学家奥苏贝尔在对学习类型做深入研究的基础上提出的。奥苏贝尔把学习划分为"有意义的学习"与"机械学习"两种类型。所谓"有意义的学习"主要是指学习者通过学习能真正把新概念、新知识与事物的性质、规律及与其他事物之间的关联建立起特定关系的学习。否则，就必然是死记硬背的"机械学习"。奥苏贝尔指出要想实现有意义的学习可以有两种不同的途径或方式：接受学习和发现学习。接受学习的基本特点是"所学知识的全部内容都是以确定的方式被教师传递给学习者。学习者只需要把呈现出来的材料加以内化或组织以便在将来某个时候可以利用它或把它再现出来"。发现学习的基本特点则是"要学的主要内容不是由教师传递的，而是在从意义上被纳入学生的认知结构以前必须由学习者自己去发现出来"。奥苏贝尔模式的基本程序是提出先行组织者→逐步分化→综合贯通。奥苏贝尔是认知结构理论具体化的实践者，他通俗地认为认知结构就是书本知识在学生头脑中的再现形式，是有意义学习的结果和条件。他着重强调了概括性强、清晰、牢固、具有可辨别性和可利用性的认知结构在学习过程中的作用，并把建立学习者对教材的清晰、牢固的认知结构作为教学的主要任务。奥苏贝尔的有意义的学习理论着重强调了认知结构的地位，围绕着认知结构提出的上位学习、下位学习、相关类属学习、并列结合学习和创造学习等几种学习类型为新旧知识是如何组织的提供了一条较有说服力的解释。自他之后认知结构理论才真正引起人们的重视并被人们广泛理解。

11. 合作学习模式。合作学习是二十世纪七十年代初兴起于美国并在七十年代中期至八十年代中期取得实质性进展的一种富有创意和实效的教学理论与策略。由于它在改善课堂内的社会心理气氛、大面积提高学生的学业成绩、促进学生形成良好非认知品质等方面实效显著，很快引起了世界各国的关注并成为当代主流教学理论与策略之一，被人们誉为近几十年来最重要和最成功的教学改革。自二十世纪八十年代末九十年代初开始，我国也出现了合作学习的研究与实验并取得了较好的效果。

合作学习模式是通过小组形式组织学生进行学习的一种教学方式。这种模式是由约翰逊提出的，理论基础是多伊奇的目标结构理论和皮亚杰的发展理论。多伊奇的目标结构理论认为在团体中，由于对个体达到目的所给予的奖励方式不同，导致在达到目标的过程中，个体之间的相互作用方式也不同。多伊奇将这些方式分为三种：相互促进式、相互对抗式、相互独立式。这些不同的作用方式对个体的心理过程和行为方式产生不同的影响。皮亚杰的发展理论认为学生在学习任务方面的相互作用将导致他们认知水平的提高，学生们可以通过讨论学习内容、解决认知冲突、阐明不充分的推理而最终达到对知识的理解。约翰逊在综合他们二人理论的基础上提出了合作学习模式。合作学习模式必须具备五大要素，即个体积极的相互依靠、个体有直接的交流、个体必须都掌握给小组的材料、个体具备协作技巧、群体策略。合作式学习模式的好处是有利于发展学生个体思维能力和动作技能，增强学生之间的沟通能力和包容能力，能培养学生的团队精神，提高学生的学业成绩。但同时它也有四点不足之处：首先，如果学得慢的学生需要学得快的学生的帮助，那么对于学得快的学生来说在一定程度上就得放慢学习进度影响其自身发展。其次，能力强的学生有可能支配能力差或沉默寡言的学生，使后者更加退缩，前者反而更加不动脑筋。再次，合作容易忽视个体差异，影响对合作感到不自然的学生快速进步。最后，小组的成就过多依靠个体的成就，一旦有个体因为能力不足或不感兴趣，则会导致合作失败。

12. 发现式教学模式。发现式教学模式是以培养学生探索知识和发现知识的能力为主要目标的一种教学模式。这种模式最根本的特征就在于让学生像科学家的发现一样来体验知识产生的过程。发现式教学模式是由美国著名心理学家布鲁纳于二十世纪五十年代最先倡导的。其理论基础是认知建构主义理论学派的建构原理和顿悟学说。布鲁纳认为发现式教学法有四个优点：（1）可提高学生对知识的保持。（2）教学中提供了便于学生解决问题的信息可增加学生的智慧潜能。（3）通过发现可以激励学生的内在动机，引发其对知识的兴趣。（4）学生可得到解决问题的技能。该模式的教学基本程序是问题—假设—验证—总结提高。"问题"是指教师在创设教学条件、环境的基础上，提出问题，引导学生进行积极思考。"假设"就是指教师尽量在诱发性的问题情境中引导学生通过分析、综合、比较、类推等方法不断产生假设，并围绕假设进行推理，引导他们将已有的各种片断知识从各个不同的角度加以改组，从中发现必然联系，逐步形成比较正确的概念。"验证"就是用其他类似的事例来对照检验已获得的概念的正误及其正误的程度，靠进一步的定性分析使自己有一个较明确的判断。"总结提高"引导学生对认识的性质及其发展的过程做出总结，从中找出规律性的东西，求得在后来的认识和发展中有进一步的借鉴意义。该模式必须遵循以下几项基本原则：第一，引导性学习目标应该充分考虑到学生的基础和能力，过难或过易的学习目标都会失去引导的意义。第二，该模式以积极开发学生思维活动为基础，因此，教师必须熟悉学生形成概念、掌握规律等的思维过程，并掌握一定的认知策略。同时，在教学过程中，无论对引导目标的有用性、趣味性、科学性还是对引导途径的艺术性，均有较高的要求。第三，师生情感的融合程度，决定着引导过程的状态特征和结果，因此，应该建立团结、合作和民主的新型师生关系。第四，学习者应具有一定的先行经验储备，这样才能形成强烈的探索意识，同时也为学生进行假设环节的分析、综合、比较、类推，为验证环节的检验和分析提供基础。

　　发现式教学模式是从教学的整体出发根据教学的规律原则而归纳提炼出

的包括教学形式和方法在内的具有典型性、稳定性、易学性的教学样式。简洁地说就是在一定教学理论指导下以简化形式表示的关于教学活动的基本程序或框架。

当然，除以上十二种模式之外，高等教育教学中还包含其他多种模式，每种教学模式又包含着在一定的教学思想以及在此教学思想指导下的课程设计、教学原则、师生活动结构、方式、手段等多种内容，在每一种教育模式中又可以集中多种教学方法。在此不再赘述。

### （二）今后高等教学模式发展的总体趋势

教学模式不是一成不变的，而是随着时代的发展和社会需求的变化而不断发展变化的。教学模式的发展呈现出多种趋势。

趋势一：由单一教学模式向多样化教学模式发展。自从赫尔巴特提出"四段论"教学模式以来经过其学生的实践和发展逐渐以"传统教学模式"的名称成为二十世纪教学模式的主导。在此之后杜威打着反传统的旗号提出了实用主义教学模式，二十世纪五十年代以来一直在"传统"与"反传统"之间来回摆动。二十世纪五十年代以后由于新的教学思想层出不穷，再加上新的科学技术革命，使教学产生了很大的变化，教学模式出现了"百花齐放、百家争鸣"的繁荣局面。据乔伊斯和韦尔1980年的统计，当时的教学模式有23种之多，其中仅我国提出的教学模式就有十多种。每种模式各有利弊，也有不同的适用对象，在现实中也很少有人完全局限于某种单一模式，多是混合交叉使用，今后随着科技的发展，这种趋势将会进一步加剧。

趋势二：由归纳型向演绎型教学模式发展。归纳型教学模式是重视从经验中总结、归纳结论的一种模式，它的起点是经验，形成思维的过程是归纳。演绎型教学模式指的是一种从普遍的科学理论假设出发，经过一系列推演，得出特殊结论，然后用严密的实验来验证其效用的模式，它的起点是理论假设，形成思维的过程是演绎。归纳型教学模式来自教学实践的总结，不免有些不确定性，有些地方还不能自圆其说。而演绎型教学模式有一定的理论基础，能够自圆其说，有自己完备的体系。两种模式各有利弊优劣。过去很多教材偏重归纳型模式，不少教师也注重归纳型教学模式，今后将会基于理论的系统性、完整性特征，逐步向演绎型模式转化。

趋势三：由以教为主向以学为主的模式发展。传统教学模式都是从教师如何去教这个角度来进行阐述的，忽视了学生如何学这个问题。杜威的"反传统"教学模式使人们认识到学生应当是学习的主体，由此开始了以"学"为主的教学模式的研究。现代教学模式的发展趋势是重视教学活动中学生的主体性，重视学生对教学的参与，根据教学的需要合理设计"教"与"学"的活动，因此，学生的主体性将会更加突出。

趋势四：教学模式日益现代化。随着科学技术的飞速发展，教学环境和条件逐步改善，人们在教学中也不仅越来越重视引进现代科学技术的新理论、新成果，充分发挥电脑、网络的先进作用，还不断创造出了新型的、立体性的教学空间，使师生的互动交流变得更加频繁，所研究和讨论的问题的深度和广度也越来越深、越来越宽。相信今后高校教学的现代化步伐将会变得更快。

### 三、理性思维能力培养的教学模式选择

在我国传统理念中，较多强调的是知识的获取，而没有把能力作为特别重要的目标来强调。所以，教学方式也主要是以知识为导向的灌输方式。这样的好处是知识点比较丰富，信息输入较多，但问题也很明显，就是没有注重能力的培养和现实问题的解决，故而培养的只是坐而论道或眼高手低的人，难以培养出满足新时代的人才需求和适应现代多元世界幸福快乐生活的人才。

对理性思维能力的培养和强化，我们在总结和借鉴传统教学模式优势的基础上，结合现代教育的新特征和思维能力训练的特殊要求，提出以下几种教学模式，供大家借鉴。

## （一）讲授式

讲授法是教师通过简明、生动的口头语言向学生传授知识、发展学生智力的方法。它是通过叙述、描绘、解释、推论来传递信息、传授知识、阐明概念、论证定律和公式，引导学生分析和认识问题。运用讲授法的基本要求是：讲授既要重视内容的科学性和思想性，又要尽可能地与学生的认知基础发生联系。讲授应注意培养学生的学科思维。讲授应具有启发性。讲授要讲究语言艺术。语言要生动形象、富有感染力，清晰、准确、简练，条理清楚、通俗易懂，音量、语速要尽可能适度，语调要抑扬顿挫，适应学生的心理节奏。

讲授法的优点是教师容易控制教学进程，能够使学生在较短时间内获得大量系统的科学知识。但如果运用不好，学生学习的主动性、积极性不易发挥，就会出现教师满堂灌、学生被动听的局面。

培养数学思维的课程，如高数、概率与数理统计、数理逻辑等课程适于使用该类方法。

## （二）案例讨论式

理论课的教育是直观的、清晰明确的，这是理性思维能力提升的基础，也是人们开始清醒地认识自身思维方式和思维技能的重要过程。大学生只有充分认识了思维问题，才可能发现自身思维的缺陷和不足，进而去学习、锻炼并不断改进思维状态。如果一个人没有意识到不同个体之间思维的差异或自身思维的不足，他是不会想方设法去改善或优化自身思维状况的。

传统的形式逻辑或者逻辑学教学，偏向于知识传授，但忽视了能力发展。今后在逻辑与批判性思维课程的教学上，必须在传授相关知识的同时，重点突出能力培养，要加大案例教学和讨论式教学的力度。实际上，在案例讨论式教学方面有很多成功经验，如美国著名的管理学教授斯蒂芬·P. 罗宾斯开始也是一名大学教师，由于他没有从事过实际的管理，所以他在教学中发现，像他这样只是把自己所学习到的理论直接再传授给学生，这对管理教育来说存在着许多潜在的问题。他觉得教科书都是从理论到理论，学生难以接受，尤其是对有实践经验的学生来说更是如此。出于上述考虑，罗宾斯自己专门到基层管理单位进行了八年亲身体验，然后再回到大学课堂上。这使得他的教学有了充分的实例，课堂也具有了充分的说服力。在此基础上，罗宾斯也写出了《管理学》这部具有重要影响的著作。这本书充分体现了案例教学的模式，即任何理论都需要通过实际的管理事例来体现，都是针对实际管理过程中的问题的。这样的管理课程教学也就做到了有的放矢。罗宾斯的教材影响很大，近二十年来一直是美国管理学的通用教材，而且其他学科的教材也都在接受它的影响。非形式逻辑与批判性思维应该说也反映了逻辑案例教学和实例化教学的需求和需要。有效的案例教学为逻辑教育大众化打开了方便之门。

现在很多高校，尤其是一些综合性大学，比如清华大学、北京大学、中国人民大学、北京师范大学、南京大学、南开大学、浙江大学、中山大学、西南大学、山西大学、河北大学、河南大学等，都开设了有关思维方式的课程，讲授与思维方式相关的一些知识，取得了较好的效果。特别是中国人民大学，不仅开设了传统的形式逻辑或者逻辑学教学课程，还开设了批判性思维课程。在传授相关知识的基础上，突出能力培养。中国人民大学杨武金对此曾做了说明，他说："讨论式教学应该是逻辑与批判性思维课程教学的重要教学方式，很多逻辑规则、逻辑概念、逻辑问题都需要结合案例来进行讨论式教学；教学过程不能总是老师自己说，还需要多让学生来说，组织学生开展演讲和辩论；中国的大学课堂中缺乏讨论和辩论，这是一个非常严重的问题，是一个需要加以改变的状况。"为此他还建议："通常的讨论是，老师事先考虑好主题，然后学生针对这个主题进行思考和回答，但也可以让学生进行二人讨论、多人间讨论，然后将讨论的结果与全班同学分享等。"

### （三）实践训练式

德国是实践能力培养最具特色也是最成功的国家，其中一条重要的经验就是在教学方式上非常注重与培训相结合、与实践相结合。他们的做法为我们提供了重要启示。对于理性思维能力的培养，理论知识的传授是必不可少的，但只有理论知识的传授是不足的，还需要加强实践环节的训练，需要我们在培养的过程中必须加入符合实践教育的特殊的教学方式。比如在马克思主义基本原理课中培养学生的理性思维能力，就很需要与实践紧密结合。在马克思主义的理论体系中，不仅基本原理具有方法论意义，而且在辩证法部分还专门阐述了多种辩证思维方法，例如矛盾分析方法、归纳与演绎的方法、分析与综合的方法、抽象和具体的方法、历史与逻辑相一致的方法等，除此之外，马克思主义的思维方法还包括具体问题具体分析的方法、实事求是的方法、对象化方法等。正确理解和掌握这些方法，对于培养学生的理性思维具有十分重要的意义。而掌握这些方法的最好方式就是理论联系实际，在实践中灵活地运用它们。因此，在教学过程中，教师不妨多举一些典型的事例让学生运用辩证思维方法去辨析和理解。比如，可以让学生们尝试用逻辑与历史相一致的方法去认识一些重大的历史事件，用矛盾分析方法去分析目前社会上不时出现的群体性突发事件，用对象化方法来认识学生自己，等等。但是在运用这些方法的过程中一定要注意不能把方法庸俗化，成为随意乱用的工具，更不能拿方法去任意地裁剪现实，让现实成为方法的注脚，而应当用方法去分析、反思现实、实践本身的逻辑性，同时让现实、实践作为检验方法有效性的标准。只有这样，才能使辩证思维方法成为科学的认知结构和思维形式，内化于学生的心中，达到预期的教育效果。

在实践训练方面，浙江大学的金立教授有很好的经验。金立老师运用逻辑知识教育转向逻辑能力培养的教育理念，积极探索与实践提升大学生逻辑素养的路径，取得了较好的成效。她的做法主要包括：在教学设计中，密切联系生活实际，将逻辑学理论具体化，使理论教学与社会生活相互结合，充分体现"有理、有趣、有用"的原则；在教学方式上，实现课堂与课外相结合，强化师生互动式教学，寓教于乐，激发学生的学习热情和激情，提升学生的逻辑素养和逻辑思维能力，实现从 K 模式到 KAP（K 指知识，A 指态度，P 指实践）模式的转换；在测评方法上，提出"四个结合的综合测评方案"，将课内学习与课外研究结合起来，将考试成绩与研究能力结合起来，将期末成绩与平时成绩结合起来，将学习态度与学习成绩结合起来。她的这些做法值得我们学习推广。

### （四）任务驱动式

坚持学生的主体地位，激发学生的潜能和热情，是德国关键能力培养的宝贵经验。而潜能和热情的激发途径就是让学生充分参与教学过程，完成特定任务。在大学生理性思维能力的培养上，教师也可结合国际、国内的一些社会热点问题给学生布置探究性的学习任务，让学生先通过查阅资料，对知识体系进行整理，然后形成自己的意见，再选出代表进行讲解交流，最后由教师进行总结提升。任务驱动教学法可以以小组为单位进行，也可以以个人为单位组织进行，它要求教师布置任务要具体，其他学生要积极提问，达到共同学习的目的。任务驱动教学法可以让学生在完成"任务"的过程中，培养理性分析问题、解决问题的能力，培养学生独立探索及合作的精神，是一种较好的能力训练和提升的方法。

### （五）开放探究式

开放式教学是英美国家使用较多的教学模式。在理性思维能力的培养上开放式教学具有特别重要的意义。众所周知，主体性和理性密不可分，无理性即无主体性，无主体性也不会有理性。然而，在传统的"填鸭式"教学模式中，教师完全主宰了教学过程，学生只能在被动接受和不接受之间选择，毫无主体性可言，自然激不起理论学习的兴趣，理性思维的培养更无从谈起。所以，必须改变这种陈旧的教学方式，实行开放式、探究性教学。首先，教师在教学过程要善于做一个"问题和麻烦的制造者"，通过提出一些具有启发性、争议性的理论问题，比如哲学中的著名悖论、诡辩案例等，引发学生思考，激起学生学习理论的兴趣；针对学生间对某些理论问题的不同看法，提出问题，引导学生进行有理有据的争辩，在讨论、辩论的过程中，加深对理论的理解，培养他们的逻辑思维能力；有些内容不妨让学生自己去备课、制作课件，然后到讲台上去讲授，以此来锻炼学生的合理有序的组织能力和语言表达能力。其次，要打通课堂内外、教材内外的界限，适量布置一些课外阅读任务，比如具有哲学通论性质的著作，马克思、恩格斯、黑格尔、康德等人的思想传记等。阅读时，要求学生做读书笔记，然后安排学生在课堂上交流阅读心得体会，交流过程中一旦发现了某些理论疑点或问题，要善于及时引导学生继续进行深度阅读，直至疑点或问题得到满意的解决，此外，还可以适量布置一些社会调查、撰写小论文之类的学习任务。通过类似的探究性学习，让学生在解决问题、获取知识的过程中，思维得到砥砺，主体意识得到增强。

### （六）网络教学式

网络育人平台是近些年兴起的、利用互联网技术进行线上教学的一种模式。这种教学模式适应了新时代高校立德树人的新形势，符合"00后"大学生的特点。网上教学加强了师生间、学生间的互动交流，及时有效地解决了学生学习、生活中的实际问题，有助于解决学生的思想问题，丰富思政教育形式，增强立德树人的实效性，对大学生理性思维能力的形成有重要影响。现在许多高校和老师构建了网站、微信、微博、视频、广播等融合发展的教育平台，在大学生理性思维能力培养方面也可充分发挥这种优势。各学校要加强对校园二级单位各类媒体平台的引导、管理和监督，充分发挥各类媒体传播特色，推动多种媒体融合发展，依托"新媒体联盟""名师工作室""技能大师工作室""辅导员工作室"，借助学院官方微信、微博、抖音等多平台及院内各二级微信公众平台，为理性思维能力的训练服务，实现全方位的网络育人。

# 第二节　结合日常生活，加强实践锻炼

大学生理性思维能力的提升，需要有相关思维知识做铺垫，但更重要的是必须进行大量实践锻炼。实践锻炼对于尚未真正走入社会还缺少经验积累的大学生有着特别重要的意义。高校的实践锻炼模式很多，需要结合大学生的生活学习特点和规律，精心设计实践训练模式。

## 一、实践锻炼的价值剖析

实践过程是能力获得必不可少的重要条件。加强实践锻炼对于大学生理性思维能力的培养强化有特殊重要的意义。首先，实践是提高大学生动手操作能力的有效途径。大学生在学校通过自己的努力和付出获得了一定的专业知识，但这些知识是无法直接解决具体问题的，只有通过实践才能稳固这些知识并学会如何运用这些专业知识解决社会现实问题，才能把知识变成专业技能。如果没有实践训练，再多的知识也变不成大学生的能力。其次，实践是不断提升大学生综合素养的重要举措。实践是不同于课堂教学的一种学习模式，大学生在实践的过程几乎是处在一种真实的工作环境中解决实际问题。通过实践，他们可以发现自身专业知识的不足和技术上的欠缺，还可以提升自身在社会交往、团结合作、组织管理、生产经营等多方面的能力。实践可帮助他们积累经验，少走弯路。再次，实践也是克服大学生身上不良习气的重要机会。实践提供了一个从学校走进职场和社会的机会，可让大学生真实地接触职场、接触社会、了解社会、服务社会，通过实践中的困难和挫折磨炼，克服他们身上的"骄傲"之气和"娇生惯养"的不良风气，培养责任意识，培养担当作为的精神和爱岗敬业的品格。最后，实践也是培养大学生创新精神的重要举措。大学生在大学期间学习了很多专业知识，也在不断的实践训练中逐步强化了学习研究能力，在实践中解决重要的技术问题可激发他们的兴趣和工作的热情，激励他们不断发挥自己的聪明才智，不断去寻求技术的突破，这对于培养他们的创新精神有重要的推动作用，也能引导他们为社会做出更大贡献。

实践活动是每个大学生必需的学习经历，也是他们成长的重要环节，我们必须高度重视实践锻炼对大学生成长成才的重要意义。

## 二、高等教育的常用实践模式

高等教育的实践模式有很多种，总体而言，包括课程实验、实习、实训、毕业设计、第二课堂、暑期社会实践、志愿者服务、劳动教育、参与科学研究活动、参加各种竞赛活动等多种方式。其中，实习又包括课程实习、顶岗实习和毕业实习。

实验和课程实习通常用于某门具体课程的学习，目的是要掌握该课程的主要知识和动手操作能力。顶岗实习和毕业设计具有一定的综合性，是多种能力的综合提升方式。第二课堂主要瞄准个人兴趣方面某些特定的知识和能力。暑期社会实践、志愿者服务主要偏重理想信念和家国情怀方面的激发和强化。参加科研活动和各种竞赛主要是为了提高科学研究的兴趣和能力。针对不同目的和具体事项，人们选择不同的实践模式。

## 三、强化大学生理性思维能力的实践方式

因为理性思维能力是人的核心能力，具有很强的基础性，又蕴藏在生活、学习、交往等方方面面，所以可利用多种途径，采用多种方式来进行。根据我国高校学生的学习与生活实际，我们提出以下几种实践模式。

### （一）第二课堂使理性思维能力的训练得到加强

学生的第二课堂是由高校大学生依据各自的兴趣爱好自愿组成的学生社团组织，被认为是课堂教学之外的第二大育人载体，所以经常也被称作大学生的第二课堂。大学生第二课堂或社团活动之所以被认为是实施素质教育的

重要途径和有效方式，其根本原因在于第二课堂是学会生存和发展的重要场域，它能够让大学生学会认知、学会做事、学会共同生活、学会生存，能够培养学生与人相处、与人合作、与人共同生活的能力，从而引导大学生转变以自我为中心的观念，学会宽容和理解。这对于提高学生综合素质、引导学生适应社会、促进学生成才就业，具有特别重要的意义。

近年来，随着高等教育的改革和发展，大学生群体规模不断壮大，各类学生社团均得到快速发展，第二课堂也呈现出积极、健康的发展态势，反映出当代大学生强烈的进取意识和积极向上的精神风貌。我们要把第二课堂作为大学生理性思维能力训练的重要载体和有效的途径，充分挖掘和利用第二课堂中的理性教育资源和有利时机，教育和引导学生开展理性思维能力的训练，让学生在获取、掌握社团相关知识和提升社团能力的基础上也获得理性思维能力的强化。比如在社团活动中，我们可以嵌入诸如社团发展规划、个人兴趣爱好与主业的关系处理、行业热点问题、团结友好关系建立等诸多问题，让学生在完成兴趣活动的同时，也能理性地思考自身如何搞好规划、如何处理好人际关系、如何正确看待行业热点和敏感问题等，让他们在参与讨论、评价周围同学的相关问题的过程中学会理性地反思和审视每个问题。

当然，在第二课堂实践教学中培养和强化大学生理性思维能力，既要充分发挥学生的主体性、形式多样性、灵活性，也要注意难度适当、目标明确、适合不同学生的发展需求。不能一种方式一用到底，那会引起学生们的反感，甚至适得其反。

目前，高校的第二课堂通常是由学校学工部和校团委总体负责，各院系分团委和有关社团组织来共同实施具体活动的。每年虽然各学校也不同程度地给予一定的经费资助，也不同程度地开展了大量的活动，但绝大多数学校均是以学生自发组织为主，老师们参与得较少，关注的也多是各种专业技能训练，而并没有把第二课堂活动的开展与大学生理性思维能力的强化工作联系起来。今后要想借助第二课堂进行大学生理性思维能力的培养和强化，就要求学校负责思维训练的部门要与学校的学生处、校团委和各社团建立起工作协调、落实机制和相应的考核机制，并选配专门的老师来负责指导和协调此项工作，只有这样才能确保该项工作的有效落实。

关于在第二课堂中如何强化大学生的理性思维能力，究竟选用什么主题、用多少课时、如何和专业技能训练相结合、如何考核，各学校可根据具体情况做出安排。

### （二）要结合现实生活案例开展实践教学

大学是大学生生活、学习的主要场所，尽管相对于丰富多彩的社会生活而言，日常所涉及的事务较少，交往方式也比较简单，所遇到的问题、困难、矛盾也不算多，但也有一些问题涉及人生的长远发展，需要我们严肃认真对待，并进行深入、理性的思考，如学业问题、就业问题、职业生涯规划问题等。我们可以围绕这些主题，结合学生的学习和现实生活开展一系列活动。

1. 结合日常课程开展一系列理性思维的实践教育。（1）结合大学生职业生涯规划课让学生学会理性看待学习问题。职业生涯规划课是大学生的一门必修课，通常在大三第一学期或大二第二学期进行。职业生涯规划课是通过课程教学，让学生能够对自己的职业发展方向和目标做出较为明确的规划和设计。这时我们就可借此机会，引导学生对自己的学业问题进行诊断，即通过对学习相关问题的系统、全面反思，明确自己学习的最终目的、各门功课所应采用的最优学习方法以及如何保持持久的学习动力等，从而解决"为什么学""如何学"和"如何持久学"等问题。只要学生把这些问题搞清楚了，那么他就学会了对学习问题的理性思考。（2）结合就业指导课进行就业诊断，引导和帮助学生进行理性思考，解决"我想干什么"和"我能干什么""我最希望从事的行业和职业是什么""如何才能实现我的目标"等问题。《大学生就业指导》也是一门必修课，一般也是在大二或大三时要学习的课程。这门课程主要是教会学生如何对自己定位、如何选择合适的就业岗位等。我们可利用这门课程教会学生如何客观、理性地看待自己的兴趣、爱好、优劣长短，如何选择最适合自己的行业和岗位。（3）结合劳动教育课，强化大学生对劳动问题的理性思考能力。劳动教育一直是我国人才培养的主要内容之一。近年来，在党中央的大力倡导下，各地教育部门更是对劳动教育做出了细致周密的安排，全国范围内大规模地展开了对大中小学各类学生的劳动教育。许多高校根据自身办学情况，把宿舍文化建设、校园绿化美化活动以及各种层级（校级、省级、国家级）的学科竞赛活动均纳入了劳动教育范畴，这是一个很好的强化大学生理性思维能力的机会。让学生充分参与各项活动，反思"劳动的本质、劳动的不同形式、劳动的特点、劳动的意义和价值以及我们对劳动应有的态度"等问题，可形成对"劳动问题"的正确认识，从而能够树立起尊重劳动、热爱劳动、懂得爱护别人的劳动成果等科学的劳动观，改变过去那种"饭来张口、衣来伸手、不洗衣、不做饭、不收拾家、不清理卫生、不知生活艰辛"的局面。学生通过劳动，找到劳动与快乐、幸福生活的关联，不再像温室的花朵那样憔悴、懦弱、空心化。（4）结合美育教育和课程思政的教育要把爱党、爱国、爱人民、爱中国优秀的传统文化结合起来。

在这些训练过程中，要形成学生参与训练和强化的过程记录；要有不同程度的实践能力（优良中差）的评价标准；要有考核和最终的评价，明确每个大学生在理性思维能力培养中所取得的成绩、不足及今后努力的方向。

2. 通过党团日主题活动来强化理性思维能力。大学生中少部分是中共党员，大部分是中国共产主义青年团团员，党团日主题活动是在校大学生参与组织生活的基本范式和主要途径。在党团日活动中会涉及理想信念、家国情怀、道德法纪等多个主题，这些活动都是引导大学生理性思考社会、人生问题的重要契机。我们一定要充分抓住这些有利时机，让各级领导干部、辅导员、班主任及院系老师在参与大学生主题活动的同时，引导大学生学会理性地看待"人的本质""个人与社会、国家的关系""人生的意义与价值""正确的人生态度""正确的生活方式"等问题。这既是学习党团知识、增进大学生对党团情感认同的重要阵地，也是强化大学生理性思维能力的有利时机。学校要组织好相关力量通过多种生动活泼的教学活动，实现多个教育目标的共赢。

3. 利用重大节日契机，结合不同的主题和社会活动来强化他们的理性思维能力。每个学年，国家都有一系列重大庆祝和纪念活动，五一劳动节、五四青年节、七一建党节、八一建军节、九九重阳节、中秋节、教师节、国庆节等，在举行这些纪念和庆祝活动的同时，各学校就可利用这些时机开展各种强化大学生理性思维能力的活动，既帮助广大同学确立了爱党、爱国的信念，也强化了大家理性思维的意识，提升了他们理性思维的能力。

4. 通过组织开展各种大型文娱、体育、文化实践活动来强化大学生的理性思维能力。大学是青年人聚集和集中生活的场所，他们精力旺盛，思想活跃，对许多事物充满好奇。为丰富校园文化生活，各学校每年都会举办大量的活动，如书画作品展、摄影作品展、专场话剧晚会、主题音乐晚会、专场舞蹈晚会、演讲比赛、歌手大赛、微电影大赛、迎新生晚会、毕业生晚会等，这些活动既是帮助大学生树立正确的价值观念、培养学生审美情趣的有效途径，也是强化大学生理性思维能力的重要契机。我们要把握好这些机会，在引导广大学生参与活动的同时，让他们思考这些活动本身所具有的意义和价值，以及应如何正确面对和积极参与这些活动，从而不断提升他们的理性思维能力。

5. 组织各类座谈会、对话会等活动，结合日常生活问题、学习问题和相关工作的建设问题，加强理性思维能力的训练。为有针对性地做好学生工作，高校团委或学工部门每年会定期与不定期地通过学生会或某些社团利用多种形式和渠道不断地和学生对话，了解学生的思想动态，了解学生对社会热点、国际国内形势、学校的改革发展情况及学生个人的理想信念、家国情怀、学习、就业等多方面的问题所持有的意见，也会根据调研情况不断地和不同类别的学生进行多个层面、多种主题的座谈、对话、沟通和交流。我们要利用这些活动，在平等沟通、民主讨论、互动交流中有的放矢、生动活泼地教育和引导学生学会理性、客观、公正地认识问题、分析问题、解决问题，既切实解决学生们的实际困难，达到消除隔阂、化解矛盾的目的，又要实现培养和强化大学生理性思维能力的目标。

6. 在各类志愿者活动中，强化理性思维能力训练。各高校都有多种志愿者服务团体，这些团体每年会开展诸如"学雷锋志愿服务活动"、地球日"珍爱家园"宣传活动、清明节烈士陵园扫墓活动、"世界艾滋病日"校园防艾宣传活动、"爱心衣旧"暖冬捐衣活动、空巢老人社会服务活动、无偿献血等方面的大量活动。在这些活动过程中，同学们有很高的热情，借助这些活动对加强理性思维能力的训练会有很好的效果。例如太原工业学院 2020 年从文艺、体育、学习、社会实践等多方面入手，在组织如校园十佳歌手大赛、旭日杯辩论赛、全民阅读月活动、纪念五四运动一百周年特别团日活动、高雅艺术进校园及各类志愿服务活动中，植入理性思维能力的培养。通过让学生参与对活动目标、活动措施、活动的程序步骤、工作的标准、责任体系的划分、工作的考核和奖惩等一系列问题的讨论和设计，不断强化他们对行动方案的建构能力和沟通协调能力。全年全校共开展各类活动 356 次，参与人数达 7892 人次，各种直接和间接的训练时长达 10233 小时。在年底的问卷调查中发现，这些大学生的分析与演绎能力、概括与归纳能力、逻辑推理与论证能力获得了极大的提升。各学校应高度重视并充分发挥这些活动在大学生理性思维能力提升方面的重要作用。

**（三）运用影视资源引导学生关注社会热点问题，通过热点问题的讨论来强化他们的理性思维能力**

现在是信息时代，信息高度发达，我们每个人每天都会主动或被动地接收大量信息。这些信息中会有许多事关我们的切身利益，也有许多是大家普遍关注的社会热点问题，我们可把握机会，在理性思维能力的实践教学环节中，充分利用大家普遍关心的诸多热点问题对学生开展理性思维的训练，引导学生学会理性思考问题。比如可引入如央视《朝闻天下》《焦点访谈》《社会与法》等栏目的一些话题新颖、富含大众广泛关注的热点电视节目，引导学生对这些事件进行讨论或撰写评论文章。这些具有丰富话题性、社会性的热点新闻，是引导学生开展深入思考、理性思考的很好题材。学生不仅可从中学会富有条理地叙述，也能学会依据特定的标准对事物的是非、善恶、美丑进行科学的评价，对事物的发展态势做出准确的预测；还能面对现实，建构合理的应对方案，并进行有效的说服。只要长期坚持，学生的理性思维能力就能得到极大提升。可利用网红电影、电视剧、各种题材的纪录片，组织学生辩论，引导学生从社会、历史等各个方面细致分析这些现象产生的原因及对策，促使学生学会在历史张力中思考，在社会现实中应对，既学会了运用电影资源，采用辩证分析的方法组织作文，又积累了写作素材，锻炼了理性思维能力。

**（四）借助学校的各种新媒体平台建设，培训新媒体宣传队伍，提升大学生的理性思维能力**

互联网和信息技术的快速发展，催生了许多新的媒体平台，许多大学出现了诸如"××青春派"微信公众号、新浪微博、×××QQ平台、×××抖音平台，不断发布许多图文视频信息。为加强媒体管理，更好地服务广大师生，许多高校也相应地建立了一支人数众多的学生宣传队伍，并持续开展了业务培训。我们要充分利用这个机会，有效地组织和引导广大学生做好媒体宣传和服务工作，通过让这些学生参与同学们喜闻乐见的媒体平台建设，经常撰写、编辑、发布一些有真知灼见的、能引起广大同学广泛关注的新闻评论，推动他们理性思维能力得到提升。

### （五）借助暑期社会实践锻炼来强化大学生的理性思维能力

暑期社会实践是大学生走向社会、深入基层一线了解社会的重要途径。每年各高校都会组织诸如"青马工程"骨干班、暑期"青马工程"培训班、爱心帮扶团、志愿者服务团、"三下乡"等多种社会实践活动，有相当数量的大学生要在不同时段参与其中。我们要把握好这些机会，通过带队老师引导、专家讲学、互动讨论、走访调研等多种形式，结合实际，不断提升他们的马克思主义理论水平，既要让他们成为坚定的马克思主义者，又要让他们学会客观地、历史唯物地、辩证地思考和认识问题，增强对党、对国家、对社会主义道路和制度的认同。

# 第三节　帮助大学生养成理性思维习惯，树立科学理性精神

理性思维能力的提升和强化是一个漫长的过程，需要把理性思维的原则和方法不断内化于心，外化于行。只有做到理性与思行的深度融合，能够自然而然地运用，那才达到了理想境界。而要如此，就需要养成理性思维的习惯，培育理性精神。

## 一、理性思维习惯与理性精神解读

### （一）理性思维习惯

习惯是对人的行为定式进行表征的汉语词汇，通常意指特定的行为主体积久养成的生活方式。但有时也泛指一地方的风俗、社会习俗、道德传统风尚等。当它被用作动词使用时，也指谓对新的情况逐渐适应。

理性思维习惯主要是指人们在面对问题时能够坚持明确的思维路向，依据一定的思维依据而不是仅靠兴趣偏好和情感好恶而做出思维判定和推理的行为模式和特征。

思维习惯不是先天就有的，而是后天形成的；它也不是一成不变的，而是在不同阶段发展变化的。不同的人，由于生活环境、成长经历、社会阅历、专业选择和兴趣爱好的不同，会形成自身特有的思维模式和思维习惯。就理性思维而言，总体来说，其有一定的要求和评判标准，但本身也不仅仅局限于某种单一模式，需要我们做广义上的理解。我们既要看到其相对稳定性，也要懂得它的发展变化性。

### （二）理性精神

精神与习惯不同，通常是用于描述有智动物，特别是人类的内在心理特征或行为风格的名词。主要指人的自我意识、理念、生气活力、神情意态、

风采神韵等。

理性精神主要是指人们在认识问题、分析问题、解决问题时所表现出来的对事物本质及其发展规律和事物之间联系的客观性和作用的普遍性做出实事求是的判定和推演的品格。理性精神素养包括理性情绪态度、理性思维方法、理性行为实践三个维度。理性情绪态度就是要做到不盲从、不冲动、不偏执。理性思维方法就是能够运用科学的方法客观、全面、联系、发展、辩证地观察事物，分析问题，解决矛盾；在把握规律的基础上正确发挥主观能动性、解放思想、实事求是、创新发展。理性行为实践就是在社会主义经济、政治、文化、社会和生态文明建设实践中，做出理性解释、进行理性判断、实现理性选择；在个人的成长与发展中，展现人生智慧，实现人生价值，促进社会发展。①

理性精神是后天形成的，但不是人人都能具有这种精神。理性精神的养成，需要具备一定条件。一是要求社会要有尊重主体理性、个人智慧的人文环境和政治氛围。二是要能激发出自觉进行理性思维的强烈意识，使人们愿意并能够在丰富的社会实践中去充分发现科学真理。三是要能够积极参与实践活动，通过实践出真知、长才干以充实和发展已有的"清醒的理智力量"。

## 二、理性思维习惯与理性精神的关系辨析

习惯与精神，表面看来，是两个不同的词汇，是描述事物性状时从不同角度所选择的不同的用语；习惯着重强调的是动作行为的特定"程式"和高频度的"重现"，精神则多强调行为所体现的"意志""品格""气势"和"风韵"。

但实际上二者有一定的相似之处并密切关联。相似之处在于：一是二者均是用于表征个体行为特征的；二是习惯与精神均是建立在某种特定"程式"

---

① 陈式华. 理性精神素养内涵目标及教学策略探讨 [J]. 思想政治课研究，2017，6：110-112.

"模式"之上，且能"固守"或"重现"这种特征。关联之处在于：习惯是精神形成的基础和先决条件，精神是习惯的内在品质和基本诉求。有了精神，就必然形成某种习惯；有了习惯也必然体现出某种精神。没有精神，也就不会有某种习惯；没有习惯，也就难以表现出某种精神。

### 三、大学生理性思维习惯和科学理性精神的养成路径

无论是理性思维习惯或理性精神，均不是人先天就有的本能，也不是简单讲授或培训一下就能获得的，而是需要大量的学习实践，经过反复总结和提炼、反复实践和训练才能变成一种行为范式。大学生理性思维习惯和科学理性精神的养成，一是需要经过大量的学习，获得理性思维的基本知识，二是要经过大量的实践训练，学会把具体知识与社会实践相结合，把知识变成能力，再反复运用，从而形成一种思维习惯。

当然，无论是习惯的养成还是精神品格的形成，最重要的实际上还是多次反复的实践。各学校除了尽可能为学生提供多种多样的实践锻炼机会外，还有一个重要的问题就是要让学生自己加强实践锻炼。要让学生自己愿意锻炼、能够得到广泛深入的实践锻炼，这也就需要学校和教师能够帮助学生建立自信，激发热情，提升兴趣，强化持续提升的动力。

## 第四节　加强评价监督，激发理性思维能力培养的持久动力

评价和监督，表面看来是两个用于不同语境、具有不同意思的词语，但实际上，评价和监督有很大关联度。因为二者所针对的对象和工作的具体内容基本一致，因此将它们放在一起讨论。

### 一、评价监督解析

所谓评价通常是指对某件事或某些人进行考察、分析、判断后形成结论的过程。所谓监督主要是对某些特定人群或某些工作的特定环节、运行过程进行监视、督促和管理，使其结果能达到预定目标的过程。

评价监督通常包括以下几项主要内容：受评价监督对象的思想和工作状态。主要是看受评价监督对象是否有较高的思想觉悟、是否有对组织或工作负责的心理，是否以积极肯干和奋发有为的精神状态工作。工作开展的合规性。主要是看受评价监督对象的工作是否按照要求和既定标准有序展开、是否在正常状态运行、是否存在隐患等。工作的绩效。主要看工作是否达到了预期目标、是否产生了预期效果等。

评价和监督的方式一般是通过指派专门人员，按照特定的工作标准和要求，在实地检查和对照分析的基础上，参考相关人员意见后做出定性和定量相结合的判断。

### 二、评价监督在能力培养中的作用和功效

评价监督在大学生的能力培养中具有重要作用。只有在教学和实践的过程中持续地对工作的对象主体及工作状态进行评估和监督，才能对培养的做法和成效有较为清晰、准确的了解，也才能不断地调整和纠正工作中出现的偏差，使工作有的放矢，进而不断提升培养效率。如果不进行及时有效的评价监督，那么工作就有可能走入歧途或流于形式，难以取得实效并达成目标。

多年来，美国在批判性思维能力的培养、英国在自主学习能力的培养、德国在关键能力的培养过程中均特别重视和突出对学生能力的评价及对教师教育行为的评价，并不断修改完善评价制度体系，最终才取得了良好的效果。我们也必须重视此项工作。

### 三、做好理性思维能力提升工作评价监督的具体方法

理性思维能力的培养既需要正面的教育、引导和实践，也需要不断地对教育过程和受教育对象进行评估、监督和考核。对大学生理性思维能力培养状况的评价与监督，包括三个层面的工作：一是针对学生的评估和监督，主要看学生学习的状态如何、效果如何；二是对教师工作状态和工作效果的评估和监督，包括教师的工作状态和工作效果；三是对相关部门的评价与监督。

#### （一）做好对学生理性思维能力的评估和监督

对学生理性思维能力培养工作的监测和评估工作，是掌握学生的实际状况，开展有针对性的教育培训的基础。这就要求每位授课教师和学校要对学生的学习状态和学习效果有经常性的评价和监督。每位授课教师应该是阶段性理性思维能力考核的主要实施者。当然，这里的授课教师不仅是指理论课程的教师，还包括负责实践训练的各位教师。

因为我们的能力考核不等同于知识考核，所以在考核内容和方式上我们就需要有新的改变。现在我们常用的测评工具都是由西方学者基于西方文化语境和西方思维方式而开发的，这些测评手段有一定的价值，但显然并不是非常适合中国文化语境及中式思维方式。因此，有必要基于中国的实际，设计、开发测评理性思维能力的工具，从而更有效地测量中国学生的理性思维能力。

为了让考核能够准确地反映学生的理性思维水平，也成为提高学生理性思维能力的一种手段，有些学校改进了考核办法。首先，提高了平时成绩在

综合成绩中的比重，计分主要依据平时的表现，比如课堂发言、讨论、辩论、讲课时的表现，课件制作、读书笔记、观后感、小论文、调查报告的完成情况，等等。其次，课程结业考试要以体现思维水平和能力为导向，试题不设计多种题型，也不求覆盖面广，而是要关注开放性，有供学生充分发挥的余地和空间，学生的答案只要有自己的想法且持之有据、言之成理、具有逻辑性，就能够得到好的成绩。这种考核办法值得我们研究和借鉴。

### （二）做好对相关教师工作状态和效果的评价与监督

教师是大学生理性思维能力培养的主导者，其工作的状态和效果直接影响我们理性思维能力培养目标最终的成效，因此，对教师的监督考核应是实践操作过程中的重中之重。

对教师的评价，我们应该将过程性评价和终极性评价相结合、诊断性评价和指导性评价相结合，注重测评手段和方式的多样性，建立若干个教学质量观测点，对教师的教学目标、教学方式、教学效果做出能够测评的测评体系，及时动态掌握理性思维的培养训练情况。教学目标通常包含知识与技能、过程与方法、情感态度与价值观等三个维度，我们可围绕这三个维度选取一定数量的观测点来衡量；教学方式主要是指教师根据教学内容和不同学生群体所采用的讲解、演练、示范、模仿、探讨、交流等互动方式，主要体现在课堂气氛活跃程度和学生参与程度上，我们可根据其所采用方式的多寡和课堂参与度与活跃度来选取观察点来衡量；教学效果主要体现在学生对知识的领悟和应用能力上，通过回答问题的表现和考试成绩予以衡量。

### （三）做好对相关部门的评价与监督

对部门的评价与监督，主要是为强化有关部门的责任，确保工作任务的落实，以查找工作中的问题为切入点而建立的工作机制。目的就是要对责任部门在其管理活动过程中的表现做出客观评定。好的方面要继续坚持，由于故意或者过失、不履行职责或者不正确履行职责，造成工作计划失控、质量事故、安全事故或者在社会上造成不良影响或后果的，进行责任追究。

　　因为理性思维能力的培养涉及人事、财务、教务、宣传、思政、学工、团委、各院系等多个部门，所以需要根据各自承担的任务做有针对性的考核。我们可根据大学生理性思维能力培养和强化所涉及的工作内容、流程和标准，制订一个专项工作的量化评价标准，通过逐项打分形成考核结果。就像现在的精神文明单位的考核验收、思政专项检查、平安校园验收一样，逐项检查赋分，最终形成评价意见。

　　评价与考核机制的建立，是引导相关人员正确履行职责，杜绝各类失职行为，惩处岗位不作为与不正确作为，确保重大决策、决定、计划及规章制度的贯彻执行，建立恪尽职守、有错必究、有责必问的责任管理制度，更好地实现工作目标而专门制订的工作机制。对各部门和有关人员的履职尽责情况做出评价与考核，是监督履职尽责情况、解决办事不及时和工作不落实的重要手段。对那些目标未实现的部门和个人要通过考核摸排出来，追究其责任。当然，对工作做得好的部门和人员，也要进行表彰和奖励，以激发他们的信心和持续工作的热情。只有这样才能真正把理性思维能力的培养工作落到实处。

# 第五节　加强条件保障，确保理性思维能力培养工作的长久运行

任何工作的开展，不仅需要政策环境允许，还需要具备一定数量的工作人员、必要的设备设施和相应的经费做保障。如果没有这些条件保障，工作就很难达到预期效果。理性思维能力的提升工作也一样，要想持久开展，就必须加强条件保障。

## 一、条件保障的解读

条件保障主要是指完成特定的任务或某些具体事项所必须具备的各种软硬件环境条件。

广义上的条件保障一般包括：1. 制度政策保障，包含法律、法规和各种明确相关工作如何组织管理运行的制度规定，制度政策主要是确保所开展工作能够依法依规进行。2. 人员保障，包括人员的数量、质量和比例结构，主要是确保开展工作所需的各种人力能够得到及时补充。3. 经费保障，要有能够完成任务所必需的花费，包括环境场地的建设租赁费用、物品及设备设施的采购运输调试费用、人员的各种工资奖励和劳务费用、业务运行的常规维持费用，如水电气暖卫生等维持费用等。

狭义的条件保障通常是指硬件条件保障，主要包括人员、经费和环境条件。

## 二、做好条件保障的重要意义

条件保障是一切工作顺利开展的重要基础和必备前提。任何工作的开展都离不开基本条件做保障。因为所有的工作都是在特定的时空背景和环境中进行的，都需要有一定数量和具备一定能力的人员来完成，同时必须具有一

定的设备设施，而所有这些资源又都需要一定的费用来支撑。如果没有基本条件做保障，再宏伟的设想都只能成为空谈，只可能是良好的愿望，无法真正落到实处。做好条件保障对工作的开展和任务的完成具有决定性意义。

### 三、做好大学生理性思维能力提升条件保障的具体要求

理性思维能力的培养也是一样，必须要有足够的人员、充足的经费投入、相应的政策和条件保障。

#### （一）要有足够的师资力量

理性思维培养的师资力量主要是指用于理论课程教学和实践训练的专兼职教师，包括数学教师、思政教师、教授思维课程的教师和社会实践课程的教师。其他辅助部门，如宣传、人事、财务、教务、学工、团委、各院系的工作人员不列入专门计量范畴。

1. 配足教授思维课程的教师。思维课程的教师，包括教授科学思维概论、形式逻辑、数理逻辑、辩证逻辑的教师。根据不同的学科和专业要求，选择完成科学思维概论或其他几门逻辑课程中的一到两门。要求所有学生都要接受思维训练，课程要覆盖所有学生。

由于学校的办学层次不同，学校的规模和学生数量也有较大差异，因此，不好对思维课程的老师做统一规定。每个学校可根据教学目标和课程体系的设置情况和各自学校的教师额定工作量来对应配备足额的教师。

2. 配足数学教师。数学课是许多专业的基础课，每个学校均根据自身的学科专业布局和在校学生规模配备有一定数量的数学课教师，这为大学生理性思维能力的培养和提升奠定了良好的基础。学校要充分利用好这些师资力量，在教授数学知识的同时，做好大学生理性思维能力的培养和强化工作。过去许多学校没有明确把理性思维能力的培养提到一定高度，也没有特别强调数学思维问题，许多教师注重了知识的传授而弱化了思维模式的培养。今

后要强化教师们的这种意识，提升相应的能力，把他们作为一支培养理性思维的有生力量来看待。

当然，对于数学思维而言，并不是所有学生都需要，学校必须予以区别培养和专门强化。有些专业若和数学距离较远，也可以根据实际情况酌情调整。所以，在对应的师资配备上也要具有相应的灵活度。总体而言，要根据需要配齐配足数学教师。

3. 配齐思政教师。思政课是事关"培养什么样的人""怎么培养人"和"为谁培养人"等关键问题的重要课程。近些年来，党和国家高度重视思政课程的建设，已要求所有高校按照1∶350的标准足额配齐了专职思政教师。这不仅为做好思政教育提供了基本保障，也为大学生理性思维能力的培养和强化奠定了良好的基础。目前，绝大部分高校已配齐了专职思政队伍，但也有极个别学校还未配齐，这些学校应尽快落实国家相关规定。

4. 配足社会实践教师。社会实践是高校大学生在校期间参与社会活动，了解社会实际状况的重要途径，也是高校人才培养的必备环节。这些年来，许多高校尝试了多种方式来强化大学生的实习实践工作。除低年级进行各种社会实践活动外，在高年级还有顶岗实习、毕业实习等环节。低年级的社会实践普遍的做法是由学校团委或院系分团委来组织，由专职团干或辅导员带队深入基层一线。顶岗实习和毕业实习通常是由院系根据情况安排一定数量的教师带队进行。因为顶岗实习和毕业实习是由专业教师兼任的，所以也就不存在增加编制数量的问题。而从事社会实践的带队人员是专职团干和辅导员，这就要求一要配好配齐各院系一级的专职团干，二要配备足够数量的辅导员。这几年高校"三支队伍"建设抓得较紧，辅导员和思政教师、组织员已基本配齐配足了，但需要在今后保持动态稳定，尤其是教师数量不能随意减少。

### （二）提供充足的培养经费

理性思维能力培养和强化经费包括教师从事理论教学所需要的授课费用和开展实践活动的相关费用。教师理论教学的授课费用可参照学校基础理论课教师的标准来计算，我们在此不做太多强调。这里我们主要强调的是开展实践活动的费用。现在不少学校办学经费比较紧张，学校为确保正常运转，有意无意中缩减了实践活动经费，这实际上直接影响了学生实践活动的开展，一方面是把实践活动的规模进行缩减，另一方面是把活动的周期变短，这些做法对于理性思维的实践训练都是不利的。因此，在大学生理性思维能力的培养和强化上也需要各学校在实践费用上做出明确规定，从制度的源头上予以保障。

根据高校当前实践教学活动开展的惯常模式，各学校可在原有思政教学经费和团委第二课堂及暑期社会实践经费的基础上再增加适当比例，拨付到学校的相关部门。各部门根据经费的数量对应开展相应工作。

### （三）要有必要的政策和环境条件保障

政策保障是做好一切工作的基础。没有政策做保障，任何工作只能是偶发的、短暂的、零散化的、碎片化的，很难取得实效，也难以长久坚持下来。理性思维能力的强化是一项事关高校人才培养质量的重要工作，想要取得实效并长久坚持，必须要有一系列切实可行的制度做保障。

大学生理性思维能力强化的政策保障，主要是指学校要建立起确保理性思维能力培养和强化工作能够顺利、高效开展的一系列制度和规定。明确在理性思维能力的培养上，学校各部门和广大师生应该做什么、不应该做什么、允许做什么、不允许做什么、允许如何做、做到什么程度以及做好怎么奖励、做不好又怎么处罚等。目前，许多高校尚未建立这些制度，这是难以保证理性思维能力提升工作的顺利、有效开展的。今后要尽快建立健全这些制度。

环境条件保障，主要是指硬件环境条件上的满足，这是狭义层面的称谓。

核心思想就是指学校要为大学生理性思维能力的培养和强化提供必要的环境条件支撑，如各类活动场所、各种活动所需设备设施等。这些都是开展理性思维能力培养和强化所必须具备的，也需要学校予以足够重视。

就活动场所而言，目前我国的绝大部分高校均能满足需求。存在的主要问题是开展活动所需的设备设施，如各种思维训练的虚拟软件、演示光盘、图书资料等。各学校可根据自身情况进行购置。

# /参考文献/

**著作**

［1］邓晓芒，赵林．西方哲学史［M］．北京：高等教育出版社，2014.

［2］鄢丹．思维的理性与工具——计算机前传文化［M］．武汉：武汉理工大学出版社，2019.

［3］周祯祥，胡泽洪．逻辑导论（修订版）——理性思维的模式、方法及其评价［M］．广州：广东高等教育出版社，2005.

［4］俞发亮．议论文写作与理性思维［M］．福州：福建教育出版社，2019.

［5］江光荣．心理咨询与治疗［M］．合肥：安徽人民出版社，2001.

［6］郭桥．逻辑与文化——中国近代时期西方逻辑传播研究［M］．北京：人民出版社，2006.

［7］皮亚杰．皮亚杰教育论著选［M］．卢濬，选译．北京：人民教育出版社，2015.

［8］马玉珂．西方逻辑史［M］．北京：中国人民大学出版社，1985.

［9］王路．走进分析哲学［M］．北京：中国人民大学出版社，2020，10.

［10］托马斯·吉洛维奇．理性犯的错：日常生活中的 6 大思维谬误

[M]．刘昱含，杨光，等译．北京：中国人民大学出版社，2014.

**论文**

[1] 杨铭，刘恩山．在生物学课堂中培养学生理性思维 [J]．生物学通报，2017，52（8）：12-15.

[2] 孟晓宁．高中生物教学中学生理性思维的培养刍探 [J]．成才之路，2020，8：64-65.

[3] 陈晴，喻本伐．理性主义与青年学生理性思维的培养 [J]．教育评论，2014，10：72-74.

[4] 郑琦长．高中生物教学中培养学生理性思维的方法 [J]．长春教育学院学报，2017，33（7）：79-80.

[5] 王琳，林景和．论历史教学中学生理性思维能力的培养 [J]．闽西职业技术学院学报，2013，15（4）：97-99+103.

[6] 刘红叶．促进学生理性思维发展的高中化学作业研究 [D]．南京：南京师范大学，2017.

[7] 王蕊．初中战争史教学中理性思维的培养研究——以近代中国反侵略战争为例 [D]．烟台:鲁东大学，2016.

[8] 谭良生．理性思维能力的培养"根"在教学 [J]．语文教学通讯（学术刊），2013，10：20-21.

[9] 赵保平．论音乐教育中理性思维的培养 [J]．艺术百家，2007，1：130-132.

[10] 倪仁英．引导科学实验　培养理性思维 [J]．科学大众（科学教育），2014，1：56.

[11] 薛钰川，郝小伟．"文科生"理性思维能力培养的物理教学探究 [J]．科教导刊，2013，22：111+140.

[12] 凌生智，张玲玲．关于培养女大学生理性思维 [J]．湖北师范学院学报（自然科学版），2013，33（2）：37-40.

［13］罗晓珍．青少年理性思维的培养［J］．哈尔滨职业技术学院学报，2005，4：41-42.

［14］陈艳阳．批判性思维理论及其能力培养途径研究［D］．长沙：湘潭大学，2009.

［15］赵春哲，熊江，林晓然．培养理工科学生理性思维能力的一个新思路［J］．中国科技信息，2012，17：151.

［16］张军．开始设计——工业设计素描中理性思维的培养实践［J］．装饰，2012，7：141-142.

［17］余惠霖．高职学生理性核心能力素养培养的探讨——基于高职数学文化教育的视角［J］．广西经济管理干部学院学报，2011，23（1）：101-104.

［18］梅黎明．年轻干部要自觉培养理性思维［J］．传承，2012，11：60.

［19］李志昌．培养理性思维需要学点逻辑［N］.人民日报，2013-07-04（7）.

［20］唐逸．中国的理性思维［J］．战略与管理，1999，2：103-111+122.

［21］刘友古．中世纪的理性概念［J］．基督教学术，2015，2：21-35+250.

［22］石强．论弗兰西斯·培根理性主义哲学思想［J］．学术探索，2020，6：9-15.

［23］李锦程．理性危机与主体重建——哈贝马斯、伽达默尔与泰勒的现代性反思［J］．理论界，2018，2：30-36.

［24］尹强．启蒙与人类理性的觉醒——西方中世纪到启蒙时代人类的理性觉醒历程［D］．重庆：西南师范大学，2004.

［25］滕松艳．理性的困境与重塑［J］．湖北经济学院学报（人文社会科学版），2021，18（3）：30-33.

［26］张云宇，岑朝阳．中国传统文化中的理性主义和人文精神探赜［J］．汉字文化，2021，8：165-166.

［27］赵克．试论审美理性［J］．求索，1996，6：57-59.

［28］冯雪，彭凯平．技能和风格：理性思维的两种测量途径［J］．心理科学进展，2015，9：1550-1559.

［29］陈军科．理性思维：文化自觉的本质特征［J］．北京师范大学学报（社会科学版），2003，5：71-76.

［30］潘平．大数据研究中的理性思维及其形成［J］．贵州社会科学，2017，7：40-44.

［31］兰赠连．基于深度学习培养学生理性思维的策略研究［J］．教育评论，2019，7：122-127+138.

［32］孙丽娟．基于关联分析的计算思维测评研究与应用［D］．哈尔滨：哈尔滨师范大学，2021.

［33］邵强进．关注思维创新的理性基础　加强逻辑思维的能力测评"逻辑思维能力测评与培养学术研讨会"述评．［J］．中国考试，2019，10：68-72+77.

［34］杨武金．逻辑与批判性思维能力测评与培养［J］．河南社会科学，2019，27（10）：98-102.

［35］邓燕平．中学生物学理性思维能力的测量与评价研究［D］．上海：华东师范大学，2018.

［36］郑培亮，杨毅，斯日古楞．对当代大学生思维方式培养的思考［J］．内蒙古师范大学学报（教育科学版），2005，18（7）：37-39.

［37］张林．对大学生思维特征的逻辑思考［J］，社科纵横，1988，1：45-50.

［38］江帆．论形势与政策课程教学中理性思维能力的培养与国际政治理论——以中国—东盟伙伴关系建构为例［J］．东南亚纵横，2010，9：83-87.

［39］雷园园．新形势下青年大学生的思想特点和引导方式［J］．教育现代化，2018，5（37）：241-242.

［40］周伟，吴凤国．青年大学生与社会思潮［J］．辽宁师专学报（社会科学版），2006，4：50-51.

［41］刘少杰．社会理性化的感性制约——建构和谐社会的难题［J］．吉林大学社会科学学报，2005，45（2）：34-39.

［42］周德清．"原理课"教学与在校大学生理性思维培养——从一次课堂调查说起［J］．三峡论坛，2014，3：142-144.

［43］李太平，李炎清．灌输式教学及其批判［J］．高等教育研究，2008，29（7）：83-88.

［44］杨军，邱光梅．从应试教育的弊端看素质教育的必要［J］．湖南师范大学教育科学学报．2000，3：97.

［45］杨小菲．后现代主义思潮对我国青年大学生的影响及对策［J］．改革与开放，2015，21：101-102.

［46］徐丹．论后现代主义思潮对青年大学生的影响［J］．传承，2009，1：66-67.

［47］沈国强．高校必须高度警惕和防范西方敌对势力"和平演变"的图谋［J］．湖南科技学院学报，2019，9：46-47.

［48］钱海源．帝国主义的战略阴谋：在中国搞意识形态多元化［J］．当代思潮，2000，4：58-59.

［49］刘学东，袁靖宇．美国大学生批判性思维能力培养研究——以斯坦福大学为例［J］．高教探索，2018，9：44-50.

［50］张舒．大学生自主学习能力培养研究——英国约克圣约翰大学课程案例分析［J］．常熟理工学院学报，2011，25（12）：26-29.

［51］丁浩．国外高校学生自主学习能力培养的经验启示［J］．金田，2014，11：146.

［52］陈仲敏．德国关键能力理念与高校人才培养模式［J］．中国高校科技，2017，3：62-64.

［53］张小桃．德国高等教育对我国人才培养的启示［J］．成才之路，2015，7：30-31.

［54］李萍，钟明华．教育的迷茫在哪里：教育理念的反省［J］．上海高教研究，1998，5：22-25.

［55］王保国．逻辑教育教学对培育大学生思维品质的功能［J］．延边大学学报（社会科学版），2011，44（2）：140-144.

［56］万水淼．大学数学教学中学生理性思维的培养研究［J］．才智，2019，31：97.

［57］任帅军．"思想道德修养与法律基础"课的逻辑思维、教学方法与路径创新［J］．内蒙古师范大学学报（教育科学版），2019，32（12）：98-102+109.

［58］郭继凤．论历史教学中学生理性思维能力的培养［J］．赤子，2015，3：263.

# /后 记/

　　理性思维实际上是一个概念范畴较为宽泛的话题，可有多种角度和多个层次上的理解。现实生活中，人们对这个概念的使用也不是十分严谨，这也就常常导致了人们在一定程度上的理解困惑。

　　本研究对理性思维、理性思维能力的形成过程及大学生理性思维能力的培养和强化路径做了一些探讨，这些研究在某种程度上也可帮助人们对理性思维的本质、特点及其形成路径较之前会有更多认识和更深刻的理解，对于高校强化大学生的理性思维能力也会有所帮助。但研究到此，笔者仍感研究十分肤浅，还有很多问题有待进一步深化。特别是针对一些问题所提出的建议和措施还有待更加精准化、科学化。

　　对于理性思维而言，它可谓"无时不在，无处不有"。对理性思维能力的培养和强化也可通过许许多多的途径来进行，就犹如思政课程一样，哪里都有思政，哪门课程也都可以进行思政教育。正因如此，学界也有不少人认为，理性思维能力的培养无须再在高校大张旗鼓地倡导和开展。实际上，理性思维能力的提升和思政教育有很多类似之处，在教育过程中也是相互支撑，相得益彰的。目前，我国对高校思政教育高度重视，要求各学校既要开设专门的思政理论课，也要抓紧建好课程思政。为什么呢？既然每门课程都可以进行思政教育，那国家为什么还要设立专门的思政课程体系并配备大量的专职教师，花费大量的经费来进行呢？最主要的就是主渠道和支渠道、主干道和羊肠小道之差异！对于高校大学生理性思维能力培养强化路径的探讨实际上也正是基于这样的思考。

当然，笔者深知有许多观点值得商榷，比如文中提出培养理性思维要学数学，有数学思维，那么或许就会有人问，难道不应该加入物理思维、化学思维、历史思维、天文思维？机械原理、计算机语言、程序设计中有系统思路、有体系结构，也均有因果关联，它们是理性思维的外显，也能培养理性思维能力。但是有一个问题值得我们反思，那就是理性思维能力的培养究竟应该是旗帜鲜明地正规做、专门做、系统做，还是顺带做、零散做？如果深入思考这些问题，最终我们的认识就可能会逐渐趋同，那就是理性思维能力作为每个大学生极其重要的核心素养，需要我们明确地、系统完整地、专门地进行培养和强化。

也许有的人觉得，基本的理性思维训练实际上在中小学阶段就完成了，大学不需要再花大的力气进行了。其实这仅是主观的想象和良好的愿望。实际需不需要进行，走进大学生的现实生活才能了解真实情况。遍观我们国家基础教育各个阶段的课程设置，均无专门的思维教育，这不能不说是令人遗憾的。正是由于这种缺失再加上应试教育的不断内卷，致使许多大学生出现了空心化、网迷化、沉睡化和啃老化。强化大学生的理性思维和行为能力已成为亟待解决的问题。

本研究的最大价值在于：一是基于大学生思维训练的经历和目前的实际状况，认为当前亟待大力强化他们的理性思维能力；二是在借鉴国外经验的基础上提出了一个较为系统性的强化思路，从多个角度论述了培养和强化大学生理性思维能力的具体办法。尽管这些设想未必完全符合实际，也未必可行，但希望能达到抛砖引玉之功效。后续我们将继续做更为深入的研究，也希望更多有兴趣的学者参与其中。

以理性为主题的启蒙运动在历史的长河中掀起了巨大的波澜，也曾经把人推到了前所未有的高度，恢复了人类自主思考的能力，唤醒了人们长久沉积在内心深处的潜能，使生命的意义和价值更加彰显。人类对理性本身的探讨并没有停止过，今后也将不会停止。我们相信在未来的日子里，科学主义的理性思维和人文主义的非理性思维将会作为人类共同的精神财富为人类的进步做出更大的贡献。

图书在版编目（CIP）数据

成才的必经之路：大学生理性思维及其能力提升研究/
靳金贵著. —太原：山西教育出版社，2022.9
ISBN　978-7-5703-2782-9

Ⅰ. ①成…　Ⅱ. ①靳…　Ⅲ. ①大学生-逻辑思维-能
力培养-研究　Ⅳ. ①B804.1

中国版本图书馆 CIP 数据核字（2022）第 162024 号

成才的必经之路：大学生理性思维及其能力提升研究

CHENGCAI DE BIJING ZHI LU：DAXUESHENG LIXING SIWEI JIQI NENGLI TISHENG YANJIU

| | |
|---|---|
| **责任编辑** | 刘继安 |
| **复　　审** | 王介功 |
| **终　　审** | 闫果红 |
| **装帧设计** | 薛　菲 |
| **印装监制** | 蔡　洁 |

**出版发行** 山西出版传媒集团·山西教育出版社
　　　　　（太原市水西门街馒头巷 7 号　电话：0351-4035711　邮编：030002）
**印　　装** 山西人民印刷有限责任公司
**开　　本** 720mm×1020mm　1/16
**印　　张** 20
**字　　数** 275 千字
**版　　次** 2023 年 1 月第 1 版　2023 年 1 月山西第 1 次印刷
**书　　号** ISBN　978-7-5703-2782-9
**定　　价** 98.00 元

如发现印装质量问题，影响阅读，请与山西教育出版社联系调换，电话：0351-4729718。